DINOSAURIOS EN CHILE Y LOS VERTEBRADOS DEL MESOZOICO

JUAN CASTILLO CORNEJO

MAGO
EDITORES
15 AÑOS

560.Ch   Castillo Cornejo, Juan
C   Dinosaurios en Chile y los vertebrados
         del Mesozoico
         Santiago de Chile: Editorial MAGO, 2017
         384 pp; 23 cm.
         ISBN: 978-956-317-401-4
         1. Paleontología

Colección Serie Pretéritos
Director: Máximo G. Sáez

Edita y distribuye: MAGO Editores
Merced Nº 22 Ofic. 403, Santiago de Chile
Tel.: (56-2) 2664 5523
editorial@magoeditores.cl
www.magoeditores.cl

Registro de Propiedad Intelectual Nº 151.017
ISBN: 978-956-317-401-4

Diseño y diagramación: Catalina Silva Reyes
Lectura y revisión: MAGO Editores
Imagen de portada: José Lemos Caro

Impreso en Chile / *Printed in Chile*
Derechos Reservados

DINOSAURIOS EN CHILE Y LOS VERTEBRADOS DEL MESOZOICO

Juan Castillo Cornejo

Índice

Página

Dedicado a mis hijos
Albert, Valeska, Bárbara, Ámbar y Sophia,
quienes han tenido la paciencia de darme
el tiempo para dedicarlo a estos apasionantes temas.

PRESENTACIÓN

Mucho se ha escrito sobre los dinosaurios, torrentes de tinta se ha vertido para escribir sobre estos fantásticos animales, ya que el tema apasiona a paleontólogos y público general. Podríamos pensar que este es un tema reiterado, sin embargo en Chile no existía un libro escrito sobre la realidad de estos animales, solo de vez en cuando aparecen artículos en revistas de divulgación científica, comentarios en diarios o suplementos y publicaciones formales ocasionales que abordan parcialmente este tema. Dado esta situación, hacía falta realizar una síntesis que reuniera la información disponible y arrojar un poco de luz sobre estos misteriosos animales en nuestro territorio, sin dejar de abordar el resto de los vertebrados del Mesozoico y cuál ha sido el desarrollo de la paleontología nacional.

Escribir estas páginas obedece a un viejo anhelo de todo estudioso de estos temas, por esta razón me he decidido a incursionar en un asunto tan complejo y misterioso, como el de los dinosaurios y la paleofauna del Mesozoico de Chile.

Para poder reunir la información, he recurrido a toda clase de material disponible en todos los medios, ya sean diarios, revistas, *papers* con publicaciones formales, libros y todo lo que ha estado a mi alcance, con el objeto de conseguir la información necesaria para que el lector tenga una visión general del pasado.

Siempre ha sido mi interés divulgar las ciencias paleontológicas en Chile, que el público general no especialista conozca cuál ha sido el desarrollo de esta ciencia en nuestro país. Para alcanzar dicho objetivo he escrito a lo largo del tiempo algunos artículos formales en diarios, revistas y he realizado clases de paleontología con la finalidad de difundir esta ciencia e incentivar a jóvenes, niños y adultos.

Creo que en parte lo he conseguido. El camino que emprendí hace más de cuarenta años no ha sido fácil, pero poco apoco este objetivo se ha ido cumpliendo.

La tenacidad y el empeño me han hecho luchar por conseguir mis objetivos, por lo cual solo espero dejar plasmadas mis ideas y mi experiencia en estos temas y que sirva de vehículo para sembrar la semilla de la duda para aquellos que quieran emprender y dar sus primeros pasos en este largo camino hacia el pasado.

Juan Castillo Cornejo

INTRODUCCIÓN

Después de mucho tiempo, ya once años desde que fue lanzado este libro con un rotundo éxito, nos hemos decidido a reactualizar el mismo, a la vista de los nuevos descubrimientos que están aportando nueva información a los vertebrados del Mesozoico. Es así como se está ampliando la información en diversos grupos, como los dinosaurios, plesiosaurios e ictiosaurios; así como en el campo de la paleobotánica relacionada a los diversos hallazgos.

Por otro lado, estamos mejorando los contenidos, revisando las nuevas teorías y proponiendo nuevas hipótesis, ampliando los capítulos ya existentes y agregando nuevos temas, como es el de la extinción.

Se ha tratado de consultar todas las nuevas fuentes disponibles, con la revisión de los recientes *papers*, las noticias aparecidas en diversos medios y con consultas directas a algunos investigadores, que pondrá este libro a la vanguardia paleontológica nacional, siendo un material de consulta permanente, no solo para los estudiantes, sino también para los especialistas e investigadores de nuestro país.

En un principio pensamos que este libro sería consultado solo por estudiantes y público general, pero nos llevamos una sorpresa, puesto que la realidad fue otra. Nos hemos dado cuenta de que además de los estudiantes, este libro ha sido material de estudio para diversos técnicos e investigadores, formando parte de sus bibliotecas. Además, es parte de la lectura de niños y adultos, siendo su llegada transversal a todas las edades, y uno de los textos más consultados, tanto en bibliotecas públicas como privadas. También nos llevamos la sorpresa de que mucho público lo ha solicitado en la red Bibliometro y en la Biblioteca de Santiago, lo que nos obliga a que esta edición sea trabajada con mucho más ahinco y esfuerzo, en beneficio de los seguidores de estos temas.

Durante su primera aparición, este libro ha sido destacado también por los medios de comunicación escritos, como la revista *Muy Interesan-*

te y el diario *El Mercurio*, el cual lo destacó como uno de los diez libros más recomendados.

Solo nos queda agregar lo que dijo de este libro uno de los mejores investigadores del mundo en materia de dinosaurios, el investigador argentino, José Bonaparte:

«Apreciado Castillo Cornejo: Durante el viaje de regreso a Buenos Aires, he leído casi todo su hermoso libro sobre los fósiles mesozoicos de Chile. Me gustó mucho pues es una amplia síntesis de los variadísimos fósiles chilenos de esa época. Me impresionó la buena información de los pterosaurios de Chile, que no la conocía con esa amplitud. Lamento, como "nacionalista empedernido" que soy, que no haya tenido una foto de Casamiquela para incluirla en el libro. La parte ilustrativa muy, pero muy buena, tanto como el texto. Felicitaciones por la labor y ahora sí sabemos qué había en el Mesozoico de Chile».

Un abrazo,
José **Bonaparte**

El autor compartiendo impresiones con el ya fallecido paleontólogo argentino, José Bonaparte, durante el Congreso Paleontológico de San Juan.

Capítulo I

Paleontología general

PALEONTOLOGÍA

La paleontología es un campo de estudio apasionante que abarca todos los problemas relacionados con los seres vivos referidos a épocas pasadas, en su sentido más amplio, y es clave para entender su evolución, a cuyo proceso proporciona la documentación fósil que es fundamental para aclarar cuál ha sido la sucesión real de los acontecimientos que llevaron a los cambios ambientales a lo largo de los tiempos geológicos. Esta ciencia ha avanzado vertiginosamente en los últimos años, producto de los nuevos descubrimientos, tanto en Sudamérica como en el resto del mundo, y por las grandes producciones cinematográficas como *Parque Jurásico*, *El Mundo Perdido* y otras.

Desde esta perspectiva, es una ciencia que entusiasma a niños, jóvenes, adultos y hasta personas de la tercera edad porque la paleontología nos presenta una visión en que la naturaleza estaba dominada por grandes y sorprendentes organismos en constante cambio.

La paleontología es una materia compleja y sus estudios han escapado del marco puramente especulativo, para invadir el campo común de otras ciencias y disciplinas del saber humano (como la química, física, matemáticas, biología, botánica, etc.), creando a su vez nuevas materias de estudio surgidas de los fósiles, como la paleoecología, paleobotánica, paleogeografía, paleoanatomía, y otras tantas que sería largo enumerarlas.

No es la paleontología una ciencia meramente descriptiva, sino que pretende llegar a un mejor conocimiento de los seres vivos que existieron en el pasado, el modo de vida en que se desarrollaron, las posibles relaciones genéticas entre ellos, las causas de su muerte y extinción.

La paleontología es también llamada la «ciencia de los fósiles», puesto que estos son la base de su estudio. Los esqueletos conservados de organismos que alguna vez estuvieron vivos son un tipo de fósil, no obstante, existen aquellas evidencias indirectas de la actividad de algún animal, como, por ejemplo: huellas, defecación, huevos, etc.

De acuerdo a lo expuesto:

«Paleontología es la ciencia que estudia los restos orgánicos, directos o indirectos, de seres que vivieron sobre el planeta en épocas pasadas. Bajo muchos ángulos investiga las relaciones entre organismos pasados y presentes, el medio ambiente en que se desarrollaron, su evolución en el tiempo y las razones de su extinción».

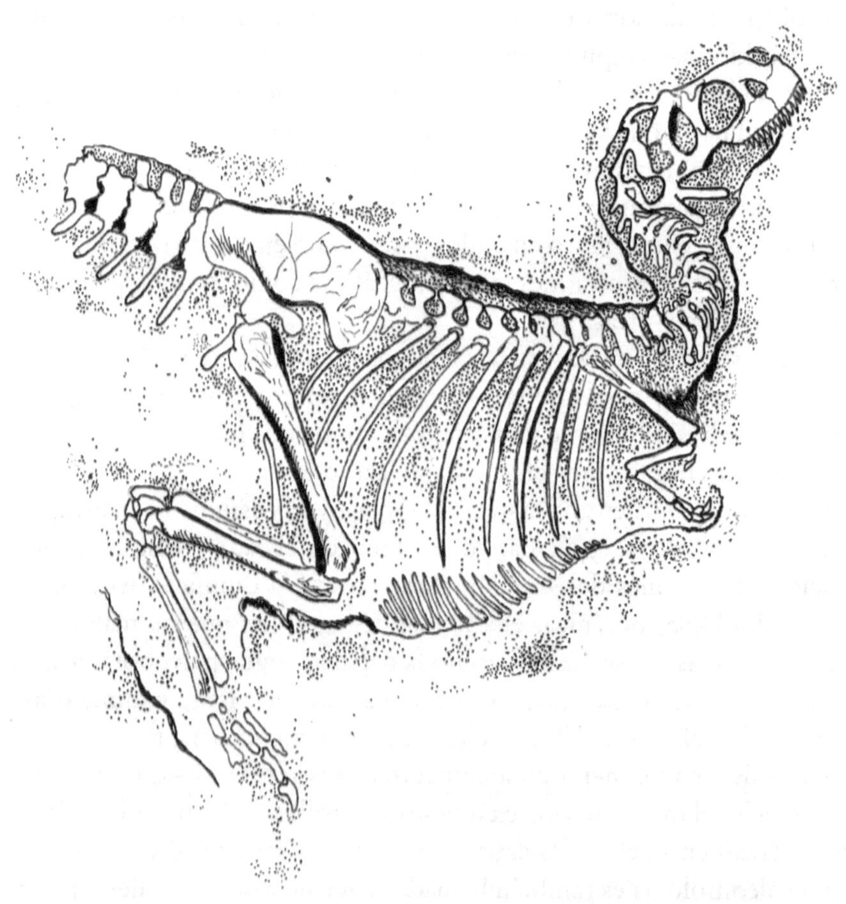

Esqueleto parcial de un carnívoro en terreno
(Ilustración: Jorge Aragón)

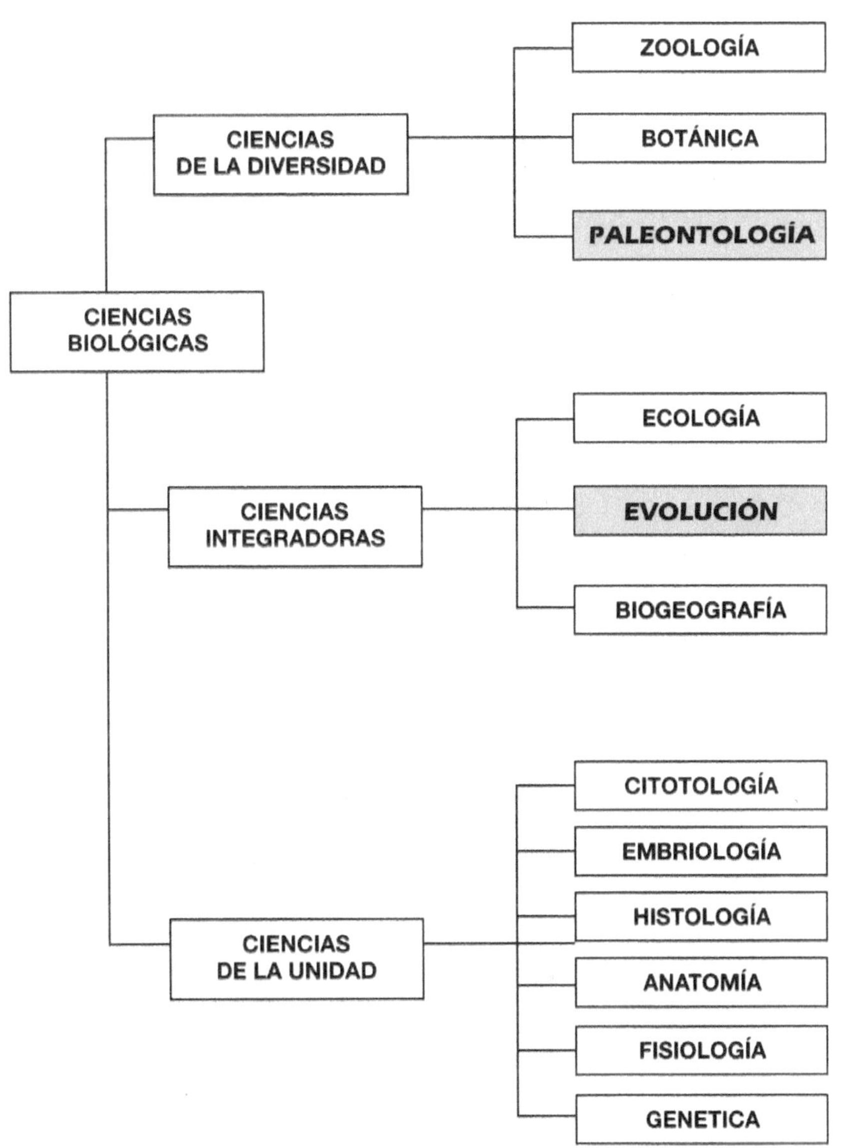

La paleontología dentro de las ciencias naturales

FÓSILES

«Fósil» es una palabra de origen latino (*fossilis*) que fue usada por Plinio para todos los objetos enterrados. Así, cualquier cosa que estuviera enterrada sería un fósil, fuera este de origen mineral o de cualquier otra clase. Sin embargo, con el tiempo esta palabra se fue restringiendo a tal punto que hoy en día sirve solo para designar aquellos restos de organismos desaparecidos que encontramos en los estratos de la tierra. Pero si buscamos una definición sobre qué es «fósil», tenemos que decir que:

«Los fósiles son restos de organismos desaparecidos, tanto animales y vegetales, que se han conservado en los estratos o capas que forman la corteza terrestre, previo a un proceso de transformación química en que los restos orgánicos son reemplazados por sustancias minerales que han permitido su preservación».

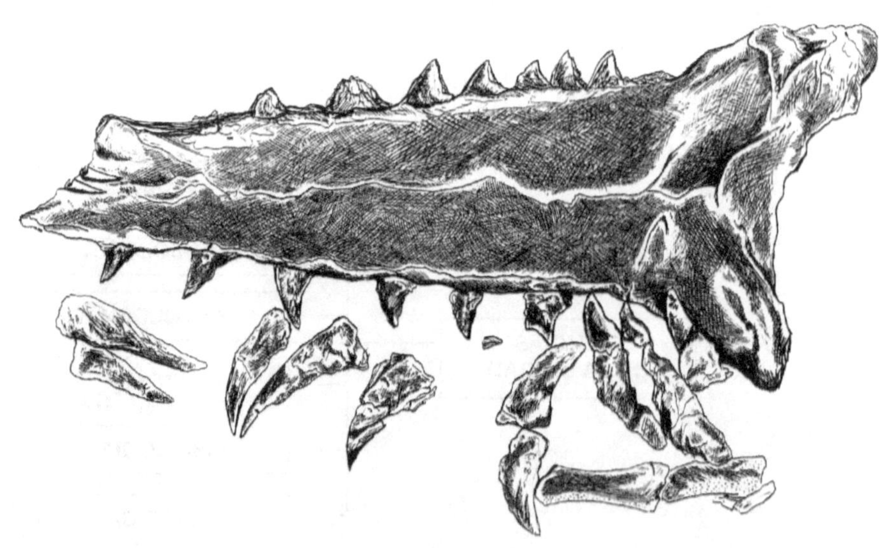

Resto de una mandíbula fósil
(Ilustración: Jorge Aragón)

Los fósiles pueden representar esqueletos de grandes animales como los dinosaurios, o bien caparazones de microfósiles que no pueden ser observados a simple vista.

También pueden ser considerados como fósiles los moldes dejados por conchas o huesos, posterior a un fenómeno de relleno por filtración de minerales a través de los estratos. De acuerdo a esto podemos reconocer dos categorías de fósiles: el fósil directo de un animal o vegetal (esqueletos, dientes, troncos, hojas, semillas, etc.) y el fósil indirecto (huellas, galerías, defecación, etc.)

FOSILIZACIÓN

La fosilización es un proceso mediante el cual un resto o restos orgánicos cualquiera llegan a transformarse en un fósil, incluyendo huellas u otro rastro dejado por un organismo.

La fosilización no es un proceso común, ya que deben darse condiciones muy especiales para que se produzca. Nuestro territorio es un lugar con fenómenos naturales de varios tipos, como terremotos, temblores, lluvias, nieve, etc., que podrían ser los causantes del fenómeno de fosilización, a través de un alud o una inundación.

Para que un objeto orgánico fosilice debe pasar primero por la muerte del mismo, la cual puede ser causada por diferentes agentes sean estos naturales como, por ejemplo, un alud de barro, ser cubierto por lava o la ceniza volcánica, ser arrastrado por las corrientes de un río o, simplemente, haber quedado atrapado en el hielo; en tanto que los agentes no naturales pueden ser causados por otros organismos, como el ataque de un depredador, por ejemplo, el ataque de un *Carnotaurus* sobre un herbívoro.

La conservación de nuestro fósil dependerá de si la causa es natural o no. Posteriormente, estos residuos comienzan a sufrir transformaciones químicas, en donde los restos orgánicos sepultados comienzan poco a poco a ser reemplazados por substancias minerales (como sílice, pirita, calcita u otro compuesto) y luego es petrificado.

FORMACIÓN DE UN FÓSIL

Para que un fósil se produzca debe pasar por diferentes etapas:

1.- El animal muere por causas naturales o no naturales.

(Ilustración: Jorge Aragón)

2.- Los agentes erosivos (viento, agua, etc.), las bacterias o los carroñeros destruyen el cuerpo, descomponiendo sus partes blandas y diseminando otras en el entorno en que vivía.

(Ilustración: Jorge Aragón)

3.- Su cuerpo es sepultado en zonas continentales o en los lechos marinos, donde es cubierto por sedimentos (barro, arena, ceniza volcánica, etc.).

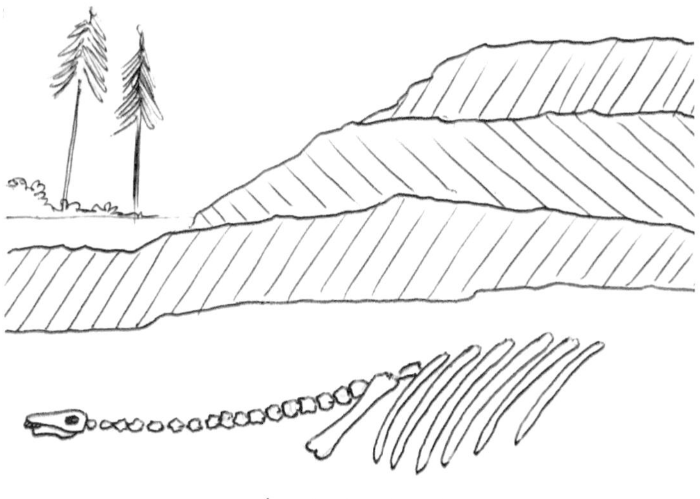

(Ilustración: Jorge Aragón)

4.- El agua se escurre entre las rocas y los sedimentos en donde está sepultado el animal, arrastrando minerales que penetran los huesos o los caparazones, mineralizándolos poco a poco.

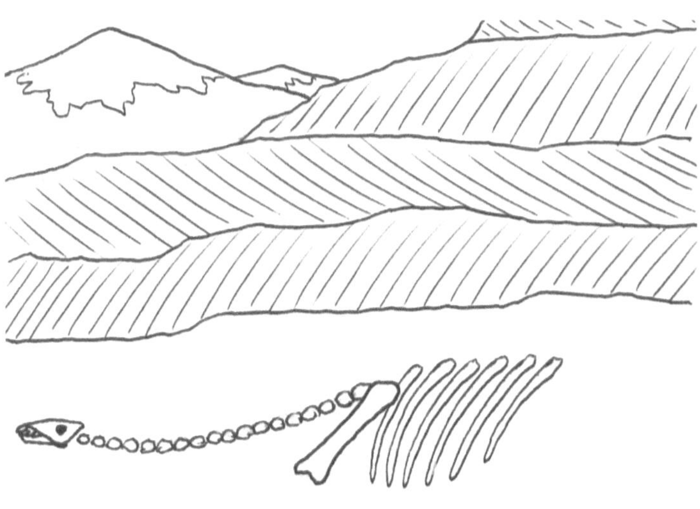

(Ilustración: Jorge Aragón)

5.- Los sedimentos se compactan y se vuelven más duros, sufriendo a lo largo del tiempo diversos movimientos (levantamientos o hundimientos) y alterando las capas sedimentarias.

(Ilustración: Jorge Aragón)

6.- Los restos ya fosilizados del animal son levantados y expuestos en las capas superficiales, en donde los agentes erosivos se encargan de dejarlo a la vista, para que paleontólogos se preocupen de su extracción, estudio y publicación.

(Ilustración: Jorge Aragón)

TIPOS DE FÓSILES

Dependiendo de las condiciones en que se hayan producido los fenómenos geológicos o biológicos que provocaron la muerte y posterior conservación de un organismo, dependerá el tipo de fósil que examinaremos.

Están aquellos fósiles normales, que lo constituyen los esqueletos o conchas de animales ya extintos, así como aquellos fósiles indirectos que muestran la actividad del animal en su medio; estos últimos entregan información directa acerca de los hábitos y costumbres de los animales que los produjeron.

HUELLAS FÓSILES

Las huellas fósiles o «paleoicnitas», (del griego *Paleo* = antiguo e *Icnita* = huella) constituyen un documento único para los paleontólogos, puesto que nos permite deducir los movimientos de los animales que los produjeron. Saber, por ejemplo, si corría, su velocidad, cantidad de dedos en sus patas, si tenía garras, si era bípedo o cuadrúpedo, entre otros.

Las huellas o improntas de los animales debieron quedar impresas en el lodo o en terrenos humedecidos por las lluvias, en las orillas de los lagos o zonas de aguas someras, sometidas en ocasiones a transgresiones o regresiones como sucede hoy en las márgenes del río Nilo en Egipto.

Luego de que el animal ha dejado su huella, esta debe secarse y quedar cubierta por sedimentos, barro, arena, ceniza volcánica u otros materiales que permitan su conservación.

Las huellas son de dos categorías: la huella aislada que entrega información estructural (número de dedos, garras, cojinetes, etc.) y la rastrillada, que es el conjunto de huellas dejadas en la caminata de un animal. La rastrillada nos entrega información acerca de su velocidad, dirección de movimiento, así como el tipo de dinosaurio que las produjo, si este fue cuadrúpedo o bípedo, y demás.

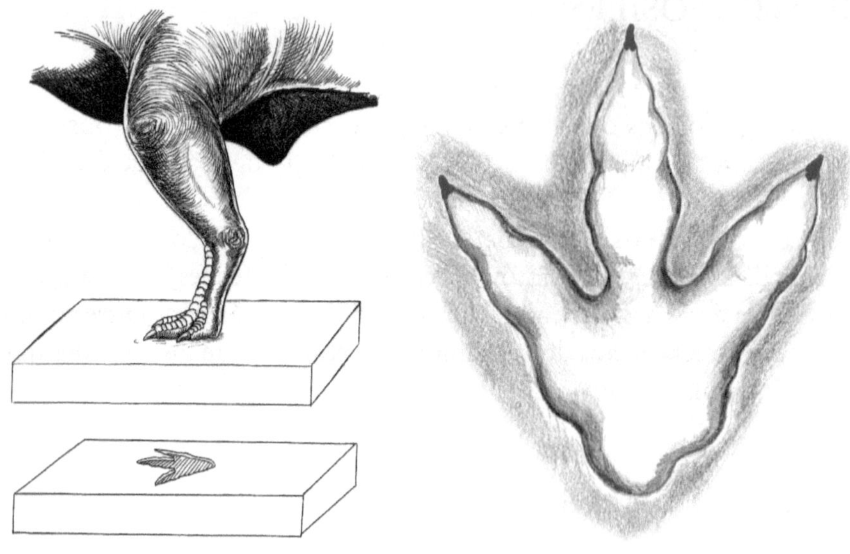

Esquema de la producción de una huella. Huella de un terópodo
(Ilustración: Jorge Aragón)

COPROLITOS

Los coprolitos (del griego *Copro* = excremento y *Litos* = piedra) son excrementos de animales que han fosilizado y se han conservado por millones de años. El estudio del estiércol fósil es de gran utilidad a la hora de saber de qué se alimentaban los dinosaurios u otros animales prehistóricos y de cómo era su sistema digestivo; más aún, es posible el estudio de ciertas características del ano y del recto o del tubo digestivo.

Existen pocos especialistas en este campo en todo el mundo, entre ellos la señorita Karen Chin de la Universidad de California, quien ha estudiado, incluso, un coprolito de *Tyrannosaurus rex* dentro del cual han aparecido restos de huesos de otros animales.

Coprolito: defecación fósil

(Ilustración: Jorge Aragón)

Fotografía que muestra algunos coprolitos fósiles

HUEVOS FÓSILES

La información que entregan los huevos fósiles es de gran importancia para la paleontología, ya que gracias a estos podemos deducir ciertas condiciones, como el clima a través del estudio de la cáscara, enfermedades de la hembra, datos sobre la extinción de los dinosaurios, etc.

Los huevos fósiles fueron encontrados por primera vez en Francia por un geólogo de apellido Matheron, en 1869. No obstante, el hallazgo más espectacular fue realizado por el zoólogo Roy Chapman Andrews, en Mongolia, en el denominado desierto de Gobi. En este lugar fueron halladas nidadas completas. Estos huevos, según Roy Chapman, habrían pertenecido a un pequeño dinosaurio herbívoro, el *Protoceratops andrewsi.* Junto con estos, los paleontólogos encontraron otro esqueleto de dinosaurio diferente al anterior, pero en directa asociación con los huevos que, por su posición, supusieron que este le estaba robando los huevos al *Protoceratops,* por lo cual lo bautizaron como *Oviraptor philoceratops* (ladrón de huevos). Sin embargo, recientes descubrimientos y estudios han arrojado que, en realidad, el dueño de los huevos fue *Oviraptor* y no *Protoceratops.*

Sin duda que el hallazgo más sobresaliente, en lo que respecta a nidos fósiles, fue hecho en Montana (EE. UU.) por los paleontólogos Jack Horner y Robert Makela. Ellos descubrieron una multitud de nidos con huevos en distintas etapas de desarrollo; huevos aún no eclosionados, individuos en distintas etapas de crecimiento y, en especial, individuos juveniles. Estos hallazgos revisten singular importancia, ya que nos permiten saber la compleja estructura social a la que estaban sujetos estos animales, tanto en el momento de nacer como en sus primeras etapas de desarrollo.

El cuidado de los mismos estaba a cargo de sus progenitores por un prolongado lapso de tiempo; incluso se ha podido determinar que mantenían un cuidado con sus crías muy parecido al que realizan actualmente los pájaros, incluso llevando el alimento hasta los nidos. Por esta razón fue llamada *Maiasaura,* que significa «buena madre lagarto». En estas nidadas han sido identificadas, a lo menos, dos especies: *Maiasaura peeblesorum* y *Orodromeus makelai* (*Orodromeus* = corredor de montañas).

Recientemente se ha encontrado otras nidadas en Argentina con un sinnúmero de nidos de saurópodos con multiplicidad de huevos y embriones en su interior. En China también se ubicó una gran cantidad de nidos con huevos fósiles de hadrosaurios.

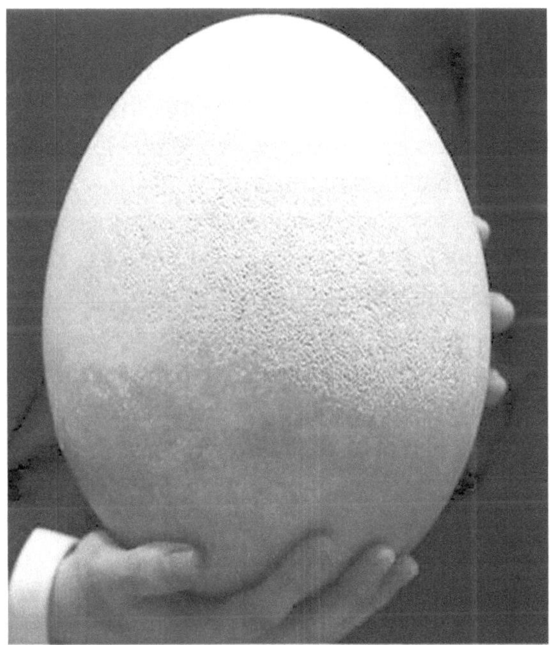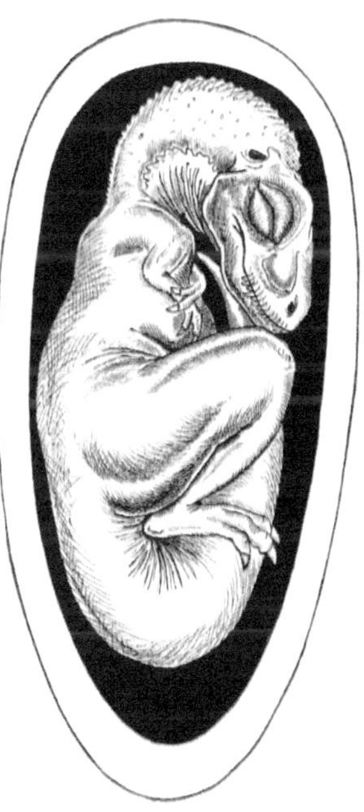

Izquierda: fotografía que muestra un huevo de *Aepyornis maximus*, un ave gigante del Pleistoceno (las manos son la escala para el tamaño); derecha: embrión de tiranosáurido al interior de un huevo (Ilustración: Jorge Aragón)

RESINA FÓSIL

En la actualidad conocemos diversos árboles que generan una sustancia pegajosa que llamamos «resina», como el sauce, aromo y otros. Muchas de estas resinas son aromáticas, por lo que resultan muy atractivas para los diversos insectos, los cuales al acercarse quedan adheridos a la misma (como el polen y otros materiales arrastrados por el viento), para luego ser envueltos y aprisionados en esta trampa natural. Esta situación ocurrió muchas veces en el pasado, cuando la resina de ciertas coníferas u otros árboles de diferentes épocas atraparon también insectos. Luego, esta sustancia resinosa mediante procesos de enterramiento y presión se endurece, convirtiéndose en un mineral de color amarillento y brillo resinoso llamado «ámbar», el cual se acumula formando verdaderos depósitos, como los existentes en las costas del Mar Báltico, Lituania, México y Puerto Rico.

Los insectos fósiles conservados en ámbar se caracterizan por presentar una conservación extraordinaria y perfecta que nos ha permitido conocer todos sus detalles anatómicos, el color, pelos microscópicos, incluso, mitocondrias de las células musculares. Es tan buena la preservación que se puede extraer el material genético original de ciertos insectos, lo que nos permite conocer las relaciones filogenéticas, es decir, el grado de parentesco de los insectos del pasado con los actuales.

La resina, al envolver a los insectos u otros materiales, también dejó atrapadas burbujas de aire que pueden ser rotas al interior de una cámara de vacío (con ausencia de oxígeno), para determinar el nivel de oxígeno en las atmósferas pasadas y los componentes de la misma. Este proceso nos ayuda a reconstruir los paleoambientes pasados con una mayor certeza. Estudios en este campo lo han realizado investigadores como, el químico Robert Barner de la Universidad de Yale, y Gary Landis del Servicio Norteamericano de Geología, quienes en un trabajo rompieron un trozo de ámbar de 90 millones de años, encontrando diferencias en los niveles de oxígeno en el pasado con respecto al presente.

Los árboles exudan resinas aromáticas que atraen a los insectos
(Ilustración: Jorge Aragón)

Los insectos se adhieren a la resina (Ilustración: Jorge Aragón)

El insecto es atrapado al adherirse a la resina (Ilustración: Jorge Aragón)

4

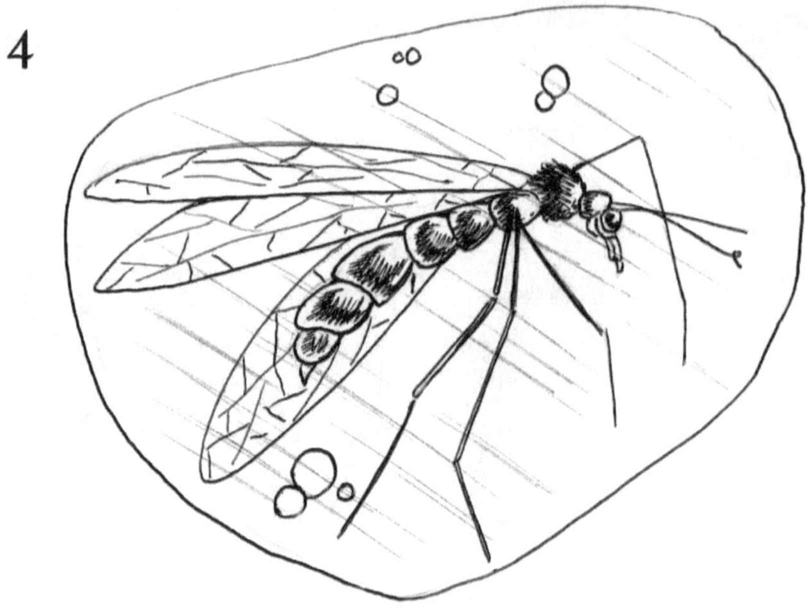

Finalmente, el trozo de ámbar en bruto se pule y el insecto queda a la vista (Ilustración: Jorge Aragón)

MOMIAS FÓSILES

Se ha denominado bajo este concepto a un tipo extraordinario de fósiles que bajo circunstancias especiales ha logrado llegar hasta nosotros con parte de su cuerpo y restos orgánicos, como carne y huesos, ya sean petrificados o no. Por ejemplo, el Museo Americano de Historia Natural exhibe los restos de un dinosaurio hadrosaurio del Cretácico superior de Wyoming, el cual murió y, por alguna razón, su carne no se descompuso, sino que se secó (a modo de charqui) y luego se fosilizó, mostrándonos ahora parte de su anatomía.

Otro fósil similar fue encontrado en Austria, en donde un rinoceronte lanudo cayó a un deposito natural de petróleo. Su cuerpo fue conservado integro, incluso con mechones de pelo.

Pero tal vez lo más espectacular en materia de este tipo de fósiles sean los cuerpos completos de Mamut (*Mammuthus primigenius*) encontrados en las tundras siberianas de la ex Unión Soviética. Los cuerpos de estos animales están congelados en una mezcla de barro, hierbas y hielo llamado «permafrost», donde fueron atrapados. Es tan buena su conservación que hoy en día se está a punto de inseminar a un elefante actual, con material genético obtenido de gónadas conservadas en estos animales.

Mammuthus primigenius atrapado en el permafrost (Ilustración: Jorge Aragón)

FÓSILES VIVIENTES

Con este nombre se designan a los animales actuales que corresponden a grupos sistemáticos, muy antiguos y próximos a extinguirse. Un ejemplo notable lo constituye un grupo denominado «coelacantidos» (peces de aleta lobulada, con una antigüedad de más de 280 millones de años) que se creía extinto, ya que inicialmente fue encontrado como fósil, hasta que en 1938 fue atrapado uno vivo que apareció en las redes de un pescador en las costas de Sudáfrica; finalmente fue denominado *Latimeria chalumnae*. Luego se encontraron otros ejemplares que han venido a corroborar las descripciones realizadas por los paleontólogos respecto a su anatomía y forma de vida.

Otro ejemplo de fósil viviente lo constituye el *Tuatara* (de la voz Maorí que significa «dorso con espinas»). Es el único sobreviviente de un grupo muy antiguo de reptiles (del orden rincocéfalos), cuya existencia se remonta a edades anteriores a la aparición de los dinosaurios.

Los cocodrilos y tortugas también pueden ser considerados como fósiles vivientes, porque han cambiado muy poco con respecto a sus antecesores. La lista de animales que están en esta categoría es grande, por lo cual solo nos limitaremos a nombrar alguno de ellos, como: *Limulus* (cangrejo bayoneta o cacerola de las Molucas), escolopendras (ciempiés), *Lingula* (braquiópodo), etc.

Los vegetales también pueden constituir un ejemplo de fósil viviente. El ginkgo (árbol del cabello de Venus) es un árbol que existió en la era Mesozoica, hace más de 200 millones de años, y hoy lo encontramos en bosques originarios de China y Japón, con la especie actual *Ginkgo biloba*. La imponente *Araucaria araucana*, que es parte de los bosques de Chile y por todos conocida, es otro ejemplo de este tipo, ya que en el norte de Chile (en la localidad de Pichasca, al interior de Ovalle) han sido encontrados troncos y madera petrificada pertenecientes a la araucaria *Araucarioxylon pichasquensis*, y otras, como el *Mañío*, asociadas directamente con restos de dinosaurios Titanosauridae.

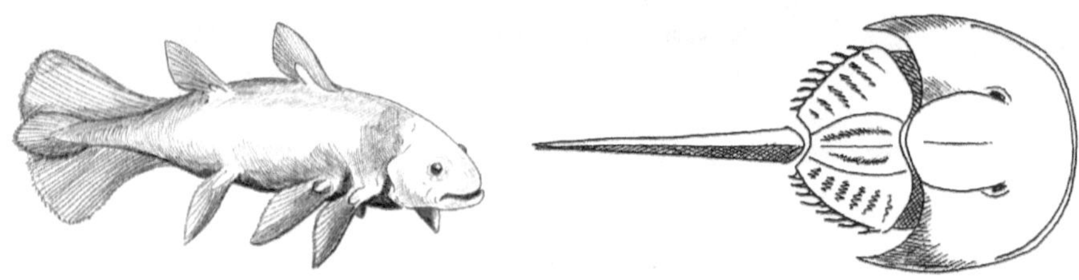

Izquierda: celacanto encontrado en Sudáfrica; derecha: cacerola de las Molucas. Ambos se encuentran como fósiles y como especímenes actuales (Ilustración: Jorge Aragón)

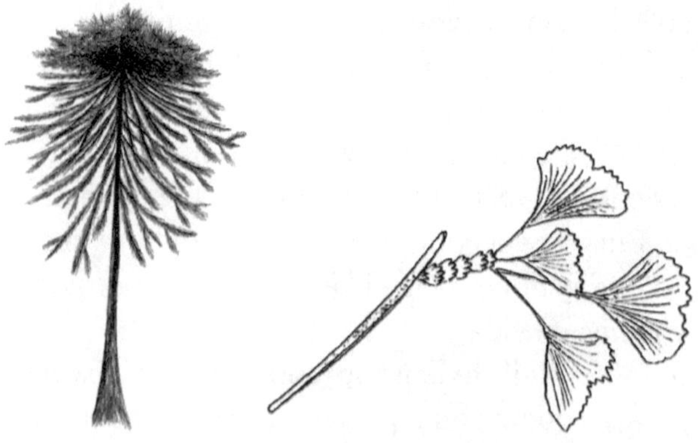

Araucaria araucana y *Ginko biloba*, especies que han subsistido desde el período Jurásico (Ilustración: Jorge Aragón)

CAPÍTULO II

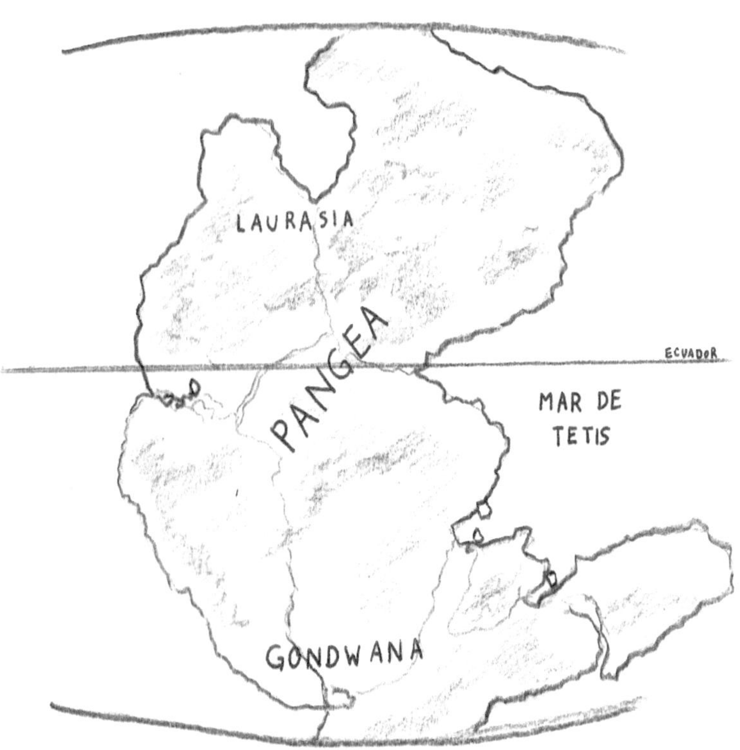

DERIVA CONTINENTAL

DERIVA CONTINENTAL

La deriva continental consiste, fundamentalmente, en el desplazamiento y reacomodamiento de los continentes en diversas direcciones, a partir de un continente único que se fragmentó y se separó hasta alcanzar su conformación actual.

La corteza terrestre es algo dinámico que está en constante movimiento y evolución, y sujeta a cambios verticales y horizontales por lo cual los continentes cambian continuamente de posición, producto de diversos fenómenos de orden geológico que afectan a la litósfera (capa superficial de la tierra). Esta capa está fracturada en varias secciones llamadas «placas», bloques o zócalos, de las cuales se han identificado ocho principales, más un cierto número de otras más pequeñas. A medida que las diversas placas litosféricas se muevan alrededor de la tierra, desarrollándose en algunos márgenes y siendo destruidos, en otros los continentes se mueven y se modifican con ellas. Han sido necesarios millones de años para que la tierra llegase a tener la fisonomía que hoy estamos acostumbrados a observar en los planisferios o en las fotografías que nos suministran los satélites.

Cuando colisionan las placas del océano con las continentales, se modifica la figura de los continentes. Las placas continentales son más ligeras, de manera que las oceánicas (más densas y pesadas) descienden hacia el núcleo fundido de la tierra, fenómeno que recibe el nombre de «subducción». Esto no solo destruye la placa continental, también puede cambiar el borde superior, formando cordilleras en el margen de los continentes afectados como, por ejemplo, la cordillera de los Andes.

En cambio, cuando dos placas continentales chocan directamente, estos se abultan y se comban los bordes de los continentes hacia arriba, hasta alturas inauditas como, por ejemplo, la cordillera del Himalaya, montañas que surgieron producto del choque del continente de la India con el continente asiático. A veces, el impacto de la colisión es menos directo y las placas se deslizan una junto a otra. Entonces, quizás no se produzcan montes ni cordilleras. En lugar de ello sobrevienen temblores o terremotos que pueden alterar suavemente la topografía, como el terremoto ocurrido en Chile en el año 60, que cambió suavemente la topografía de la zona Valdiviana.

También pueden producirse fallas geológicas que alivian las tensiones acumuladas en las placas en movimiento.

Durante millones de años, los continentes se han alejado o se han acercado cambiando constantemente la fisonomía planetaria.

Masas de tierra colisionaron para formar un solo y vastísimo supercontinente llamado Pangea, rodeado de un único mar llamado Panthalasa. Esto se debió a que la masa o porción sur avanzó hacia el norte hasta chocar con las masas de tierra ubicadas en el norte; colisión que se produjo en las latitudes ecuatoriales y alzó la corteza terrestre en elevadas cadenas montañosas.

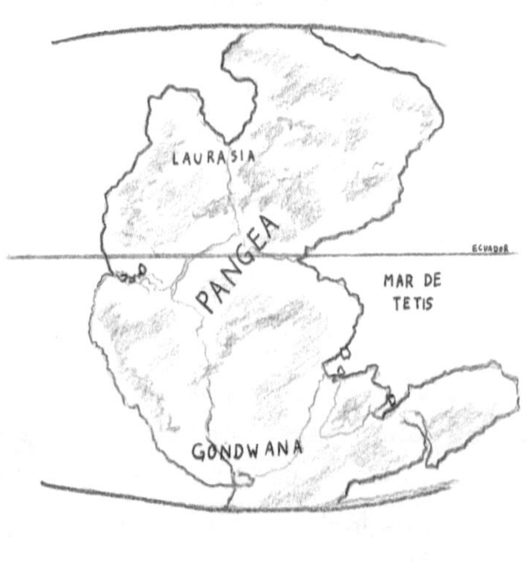

(Ilustración: José Lemos Caro)

Pese a hallarse en el cálido clima ecuatorial, la altura de aquellos montes fue bastante para producir glaciares. Las colosales acumulaciones de hielo que se extendían desde la zona sur perdieron su alcance cuando los bloques continentales se alejaron de la región polar.

Posteriormente, siguiendo con la deriva continental, este supercontinente se dividió en dos partes: una en el norte llamada Laurasia, compuesta por América del Norte, Europa y Asia; y otra en la región sur llamada Gondwana, formada por América del Sur, África, Australia, Antártica y la India.

(Ilustración: José Lemos Caro)

La forma más o menos actual de los continentes comenzó a quedar definida desde finales del período Cretácico, hace 65 millones de años aproximadamente.

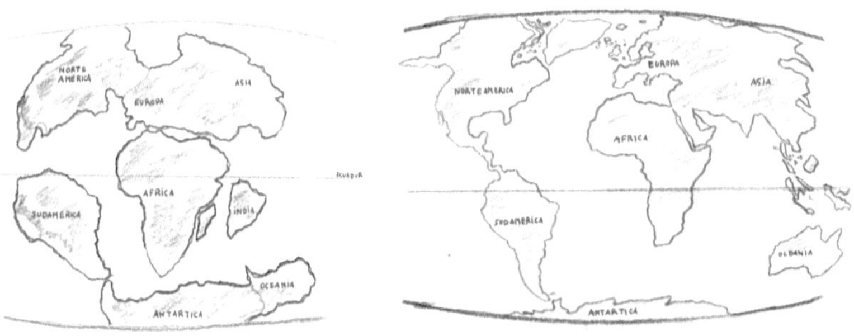

(Ilustración: José Lemos Caro)

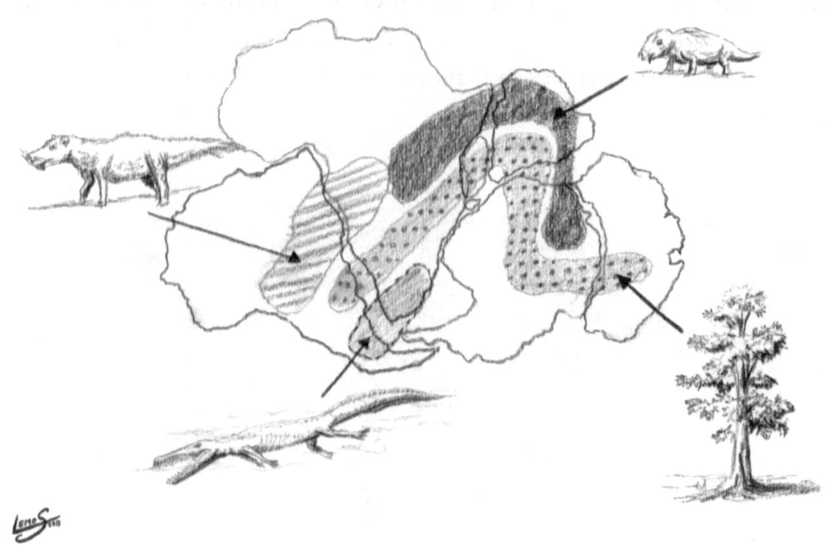

Desplazamientos de los continentes y la flora y fauna como prueba de la deriva continental
(Ilustración: José Lemos Caro)

PRUEBAS DE LA DERIVA CONTINENTAL

La deriva continental, como teoría, fue propuesta por el meteorólogo alemán Alfred Wegener, en 1912, quién la elaboró al darse cuenta de la perfecta congruencia de las costas de los dos lados del Atlántico; de allí en adelante, diversos geólogos y paleontólogos han trabajado para encontrar las pruebas y evidencias que demuestren la teoría.

a) Argumentos geológicos

Si el continente americano estuvo alguna vez unido con el continente africano, teniendo como separación actual el océano Atlántico, quiere decir que si alguna vez existió un fenómeno geológico, como una montaña o cordillera, esta debería continuarse hoy en ambos lados del Atlántico. Es así como encontramos, por ejemplo, en el extremo sur de África las montañas del Cabo, que tendrían su continuación en la llamada Sierra de Buenos Aires, en Sudamérica.

También existe una plataforma en África formada por rocas de grano grueso, cuyos minerales se disponen en capas o franjas paralelas, conocidas geológicamente como «gneis» y que se encuentran también en la parte sudamericana, a la altura de Brasil; mientras que en la parte norte del continente encontramos las mismas analogías geológicas. Entre Europa y Norteamérica, por ejemplo, existe un pliegue montañoso gnéisico en el norte de Escocia, que se continua en la Formación del Labrador, en el lado Americano. Otro ejemplo son las elevaciones montañosas presentes en Noruega y Escocia, que tienen su prolongación en los Apalaches canadienses.

Por último y como para coronar las pruebas geológicas, en los períodos Pérmico y Carbonífero (Permo-Carbonífero) se produjo una extensa glaciación que abarcó y dejó sus huellas (erosión y restos de detritos dejados por los glaciares llamados Morrenas) en América, África, la India, Australia y la Antártica, y que se produjo cuando estas masas continentales estuvieron unidas.

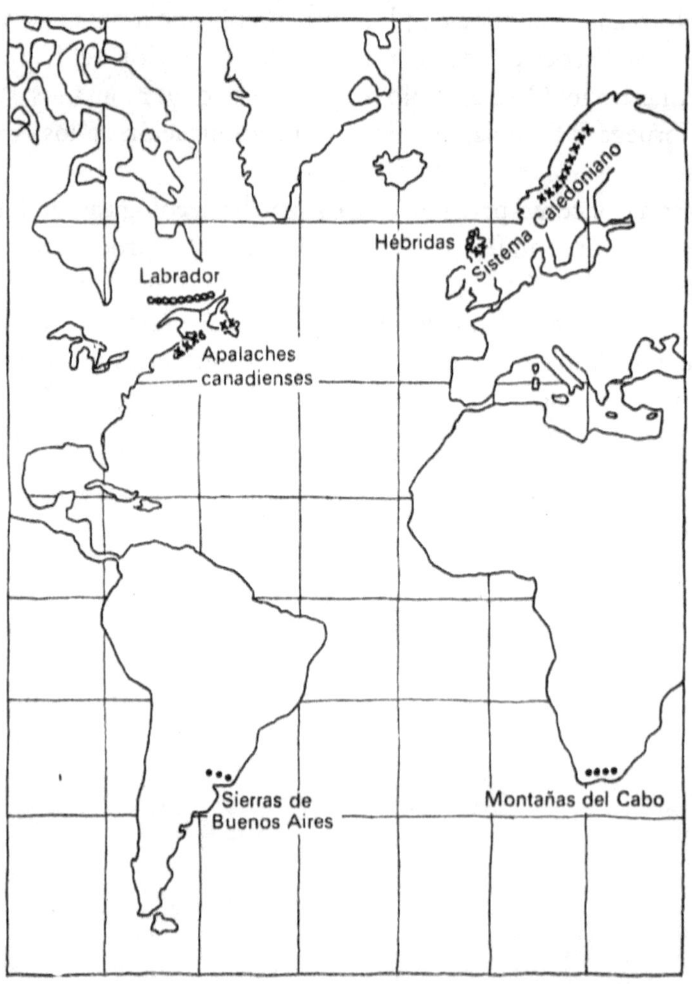

Mapa que muestra las continuaciones de eventos geológicos, como pruebas de la deriva continental

b) Argumentos paleontológicos (vida animal)

Además de las pruebas geológicas antes expuestas, existe una serie de argumentos paleontológicos que aportan nuevas pruebas, a favor de la deriva de continentes. A fines de 1967, un grupo de científicos norteamericanos descubrieron en las montañas centrales de la Antártica (desprovista de hielo) un trozo de quijada correspondiente a un antiguo anfibio de agua dulce, llamado «laberintodonte», una criatura gigantesca, de enorme cabeza aplanada y cuerpo pesado. El hallazgo, en efecto, sugería que la Antártica estuvo en alguna época unida con América del Sur y África, en donde también fueron descubiertos fósiles similares.

Luego, el 4 de diciembre de 1969 y a solo 160 km del hallazgo anterior, se descubrieron fósiles de un animal herbívoro que vivió durante el período Triásico inferior, llamado *Lystrosaurus*. La importancia capital de este descubrimiento reside en el hecho de que este animal alcanzó una amplia distribución geográfica en el planeta, pues se han descubierto sus restos en Sudáfrica, India y la Antártica, por el sur, en tanto que en el norte habitó el norte de Rusia, China y el sudeste asiático, por lo tanto, vivió en continentes hoy muy separados. También existió un animal reptiliano, pero muy parecido a un mamífero llamado *Thrinaxodon*, que habitó Sudáfrica y la Antártica.

Mientras, en el Carbonífero superior y Pérmico inferior nadaba en sistemas lagunares sudamericanos y africanos un pequeño reptil que se alimentaba de peces y crustáceos. Su nombre es *Mesosaurus* y, a pesar de estar adaptado para nadar, solo lo podía hacer en trechos cortos, razón por la cual su distribución en Gondwana solo puede ser explicada desde el punto de vista de los continentes unidos.

La distribución tan peculiar de todas estas formas de vida animal se considera como uno de los argumentos más sólidos a favor de la deriva continental, ya que por la estructura de todos estos reptiles, no es materialmente posible que hayan podido atravesar el Atlántico a nado, y la única explicación posible es que su distribución se deba a que estos continentes estuvieron unidos en el pasado.

Lystrosaurus, un animal cuya distribución es prueba de la deriva continental (Ilustración: Jorge Aragón)

C) Argumentos paleontológicos (vida vegetal)

Otras pruebas sobre la unión de los continentes en el pasado nos la proporciona los vegetales fósiles estudiados desde Chile por la investigadora del Departamento de Tecnología de la Madera, de la Facultad de Ciencias Agrarias y Forestales de la Universidad de Chile, la señora Teresa Torres, quien se encuentra actualmente investigando diversas plantas fósiles que se localizan en varias partes del territorio antártico, especialmente en la isla Rey Jorge, en la península Fildes, donde los deshielos del glaciar Collins dejan al descubierto grandes troncos con estructuras bien preservadas y que también se encuentran en el continente australiano, África, Nueva Zelanda y la India.

Las maderas petrificadas constituyen el material de trabajo para la identificación de las diversas especies existentes. Este proceso comienza cuando aguas ricas en sílice o en carbonatos se infiltraron en las células de la madera, introduciéndose en el tejido con dióxido de silicio o carbonato de calcio u otros minerales, sufriendo una transformación físico-química; así, la sustancia mineral invade los intersticios de los tejidos, reemplazando la estructura interna y la pared celular, generando una copia de los caracteres anatómicos. Para esto se estudia la estructura de la madera de forma tridimensional, prepararando láminas transparentes en los diversos planos, igual como se haría con una madera actual. Como se trata de una roca, se corta con una sierra diamantada y luego se adelgaza por desgaste progresivo en una máquina llamada «micrótomo», hasta obtener láminas delgadas y transparentes para los estudios microscópicos de las estructuras celulares.

Estos árboles del pasado nos entregan información de los climas y las diversas temperaturas presentes en las diversas zonas, ya que los anillos de crecimiento anuales están íntimamente relacionados con las condiciones climáticas y ambientales en que estos se desarrollaron. Por ejemplo, en climas donde hay diferencias estaciónales, se producen células grandes y de paredes delgadas en primavera y células más pequeñas y de paredes gruesas en invierno; en tanto que en los climas cálidos de temperatura uniforme y en los trópicos, el crecimiento es continuo y constantemente se agregan células a la madera, sin que se hagan evidentes los anillos.

Para determinar a qué árbol pertenecía la madera, se procede por comparación con plantas actuales y fósiles. De allí se busca el nombre genérico de la madera fósil que está constituido por el nombre del grupo, la familia o género actual que más se le parezca, seguido por el sufijo *xylon* (que significa «leño» o «xilema»), acompañado de un segundo nombre en latín que indica, generalmente, de dónde proviene. Por ejemplo, *Araucarioxilon pichasquensi* indica que el género es madera de araucaria (*-xilon*) y que es de la localidad de Pichasca, al interior de Ovalle (*pichasquensi*).

Una de las principales plantas es conocida como *Glossopteris*, no obstante, también existieron especies vegetales que hoy conocemos, como: helechos, araucarias, mañíos, coihues, ciprés, robles, ruíl, tépa, ulmo, laurel; y otros presentes en la Antártica, en el continente sudamericano, en Australia, África, Nueva Zelanda y la India, lo que también indica que estas porciones de tierra estuvieron juntas en el pasado.

Plantas fósiles de Chile y Antártica descritas como nuevas especies (tomado de Torres)

Mesozoico: maderas de gimnospermas

1- *Araucarioxylon arayai* Torres *et al.* (1982), Cretácico inferior, isla Livingston, Antártica.

2- *Araucarioxylon floresii* Torres y Lemoigne (1988), Cretácico inferior, isla Snow, Antártica.

3- *Araucarioxylon pichasquensis* Torres y Rallo (1981), Cretácico superior, Pichasca, IV Región, Chile.

4- *Araucarioxylon pluriresinosum* Torres y Biro (1986), Cretácico superior, isla Quiriquina, Chile.

5- *Araucarioxylon resinosum* Torres y Biro (1986), Cretácico superior, isla Quiriquina, Chile.

6- *Baieroxylon chilensis* Torres y Philippe (2001), Jurásico, La Ligua, zona central de Chile.

7- *Agathoxylon liguaensis* Torres y Philippe (2001), Jurásico, La Ligua, zona central de Chile.

8- *Microcachryxylon gothani* Torres *et al.* (1994), Cretácico superior, isla Ross, Antártica.

9- *Sahnioxylon antarcticus* Lemoigne y Torres (1988), Cretácico superior, isla Livingston, Antártica.

Mesozoico: maderas de angiospermas

10- *Palmoxylon chilensis* Torres y Godoy (1982), Cretácico superior, Huechún, zona Central de Chile.

11- *Myrtoxylon pichasquensis* Torres y Rallo (1981) Cretácico superior, Pichasca, IV Región, Chile.

12- *Elaeocarpoxylon pichasquensis* Torres y Rallo (1981), Cretácico superior, Pichasca, IV Región, Chile.

13- *Nothofagoxylon pichasquensis* Torres y Rallo (1981), Cretácico superior, Pichasca, IV Región, Chile.

Cenozoico

14- *Araucarioxylon fildense* Torres (1990, 2001), Terciario, Paleógeno, Formación Fildes, isla Rey Jorge, islas Shetland del Sur, Antártica.

15- *Araucarioxylon seymourense* Torres *et al.* (1994), Terciario, Paleógeno, Formación La Meseta, isla Seymour, Antártica.

16- *Cupressinoxylon seymourense* Torres *et al.* (1994), Terciario, Paleógeno, Formación La Meseta, isla Seymour, Antártica.

17- *Cupressinoxylon parenchymatosum* Torres *et al.* (1985), Terciario, Paleógeno, Formación Fildes, isla Rey Jorge, islas Shetland del Sur, Antártica.

18- *Caldcluvioxylon propaniculata* Torres (1990, 2001), Terciario, Paleógeno, Formación Fildes, isla Rey Jorge, islas Shetland del Sur, Antártica.

19- *Laurelioxylon antarcticum* Torres (1990, 2001), Terciario, Paleógeno, Formación Fildes, isla Rey Jorge, islas Shetland del Sur, Antártica.

20- *Eucryphioxylon fildense* Torres (1990, 2001), Terciario, Paleógeno, Formación Fildes, isla Rey Jorge, islas Shetland del Sur, Antártica.

21- *Dicotyloxylon birkenmajeri* Torres (1990, 2001), Terciario, Paleógeno, Formación Fildes, isla Rey Jorge, islas Shetland del Sur, Antártica.

22- *Dicotyloxylon pluriperforatum* Torres (1990, 2001), Terciario, Paleógeno, Formación Fildes, isla Rey Jorge, islas Shetland del Sur, Antártica.

23- *Nothofagoxylon antarcticum* Torres (1984),Terciario, Paleógeno, Formación Fildes, isla Rey Jorge, islas Shetland del Sur, Antártica.

24- *Nothofagoxylon triseriatum* Torres y Lemoine (1988), Terciario Paleogeno, Formación Arctowski, Rey Jorge, Antártica.

25- *Nothofagoxylon paleoglauca* Torres y Lemoigne 1988, Terciario Paleogeno, Formación Arctowski, Rey Jorge, Antártica.

26- *Nothofagoxylon paleoalesandrii* Torres (1990, 2001), Terciario, Paleógeno, Formación Fildes, isla Rey Jorge, islas Shetland del Sur, Antártica.

27- *Salicinoxylon serrae* Torres *et al.* 1981. Terciario, Neógeno, Chiloé Insular, Chile.

Árbol de *Glossopteris*, planta encontrada en varios continentes (Ilustración: José Lemos Caro); y detalle de las hojas (Ilustración: Jorge Aragón)

CAPÍTULO III

PALEONTOLOGÍA EN CHILE

DESARROLLO DE LA PALEONTOLOGÍA EN CHILE

Claudio Gay

La paleontología en Chile comenzó tímidamente en el siglo antepasado (mediados del mil ochocientos), cuando el gobierno de Chile contrató los servicios de don Claudio Gay, eminente científico y naturalista frances que investigó la flora y la fauna de Chile, así como el estudio de los fósiles de las distintas regiones del país. Estos estudios los dejó plasmados en el tomo 8 de su trabajo *Historia física y política de Chile*, editado en 1845, y en el *Atlas de la historia física y política de Chile*, de 1854, entre otros. Por pedido del gobierno de Chile, Gay crea la cátedra de Ciencias Naturales en el Colegio de Santiago, en 1828.

Este investigador nos dejó un lindo legado a través de ilustraciones, en su atlas de 313 láminas. Gay recolectó muchos fósiles de nuestro territorio, muchos de los cuales fueron descritos y publicados por el francés L. H. Hupe. Realizó, también, los primeros estudios de los vertebrados mesozoicos de nuestro país, ya que describió restos de plesiosaurios provenientes de la isla Quiriquina (VIII Región), siendo este el primer registro de estos reptiles marinos para América del Sur.

Es probable que Claudio Gay haya conocido y compartido directamente con Charles Darwin en su paso por Chile, y lo más probable es que le haya entregado una rica información.

Claudio Gay

Charles R. Darwin

Uno de los naturalistas más famosos del mundo y autor del libro *El origen de las especies* no podía estar ausente en el desarrollo de nuestra paleontología. Charles Darwin desarrolló trabajos a nivel sudamericano en geología, botánica, historia natural, antropología, vulcanología, geografía, paleontología, ecología, etc. En su paso por Chile, entre los años 1832 a 1835, visitó innumerables localidades y ciudades, de sur a norte, y realizó numerosas expediciones destinadas a la recolección de material de historia natural, como minerales, flora y fauna, fósiles, entre otros. El recolectar fósiles constituyó una parte importante en la vida de Darwin, por lo cual los recogió por toda Sudamérica y Chile, enviándolos a Inglaterra, a la Universidad de Cambridge, donde el eminente profesor Richard Owen describió y publicó sus descubrimientos. Darwin también fue pionero en el trabajo geológico de la región andina de nuestra cordillera, donde recolectó fósiles y pudo observar las acumulaciones sedimentarias. También reconoció la importancia de los fósiles de invertebrados para la geocronología (datación) de esta, a tal punto que muchos de ellos aún son utilizados. También utilizó los fósiles para realizar interpretaciones paleoecológicas, sobre todo de las condiciones marinas durante el Jurásico y Cretácico.

Charles Darwin a los 31 años de edad

De los cinco años que duró el viaje de la Beagle alrededor del mundo, casi dos de ellos estuvo en Chile. Esto significa que nuestro país tuvo una gran importancia para Darwin, ya que en este lapso de tiempo pudo explorarlo y conocerlo. Darwin recorrió nuestro territorio en busca de fósiles, y es así como en 1834 explora la zona de Navidad (La Vega de Pupuya, Matanzas, La Boca y Punta Perro), en donde alcanza a recolectar 31 especímenes de fósiles Terciarios, que envía a Inglaterra para su clasificación y posterior publicación. Las 31 especies, todas extintas para estas latitudes, fueron enviadas por él a Inglaterra, donde Sowerby los clasificó, reconociendo entre estos géneros, los siguientes: *Pectunculus, Oliva, Turritela, Fusus* y otros. Los hallazgos de Darwin tuvieron una gran importancia para la paleontología nacional, ya que los especímenes encontrados por el naturalista fueron los primeros fósiles de esta formación. Esto sirvió para dar un impulso a los investigadores posteriores que hicieron un trabajo muy detallado de los fósiles del sector, como Claudio Gay y Rodulfo Amando Philippi.

La Beagle en el estrecho de Magallanes

Rodulfo Amando Philippi

Naturalista alemán que llega a Chile hacia 1851, dando comienzo a diversos estudios naturales en geología, paleontología, botánica y las ciencias naturales en general. Su contribución a la paleontología quedó registrada en diversos artículos y libros.

Rodulfo A. Philippi, a cargo del Museo Nacional de Santiago (actualmente Museo Nacional de Historia Natural) visitó las localidades de La Boca de Rapel, Navidad y Matanzas, y reconoció fósiles incluso 30 km hacia el interior, hasta el fundo La Cueva, contribuyendo al aumento de las colecciones del Museo Nacional de Historia Natural. En resumen, Philippi realizó 26 exploraciones de carácter científico, lo que se tradujo en más de 400 artículos de diversa índole.

Philippi también escribió sobre la fauna del Mesozoico, tanto de plesiosaurios como de ictiosaurios. Entre sus obras cave destacar *Los elementos de historia natural*, editado en 1869; *Los fósiles de Chile*, de 1875; *Fósiles terciarios i cuartarios de Chile*, editado en 1887; y varios artículos sobre la fauna extinta de nuestro territorio. Philippi deja de existir en 1904, transmitiendo un rico legado para la paleontología nacional.

Rodulfo Amando Philippi

Alcides D'Orbigny

Paleontólogo francés describe y publica, en 1848, una serie de fósiles proveniente de la bahía de Concepción (VIII Región) que le son enviados por Jules Grange, quien los recolectó cuando el barco a su cargo (De la Zalée) visitó la zona.

Burmeister y Gievel también contribuyeron con estudios sobre fósiles y geología en Chile, hacia el año 1861, así como Blake quien, en 1862, escribió sobre los plesiosaurios de Chile.

Otro personaje que contribuyó al estudio de los fósiles en Chile es el polaco y experto en minerales, Ignacio Domeyko, quien recolectó y preparó un sinnúmero de piezas que fueron descritas y publicadas por M. M. Bayle y H. Concuand. Parte de nuestro territorio en la parte norte del país recibe el nombre de cordillera de Domeyko. También existen dos especímenes fósiles que llevan su nombre: el dinosaurio de la familia Titanosauridae, *Domeykosaurus*, y el pterosaurio de la familia Dsungaripteridae, *Domeykodactilus*.

Las últimas contribuciones a la paleontología nacional del siglo 19 las aporta Steinmann quien, junto a otros autores, publica hacia los años 1895-1896 un completo e interesante trabajo sobre la fauna fósil de Quiriquina (VIII Región).

En la transición que va del siglo 19 al 20, el desarrollo de las ciencias paleontológicas al parecer decae un poco, pues los trabajos publicados disminuyen. La paleontología es una ciencia poco conocida y es mirada con extrañeza por el público. Sin embargo, a pesar de esta situación, la paleontología se mueve lentamente, pero se mueve.

Los primeros trabajos sobre vertebrados en el siglo XX los realizó Oliver Schneider en 1921, quien describe restos de plesiosaurios de Quiriquina, que bautizó como *Cimoliasaurus andium*, publicándolo en la *Revista Chilena de Historia Natural*.

Luego, von Huene, investigador alemán, escribe en 1927 sobre los ictiosaurios y plesiosaurios en Chile.

Posteriormente, en 1929, Lambrecht deja constancia del primer registro de un ave cretácica en América del Sur, bautizada como *Neogaeornis wetzeli* y encontrada en estratos de la Formación Quiriquina.

Después le sigue los pasos Broili, quien en 1930 también escribe sobre los plesiosaurios de isla Quiriquina. Igualmente en ese año, Wetzel, otro investigador, escribe un trabajo sobre los fósiles de vertebrados de Quiriquina.

No puedo dejar de mencionar el aporte en los estudios geológicos y paleontológicos de nuestro territorio realizados por el investigador, señor Giovanni Cecioni, quien desde el año 1949 hasta la década de los 70 realizó innumerables trabajos que sobrepasan la veintena, y que han servido a los investigadores posteriores. Uno de los libros que ha marcado el estudio geológico en Chile es su obra *Esquema de paleogeografía chilena*, que ha constituido un verdadero aporte al conocimiento.

Otras contribuciones al país la han hecho Digman y Galli, quienes han realizado estudios geológicos en el norte de Chile y el descubrimiento e interpretación de huellas de dinosaurios en la I Región.

Quien sin duda le dio un impulso importante a la paleontología nacional fue Rodolfo Casamiquela, investigador argentino que en la década del 60 arribó a nuestro país, realizando estudios sobre megafauna (mastodontes y otros), en la ex laguna de Tagua-Tagua (VI Región); sin embargo, sus conocimientos de la fauna mesozoica han sido importantes, sobre todo el primer trabajo realizado en Chile sobre huellas de dinosaurios en las

Termas del Flaco de la VI Región, en el año 1969, y en la interpretación de los restos de dinosaurios de Pichasca, que han sido los primeros para Chile.

Rodolfo Casamiquela, investigador y paleontólogo argentino

También son relevantes sus comentarios y estudios de los plesiosaurios que realizó junto a la investigadora, señora Irene Tapia. Describió, además, un plesiosaurio en el año 1969 y lo atribuyó al género *Aristonectes*, sobre la base de un resto mandibular proveniente de Quiriquina (VIII Región). En la década del 70, hasta donde se extendieron sus contribuciones, hizo múltiples comentarios y escribió sobre los vertebrados del Jurásico de Chile. Rodolfo Casamiquela es un hombre sencillo con el cual tuve el placer de trabajar. Él ha sido un verdadero aporte a la paleontología de Sudamérica.

Otro hombre destacado es Guillermo Chong, geólogo, quien ha dedicado gran parte de su vida al estudio geológico del norte de Chile, junto a variados autores. Realizó descripciones de vertebrados mesozoicos por los años 70 y a él se debe el descubrimiento de uno de los cocodrilos marinos mesozoicos más antiguos, que publicó junto a la investigadora argentina Zulma Gasparini. También publicaron juntos un trabajo y comentarios sobre la fauna de vertebrados mesozoicos de nuestro país. Guillermo Chong ha sido un pilar fundamental en la difusión de la geología, poniendo al alcance de los niños textos fáciles de asimilar, como el libro *Enseñando geología a los niños*, *Enseñando geología a lo largo de Chile* y su destacado apoyo al Museo Geológico Profesor Humberto Fuenzalida. Sin duda que la tarea emprendida por este autor a servido para motivar a muchos jóvenes y adultos.

Juan Tavera, investigador de la Universidad de Chile, realizó muchos trabajos, tanto en invertebrados como en vertebrados, dejando un rico legado en piezas paleontológicas. Escribió sobre restos de plesiosaurios provenientes de Faro Carranzas, lugar donde tuve la ocasión de compartir con otro investigador del Servicio Nacional de Geología y Minería, el geólogo señor Vladimir Covacevich, quien también ha hecho un aporte a la paleontología nacional ya que trabajó en muchas ocasiones con fósiles de la Formación Navidad, y publicó junto al investigador del Museo Nacional de Historia Natural de Santiago, señor Daniel Frassinetti, varios de sus trabajos.

Larry Marschal, investigador norteamericano, estuvo un tiempo en nuestro país realizando algunas investigaciones relacionadas con mamíferos de Chile, así como ha estudiado el intercambio de fauna fósil entre América del Norte y América del Sur. Además, realizó estudios y recolección de fauna mesozoica que se relacionan con restos de pterosaurios.

En el último tiempo ha surgido en Chile una serie de nuevos investigadores de la paleontología. Podemos destacar a: Karen Moreno, Alexander Vargas y David Rubilar, Mario Suárez, Marcelo Leppe, entre otros que están hoy poniendo al día los trabajos realizados con anterioridad, así como aportando nuevas teorías, algunas de gran trascendencia. En cuanto a los dinosaurios se han descrito huellas fósiles, así como otros materiales óseos de saurópodos del norte y sur de Chile.

El aporte femenino a la paleontología nacional

Sin querer hacer una diferencia entre los investigadores, creo que las mujeres necesitan ser destacadas, ya que han ido ganado espacios en el campo de las ciencias y en paleontología, abriéndose camino poco a poco.

En el campo de la paleobotánica debo destacar la fecunda labor realizada por la investigadora de la Facultad de Ciencias Agrarias y Forestales de la Universidad de Chile, señora Teresa Torres, quien durante años ha investigado la flora fósil presente en la Antártica, realizando fantásticos descubrimientos. Su labor en la Antártica se inicia allá por la década del 80 hasta hoy. Ella ha aportado evidencia sobre la deriva continental y entrega nuevos datos sobre las plantas presentes en el continente de Gondwana. Generalmente tendemos a pensar que las plantas tienen poca importancia, sin embargo, nos muestran el ambiente en que se desarrollaron los animales en el Mesozoico.

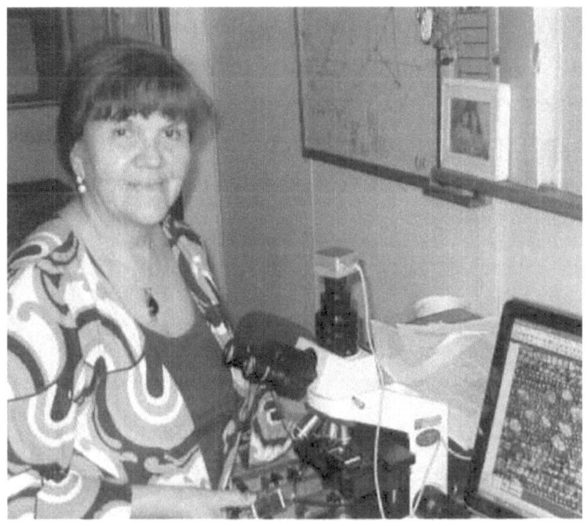

Teresa Torres, doctora en Ciencias con mención en Paleobotánica

Como se mencionó antes, también la señora Irene Tapia ha realizado avances en el estudio de los invertebrados mesozoicos, así como una síntesis de los plesiosaurios en Chile, junto al paleontólogo argentino Rodolfo Casamiquela. A ella debemos el reconocimiento de los primeros restos de dinosaurios en Chile, ya que fue quien recepcionó de parte de Gastón Cevallos, los fragmentos de huesos de dinosaurios provenientes de Pichasca.

Zulma Gasparini, paleontóloga argentina, ha realizado muchos estudios sobre los sauropterigios argentinos y chilenos, así como trabajos sobre los cocodrilos mesozoicos del norte de Chile en los años 1972-1977, junto al geólogo chileno, Guillermo Chong. Sin duda que el aporte de esta investigadora ha sido importante para nuestro país.

Otro aporte a la paleontología lo ha hecho Patricia Salinas, quien junto a Larry Marschal han estudiado restos de pterosaurios encontrados al interior de Copiapó. Este grupo biológico es escaso, sin embargo, los aportes han abierto una ventana para conocer la invasión del ambiente aéreo. Patricia salinas también ha realizado publicaciones en el campo de la cetología (estudio de los cetáceos) y otros.

No podríamos hablar del estudio mesozoico de Chile sin nombrar a Gloria Arratia y sus soberbios estudios sobre los peces fósiles de nuestro país. Desde la década de los 70 hasta nuestros días, sus trabajos conforman un rico legado para las futuras generaciones. Su campo de estudio es difícil, pero el aporte de esta investigadora es trascendental para conocer nuestro pasado.

Gloria Arratia, especialista en peces fósiles.

Recientemente, dentro de la nueva generación de investigadores chilenos surge el nombre de Karen Moreno, joven promesa de la paleontología, quien está incursionado en el estudio de las huellas fósiles de dinosaurios, tanto en la zona de Termas del Flaco como en la Región de Pica, en el norte de Chile. No me cabe duda de que ella enfrentará otros desafíos en el estudio de los vertebrados mesozoicos.

En resumen, estos son los hombres y mujeres que más han aportado a la paleontología nacional. Si he omitido algún nombre, pido disculpas, pues nombrarlos a todos y sus contribuciones habría ocupado muchas más páginas.

CAPÍTULO IV

MESOZOICO: GENERALIDADES

GENERALIDADES DEL MESOZOICO

Durante todo el Mesozoico, Chile ha permanecido en el borde de la placa continental o sobre una zona donde la placa de Nazca está subduciendo a la placa continental; por lo tanto, Chile siempre ha estado bajo la influencia de actividad tectónica y con una constante actividad volcánica. Es por esto que se han producido fenómenos de compresión tectónica durante este período, los cuales habrían provocado una serie de plegamientos asociados a una actividad ígnea elevada. Podemos decir, entonces, que en nuestro país hubo muchos temblores y terremotos, así como erupciones volcánicas múltiples; actividades que en ocasiones eran interrumpidas por intervalos de quietud. Esta intensa actividad tectónica pudo traer como consecuencia la modificación de la superficie litosférica, creando nuevas costas o el nacimiento de mares interiores, ensenadas u otros cambios geográficos importantes que pudieron afectar o favorecer el desarrollo de las formas de vida. A todo este proceso los geólogos lo han denominado «Ciclo orogénico andino».

Hacia la mitad del Mesozoico (desde el Jurásico tardío al Cretácico temprano) se formó la Cuenca Andina o también llamada Cuenca de Neuquén, que no es otra cosa que la formación de un brazo de mar interior y de poca profundidad limitado al oeste por la cordillera de la Costa, al sur alcanzaba un poco más debajo de Osorno, al este un poco más allá de Neuquén, estrechándose a la altura de Santiago hacia el norte, tal vez hasta la Región de Antofagasta o un poco más al norte.

Este mar interior habría tenido una línea de costa a la altura de la Región Metropolitana, pues en la zona de Lo Valdez, en el denominado Valle de las Arenas, encontramos presencia de *ripple marks* intercaladas de cuarteamientos poligonales. Sobre estas se han encontrado, además, huellas de dinosaurios atribuibles a saurópodos. En tanto, lo mismo sucede en la zona de Termas del Flaco (VI Región), donde han sido halladas rastrilladas de saurópodos, ornitópodos y terópodos, lo que puede ser consecuencia de una elevación en estos puntos.

Puede afirmarse también que hubo gran actividad volcánica submarina a la altura de Santiago, en la denominada Formación Lo Valdez. Podemos afirmar, además, que este mar interior sufrió durante estos períodos varias regresiones e invasiones hacia el lado continental. Por último, esta ensenada o mar interior desaparece como consecuencia de una regresión o un levantamiento por la tectónica de placas.

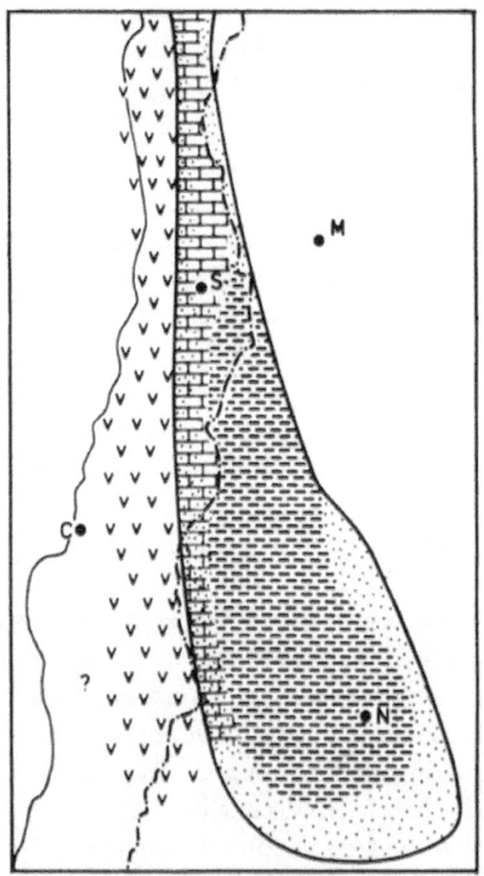

Cuenca de Neuquén: (S) Santiago; (M) Mendosa; (C) Concepción; (N) Neuquén

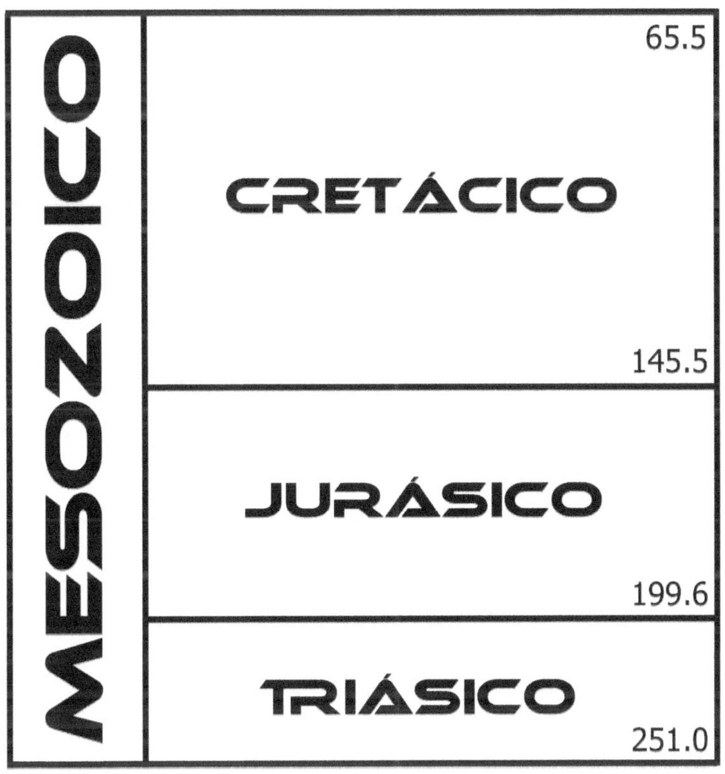

Tabla de edades correspondiente al Mesozoico

Triásico

Durante el Triásico solo existía un súper continente llamado Pangea, rodeado por el océano denominado Panthalasa. Sin embargo, en el planeta podían distinguirse perfectamente dos zonas continentales, aunque no del todo separadas, que posteriormente darían nacimiento a dos supercontinentes (Laurasia por el norte y Gondwana por el sur), pero durante este período aún no se encontraban definidos.

En el lado norte de este planeta teníamos un clima seco y cálido, y por ende un predominio de zonas desérticas, con especies vegetales y animales adaptados a este clima. En tanto, en el lado sur fue más bien húmedo y tropical, con abundante vegetación y muchos bosques de coníferas, palmeras y helechos.

El día era más corto pues la tierra giraba en menos tiempo, por lo menos una hora menos que hoy en día. La fauna en general durante este período es escasa.

Durante el Triásico, la fauna predominante en Chile, según las pocas investigaciones realizadas, se limitarían mayoritariamente a la presencia de peces, algunos reptiles marinos, ictiosaurios, «dinosaurios» del tipo silesaurios y un reptil aetosaurido, parecido a un cocodrilo, todos del Triásico superior.

El Triásico fue, en muchos aspectos, un período de transición, ya que sigue a continuación del evento de extinción Permo-Triásico (evento de extinción masiva más grande en la historia de la vida del planeta). Es, por lo tanto, el período en que los sobrevivientes se diseminan y recolonizan los diversos ecosistemas y surgen, además, nuevos grupos biológicos que dominarán todo el Mesozoico, como el caso de los dinosaurios y otros.

▲ Jurásico		
TRIÁSICO	**TARDÍO**	Rhaetiano 203.6
		Noriano 216.5
		Carniano 228.0
	MEDIO	Ladiano 237.0
		Anisiano 245.0
	TEMPRANO	Olenekiano 249.7
		Induano 251.0
▼ Pérmico		

Tabla de edades correspondiente al período Triásico

Jurásico

Durante el Jurásico, el continente de Pangea comienza a dividirse y poco a poco darán inicio a dos supercontinentes: Laurasia por el norte, conformado por Norteamérica, Europa y Asia; Gondwana por el sur, conformado por América del Sur, África, Antártica, Australia y la India.

El clima del Jurásico era cálido, con un verano más largo, constante y universal. Este clima moderado sin cambios estacionales bruscos fue ideal para el desarrollo de formas de vida, como los dinosaurios y otras formas mesozoicas.

En ocasiones por supuesto que hubo momentos más templados, con vientos húmedos y lluvias, lo que favoreció una abundancia de vegetación que sustentó la vida de los animales herbívoros. En este período había gran cantidad de bosques que cubrían una gran superficie del planeta. Helechos, coníferas, palmeras, sequollas, ginkos y cicadáceas constituían la vegetación predominante.

Muchas selvas impenetrables cubrían el globo terráqueo. También existieron mares interiores, tanto en Europa como en América, que albergó gran cantidad de reptiles marinos; en tanto que la parte continental albergó a los dinosaurios y pterosaurios que se desplazaban por todos los cielos del planeta.

Durante el Jurásico, los restos fósiles de vertebrados son mucho más abundantes que en el Triásico dada la gran diversificación de los dinosaurios, así como los peces o reptiles marinos que eran más abundantes, siendo menores los registros fósiles continentales los que están representados por restos óseos de dinosaurios y huellas de los mismos.

▲ Cretácico		
JURÁSICO	**TARDÍO**	Tithoniano 150.8
		Kimmeridgiano 155.7
		Oxfordiano 161.2
	MEDIO	Calloviano 164.7
		Bathoniano 167.7
		Bajociano 171.6
		Aaleniano 175.6
	TEMPRANO	Toarciano 183.0
		Pliensbachiano 189.6
		Sinemuriano 196.5
		Hettangiano 199.6
▼ Triásico		

Tabla de edades correspondiente al período Jurásico

Cretácico

En este período, los dos súper continentes continúan fragmentándose y dando forma a los actuales, lo que llevó a que se acrecentaran las diferencias regionales de flora y fauna entre los continentes del sur y norte. Aunque en este período los continentes tenían su forma parecida a la actual, existió diferencia entre las porciones de tierra que las conformaban. Por ejemplo, en América del Sur, la parte austral del continente estaba apegada a la región polar Antártica y Sudamérica estaba separada de Norteamérica, a la altura de Centroamérica.

También en este período se produjeron uniones y separaciones de territorios, lo que indujo a un intercambio de fauna de uno a otro lugar, con el consiguiente intercambio de enfermedades. También ocurrieron violentos eventos geológicos que trajeron como consecuencia la compresión de las placas litosféricas, formándose las cadenas montañosas que hoy observamos.

También surgieron zonas desérticas en varios sectores del planeta. Aún así, el clima seguía siendo templado y estable, pero los cambios estacionales comenzaron a ser más marcados. En Chile predominaban los plesiosaurios en los mares, así como la fauna de selacios. Las zonas polares, que en un principio carecían de hielo sobre sus casquetes, hacia el final de este período comenzaron a enfriarse poco a poco. Igualmente, la temperatura del mar comienza a descender progresivamente.

Las plantas de coníferas y palmeras siguen su predominio, no obstante, surgen las plantas con flores, lo que sumado al aumento de las plantas herbáceas pequeñas y arbustivas, daban al paisaje un halo paradisíaco.

En nuestro territorio predominaban las plantas del tipo *Nothofagus*, como las que están en gran parte del sur de nuestro país; estas son: ñirres, robles, lengas, raulíes, coihues, ruiles, abedules, magnolias, entre otros. En la zona centro el paisaje estaba un poco más cálido e invadido de nogales y palmeras, y cerca de los cursos de agua predominaban los sauces.

En este período, masas terrestres que estuvieron unidas permitieron la distribución de las especies vegetales con flores, de un lugar para otro. *Nothofagus* llegó desde Antártica a Chile. También surgió una serie de nuevos dinosaurios con adornos en sus cabezas, así como los dinosaurios con cuernos y los nuevos carnívoros.

Hacia finales de este período se extinguen los dinosaurios, ya que un evento catastrófico termina con la dinastía dinosauriana; aunque debemos reconocer que muchos grupos ya se estaban extinguiendo antes de la caída del meteorito.

▲ Paleogeno		
CRETÁCICO	TARDÍO	Maastrichtiano 70.6
		Campaniano 83.5
		Santoniano 85.8
		Coniaciano 89.3
		Turoniano 93.5
		Cenomaniano 99.6
	TEMPRANO	Albiano 112.0
		Aptiano 125.0
		Barremiano 130.0
		Hauteriviano 136.4
		Valanginiano 140.2
		Berrasiano 145.5
▼ Jurásico		

Tabla de edades correspondiente al período Cretácico

CAPÍTULO V

DINOSAURIOS: GENERALIDADES

DEFINIENDO A LOS DINOSAURIOS

Los dinosaurios son un grupo de animales cuyas características fisiológicas y evolutivas los hacen merecedores de una clase independiente que los especialistas han denominado «Clase dinosauria», que incluiría a dinosaurios, pterosaurios y aves. Aunque esta propuesta no ha sido aceptada globalmente, las evidencias apoyarían esta hipótesis.

Las últimas evidencias arrojadas por la investigación paleontológica sugieren fuertemente que las aves descenderían de los dinosaurios. Todos estos grupos descenderían de un único antepasado que es común para todos, condición conocida como «monofilética».

Los dinosaurios son un grupo muy diverso en tamaño, morfología y fisiología, que inicia su evolución en el período Triásico, diversificándose durante el Jurásico y Cretácico. Se caracterizan por la aparición de sinapomorfías (novedades evolutivas) como, por ejemplo, tener un acetábulo perforado (hueso que recibe la cabeza femoral) o un hueso sacro constituido por tres vértebras, entre otras.

Los dinosaurios se extinguen al final del período Cretácico. Aunque tal vez deberíamos decir que no se extinguieron totalmente, sino que su descendencia vive aún con nosotros a través de las aves actuales. El término «dinosaurio», acuñado por Richard Owen, evoca a reptiles ya que significa «Lagarto terrible», lo cual está lejos de ser así ya que los dinosaurios no son lagartos ni tampoco son tan terribles. Estos han tenido un desarrollo como cualquier grupo biológico, con presas y depredadores.

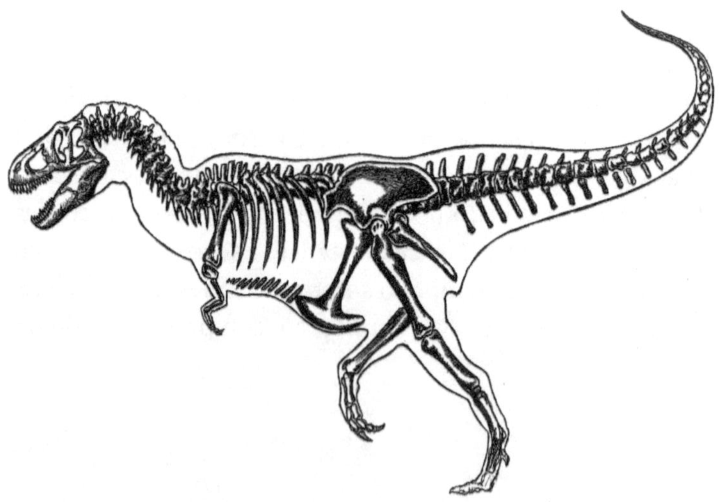

Paleoreconstrucción de *Tyrannosaurus rex* (Ilustración: Jorge Aragón)

Esqueleto de *Tyrannosaurus rex* (Ilustración: Jorge Aragón)

Algunos de estos dinosaurios eran pacíficos herbívoros que pasaban gran parte de su existencia cerca de los bosques, alimentándose de las plantas y los árboles de estas zonas, para lo cual tenían adaptaciones dentarías aptas para tales tareas. Otros dinosaurios, en cambio, fueron feroces carnívoros, dotados de baterías de dientes capaces de triturar los cuerpos de sus presas, de afiladas garras, cuerpos más esbeltos, cerebros un poco más desarrollados y, al parecer, con una fisiología endotérmica acordes a animales cazadores.

La diversidad en los tamaños es otra característica del grupo, ya que existieron dinosaurios de grandes proporciones que sobrepasaban los 35 metros, pasando por toda la gama de tamaños, hasta aquellos pequeños dinosaurios que alcanzaban el de una gallina, y si consideramos a las aves actuales como dinosaurios, encontraríamos tamaños aún más pequeños, como los gorriones.

Los dinosaurios comenzaron su desarrollo en el Triásico, luego su evolución continuó en el Jurásico que se caracterizó por la aparición de un clima más bien cálido, sin grandes cambios estacionales. Durante el período siguiente continuó su evolución con la aparición de nuevas formas astadas y crestadas, como los ceratopcianos y hadrosaurios; al final de este período se produce una de las más grandes extinciones en masa que terminó con la megadinastía de los dinosaurios, hace 65 millones de años.

Por tanto, «dinosaurio» hoy en día es un término colectivo que agrupa a dos subórdenes, diferenciados por la disposición de sus huesos pelvianos: saurisquios (pelvis de lagarto) y ornitisquios (pelvis de ave).

Saurisquios

Los dinosaurios saurisquios presentan una cadera en la cual el isquión está separado con respecto al pubis. Mientras el isquión apunta hacia atrás, el pubis apunta hacia delante, dejando un ángulo de separación importante.

A este grupo pertenecen los Tetanurae, Theropoda, Coelurosauria, Arctometatarsalia, Maniraptora y aves. Por otro lado, también conforman este grupo los Sauropodomorpha, divididos en Prosauropoda y Sauropoda, que son todos aquellos dinosaurios de cuerpo masivo, de patas columnares y de largo cuello.

Carnívoro *Giganotosaurus* del grupo de los saurisquios
(Ilustración: José Lemos Caro)

Ornitisquios

Los dinosaurios ornitisquios presentan una cadera conformada de tal manera que los huesos isquión y pubis se proyectan de forma paralela y hacia atrás. A este grupo pertenecen los Thyreophora (Ankylosauria y Stegosauria), los Marginocephalia (Ceratopsia y Neoceratopsia), los Ornithopoda, Iguanodontia y los Hadrosauridae.

Iguanodon, un representante del grupo de los ornitisquios (Ilustración: José Lemos Caro)

Debemos tener en cuenta que el árbol genealógico de los dinosaurios a lo largo del tiempo ha sufrido y sigue sufriendo una serie de modificaciones de acuerdo al criterio de diferentes investigadores, así como a la luz de los nuevos descubrimientos o los nuevos exámenes cladísticos. Por lo tanto, siempre tenemos que estar atentos a las nuevas modificaciones.

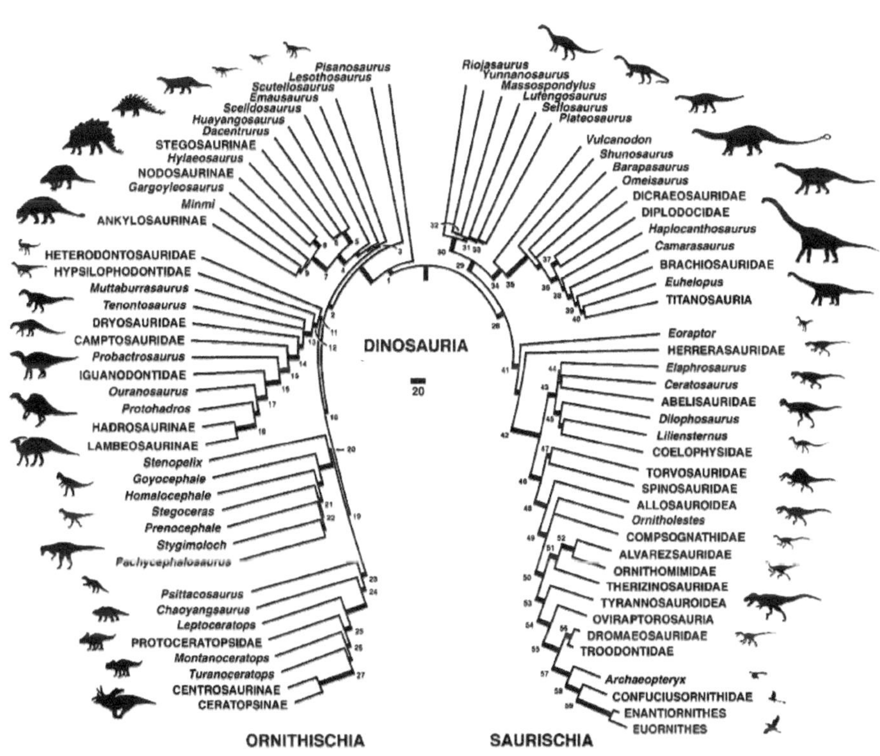

Filogenia de los dinosaurios (Tomado de Paul Sereno)

CAPÍTULO VI

DINOSAURIOS EN CHILE
RESTOS ÓSEOS

Dinosaurios en Chile

El territorio de Chile en el Mesozoico estaba casi en su totalidad bajo el mar y por esta razón los dinosaurios no eran tan abundantes. No obstante, tenemos algunos representantes típicos de la fauna de dinosaurios, como terópodos, ornitópodos y saurópodos, descubiertos gracias a restos óseos y huellas. En la actualidad, las nuevas evidencias e interpretaciones de los sitios han arrojado nuevos materiales que pronto se darán a conocer.

Uno de los ancestros más antiguos de los dinosaurios

Entre los fósiles que guarda el Museo Nacional de Historia Natural en Quinta Normal existe uno que fue descubierto en 1980, que está siendo reestudiado y es uno de los animales más antiguos encontrados hasta ahora en Chile. Se trata de un trozo de sedimento que contiene diversos huesos (restos de 10 vértebras de la pelvis, fémur, tibia, fíbula y algunas costillas) que pertenecerían a un denominado protodinosaurio de la familia Silesauridae («Silesaurio» significa «lagarto de Silesia») cuya edad corresponde al Triásico, de 238 a 240 millones de años. Este fue encontrado en el año 1980, al sureste de Calama, en la cordillera de Domeyko, en el cerro Quimal.

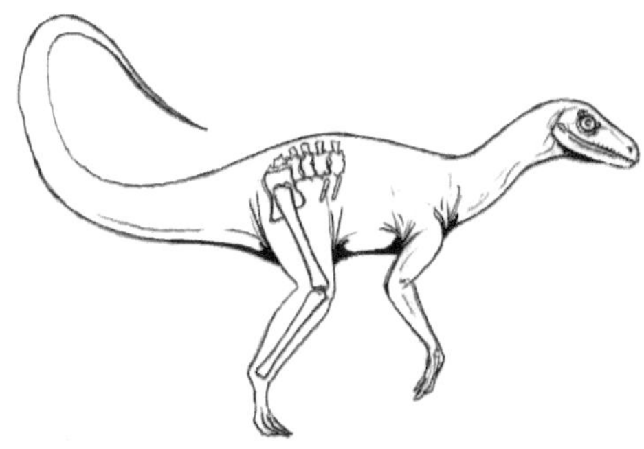

Huesos encontrados y su posición en el cuerpo de silesaurio (Ilustración: Jorge Aragón)

Los fósiles fueron presentados en la reunión de la Sociedad de Paleontología de Vertebrados de EE. UU. por investigadores chilenos, pero los restos aún no han sido nominados.

Este protodinosaurio, que sería un ancestro directo de los dinosaurios, probablemente fue un animal herbívoro. Poseía pequeños dientes cónicos en la parte lateral de las mandíbulas (por lo que se piensa que habría tenido una especie de pico corneo) con los cuales habría cortado los vegetales compuestos por hojas y frutos blandos. Era bípedo facultativo, es decir, ocasionalmente se podía sostener en las patas traseras o en ambas a la vez. La zona que hoy es desierto, en esa época fue una zona tropical, un lugar cubierto de grandes helechos y lagunas.

Su cuerpo grácil y esbelto habría medido unos 2,30 a 2,50 metros de largo, con una altura de unos 60 centímetros y miembros traseros más prolongados. Aunque sus brazos no eran lo suficientemente largos, le servían para sujetarse de los troncos para alcanzar las hojas; también poseía una cola larga y cuello corto. Este silesaurio sería uno de los más antiguos del mundo, pues el hallazgo tendría cerca de 240 millones de años, en tanto que el más antiguo hasta ahora es el ejemplar encontrado en Tanzania (África), en el 2007, con 243 millones de años, lo que lo convierte en el «dinosaurio» más antiguo de Chile. Tienen una amplia distribución geográfica pues se han encontrado varios protodinosaurios de esta familia en el mundo, como en Argentina, Brasil y Tanzania.

Uno de los investigadores explicó: «Aunque los silesaurios son de la misma rama que daría origen a los dinosaurios, son anteriores a estos y con una serie de características físicas que impiden que sean definidos como tales (...) La cavidad de la cadera donde se aloja la cabeza del fémur (acetábulo) no está perforada y no tiene una orientación de 90° en relación al hueso, características que son encontradas en todos los dinosaurios».

Si bien es cierto que este no es un verdadero dinosaurio, su conformación física y su evolución los convertía en los ancestros de estos; es decir, iban en camino a convertirse en dinosaurios.

La tarea que tiene ahora el equipo de paleontólogos es determinar si efectivamente los fósiles encontrados pertenecen a una nueva especie de silesáurido o si es de un género ya conocido. Si resulta ser distinto a todos los encontrados hasta ahora, también podrán ponerle un nombre propio.

Reconstrucción paleobiológica de silesaurio comparado con una silueta humana para apreciar su tamaño.

Pichasca (IV Región)

Los primeros registros óseos de verdaderos dinosaurios en Chile fueron descubiertos en 1968, en el área de San Pedro de Pichasca que se ubica a 56 km al noreste de Ovalle y es una importante zona arqueológica y paleontológica, donde destacan fósiles y restos de vegetales petrificados. Fue un antiguo asentamiento de la población incaica y ahora monumento natural, ubicado al noreste, en una colina que se alza al norte del río Hurtado.

Las osamentas corresponden a varios huesos atribuidos a *Antarctosaurus cf. A. wichmannianus*, un ejemplar de saurópodo de la familia Titanosauridae, descrito en Argentina. La investigación y publicación estuvo a cargo de Rodolfo Casamiquela, Corbalán y Franqueza, en el año 1969.

Los fragmentos corresponden a una vértebra caudal deteriorada, fragmentos de costillas, un trozo de isquión, una parte proximal de un húmero derecho, un fragmento de escapulocaracoides izquierdo y varios trozos de huesos indeterminados. Los restos óseos están asociados a troncos de Araucarias fósiles de la especie *Araucarioxylon pichasquensi* y caparazones de tortugas.

Posteriormente, Patricia Salinas y Larry Marshall, en el año 1989, recolectaron nuevos materiales que adicionaron a los anteriores; estos correspondían a dientes de *Titanosaurus*, dientes de un terópodo pequeño coelurosaurio, fragmentos de placas de tortugas, un esqueleto parcial de una rana y escamas de peces osteoglossiformes.

Todos estos restos óseos son de un nivel estratigráfico que corresponde al Cretácico superior.

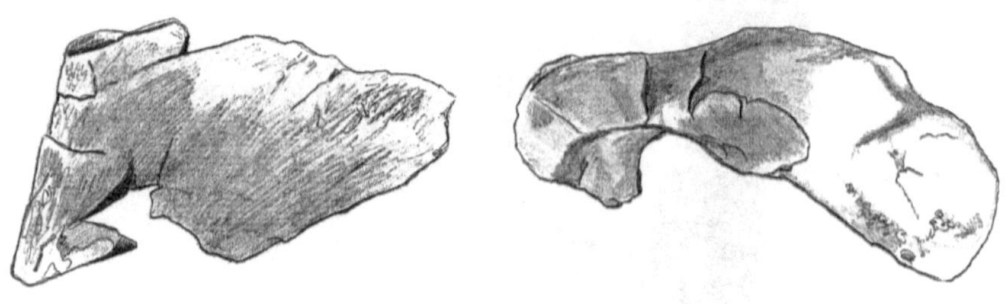

Fragmento de húmero derecho en vista lateral y superior, perteneciente a *Antarctosaurus cf. A. wichmannianus.* Pichasca
(Ilustración: Jorge Aragón)

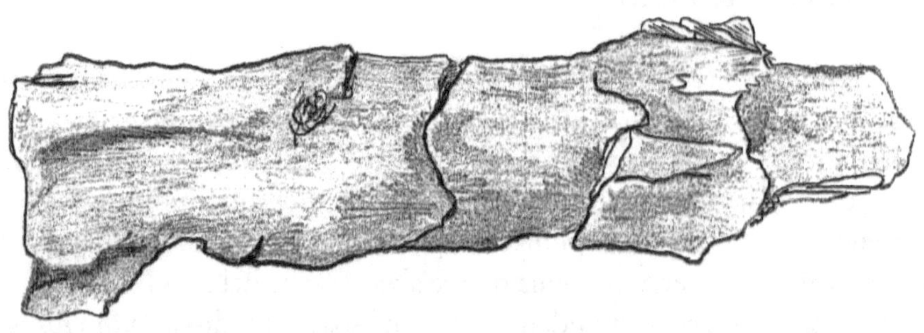

Parte de una escápula de un metro aproximadamente. Pichasca
(Ilustración: Jorge Aragón)

La historia del descubrimiento de estos restos es muy singular. El señor Gastón Cevallos, un minero artesanal, se topó con los restos que dio a conocer en la XX Feria Agrícola y Ganadera realizada en la región, en 1968. La investigadora y geóloga Irene Tapia estaba de visita en el lugar y reconoció la importancia de los restos, por lo que los dio a conocer al Instituto de Investigaciones Geológicas, y organizó una expedición junto al paleontólogo argentino Rodolfo Casamiquela y personal del Museo Nacional de Historia Natural de Santiago, quienes recolectaron el material antes descrito.

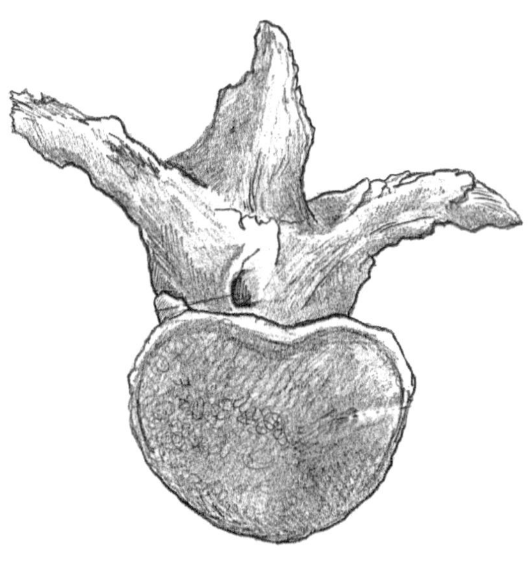

Vértebra dorsal de unos 80 a 100 centímetros encontrada en Pichasca y depositada
en el Museo Nacional de Historia Natural, bajo el acrónimo SGO-PV-959
(Ilustración: Jorge Aragón)

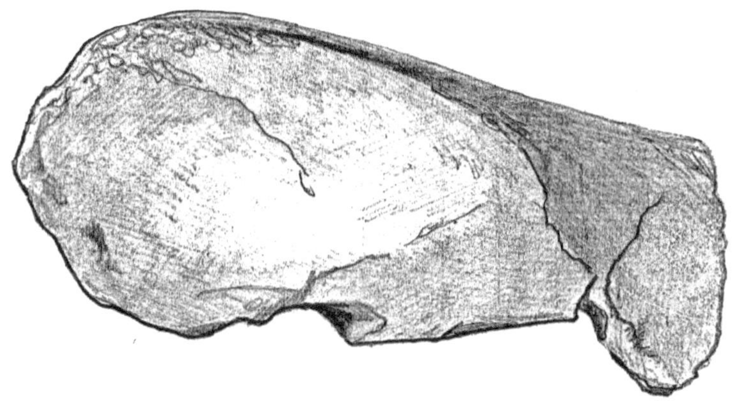

Hueso escapulo-coracoides. Pichasca (Ilustración: Jorge Aragón)

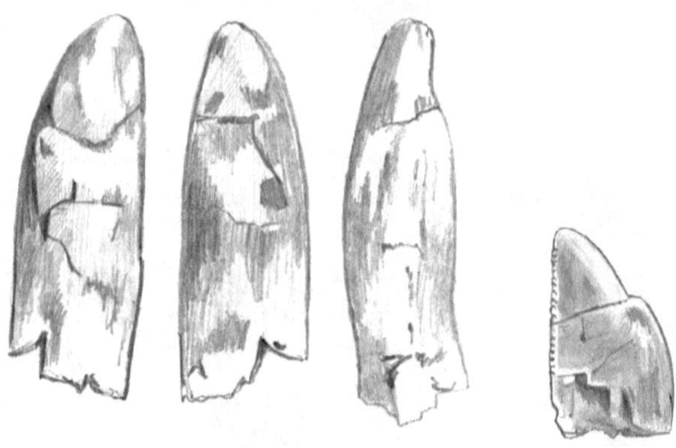

SGO-PV-329ᵃ SGO-PV-329c
Dientes de titanosaurios (izquierda) y de terópodo pequeño, depositados en el Museo Nacional de Historia Natural
(Ilustración: Jorge Aragón)

En el año 1994, el señor Gastón Cevallos dona al autor algunos fragmentos de huesos de dinosaurios que fueron depositados en el Museo Paleontológico de Chile. La zona de Pichasca hoy está protegida, pues fue declarada en 1985 como monumento natural y personal del CONAF está encargado de su custodia. Los restos fueron estudiados y publicados posteriormente por el paleontólogo argentino Rodolfo Casamiquela, en el boletín Nº 25 del Instituto de Investigaciones Geológicas de Chile.

Titanosaurios

Titanosauridae fue una familia de dinosaurios saurópodos muy abundantes en Chile. Fueron animales herbívoros y cuadrúpedos grandes, con piernas columnares, de cuello largo y flexible, de cabeza pequeña y cola larga. Midieron aproximadamente de 20 a 30 metros y pesaron entre 15 a 20 toneladas. Lo que caracterizaba al grupo es que su espinazo estaba cubierto de nódulos cutáneos u osteodermos, de unos pocos centímetros hasta unos 12 centímetros de diámetro, la cual formaba una especie de coraza protectora.

Este grupo era herbívoro, con un hocico ancho y dientes cilíndricos que le permitían alimentarse de hojas, piñas y frutos de altas coníferas, como araucarias y pinos. Al ser estas duras de digerir, los saurópodos se veían obligados a tragar piedras que le ayudaran a triturar internamente el alimento, junto con los movimientos estomacales y los jugos gástricos. Estos elementos pétreos son conocidos como «gastrolitos» y fueron usados de forma similar a como lo hacen las aves actuales.

Titanosauridae es la familia de dinosaurios más abundante y tuvieron una amplia distribución geográfica en Chile, América y el mundo. Este tipo de dinosaurio vivió en grupo, con una organización social que les permitía proteger a los más débiles, a los individuos juveniles y crías. Su reproducción se daba a través de huevos que depositaban en sus nidos, que hacían a cierta distancia unos de otros.

Estos dinosaurios se movilizaban en grupo de un lugar a otro debido al rápido deterioro del lugar de alimentación, ya que por su gran masa corporal consumían gran cantidad de vegetales que agotaban rápidamente. «Titanosaurio» significa «dinosaurio titánico» y pertenece al grupo de los Saurischia o pelvis de lagarto y a los sauropodomorfos.

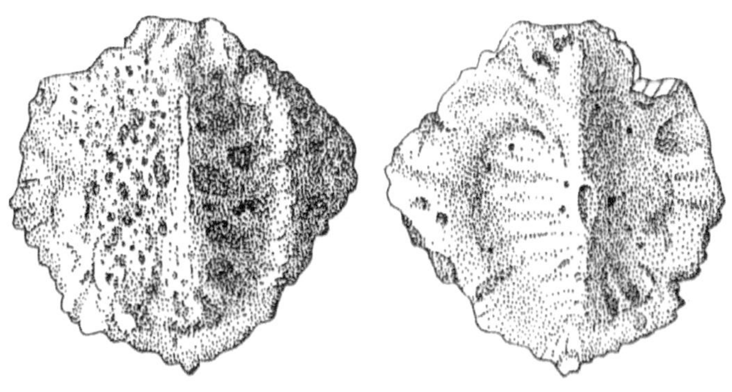

Nódulo cutáneo de titanosaurio en vista dorsal y ventral, de unos 10 cm, encontrado en Argentina

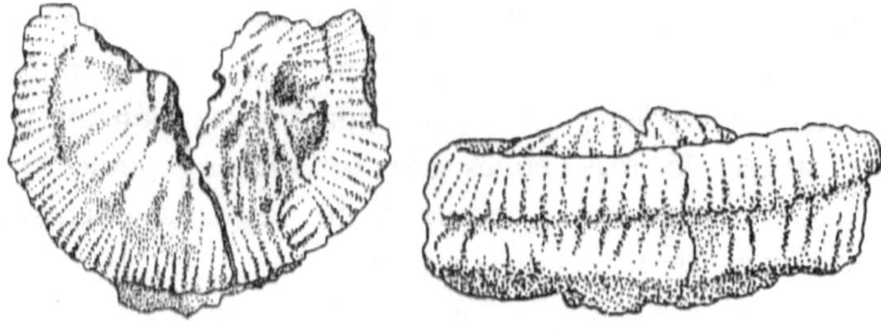

Nódulo cutáneo de titanosaurio en vista dorsal y lateral, de unos 10 cm, encontrado en Argentina

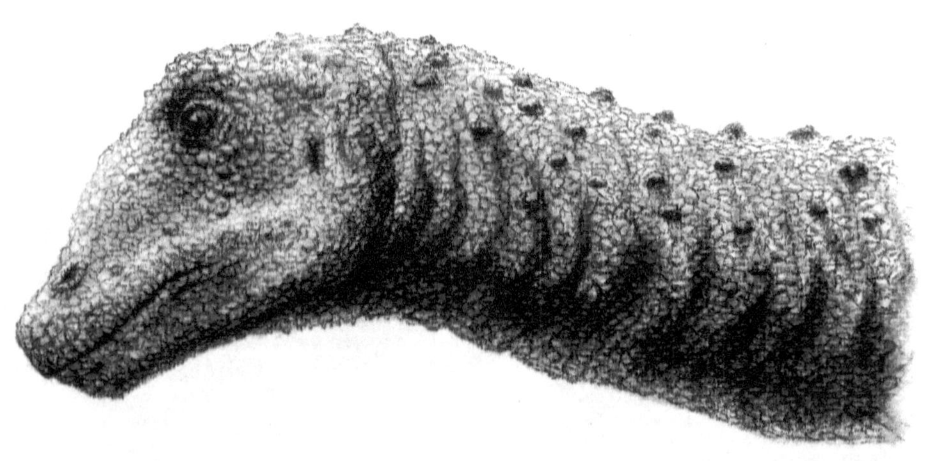

Reconstrucción paleobiológica de la cabeza de un titanosaurio mostrando los nódulos cutáneos
(Ilustración: José Lemos Caro)

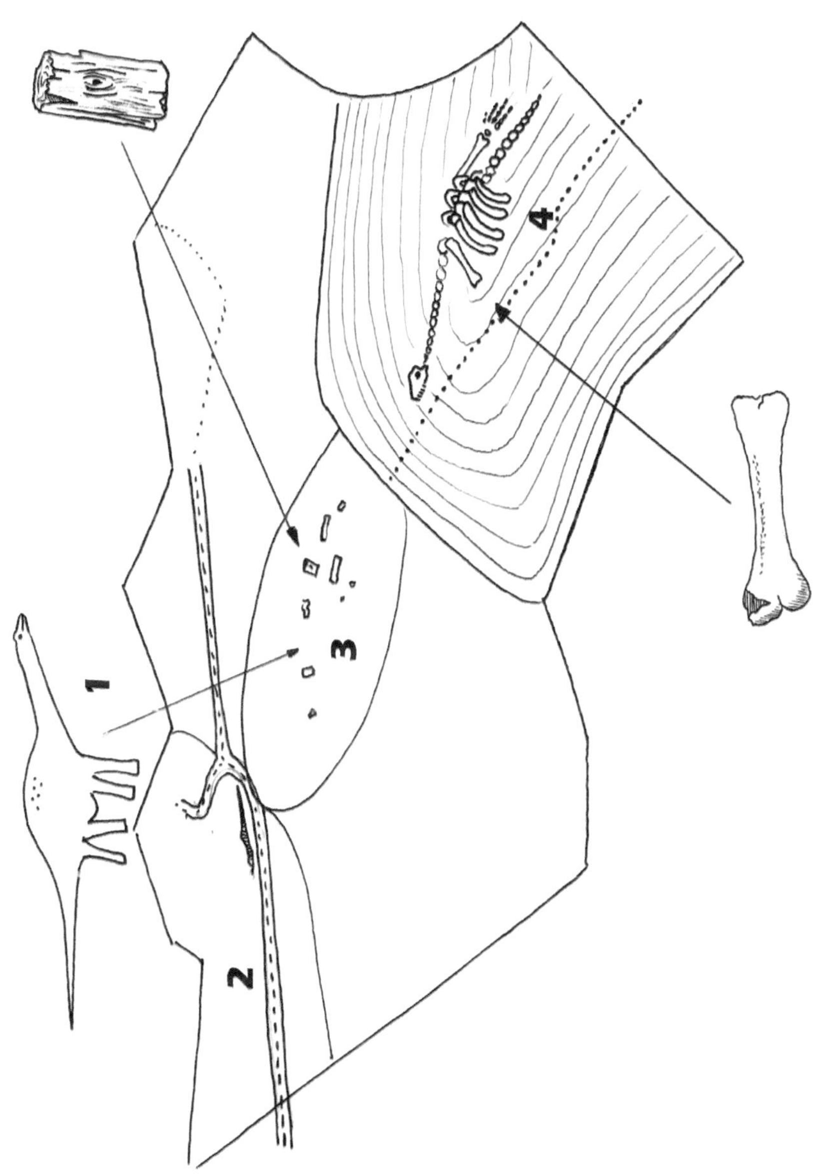

Plano aproximado de la zona de Pichasca (Ilustración: Jorge Aragón)
1.- Reconstrucción de dinosauria; 2.- Sendero; 3.- Sitio con trocos fósiles; 4.- Restos de dinosaurios

Reconstrucción de titanosaurios en Pichasca (Ilustración: Jorge Aragón)

Esqueleto de *Antarctosaurus cf. A. wichmanianum*

Reconstrucción de *Antarctosaurus.cf. A. wichmanianum*

Hipótesis sobre la alimentación de los saurópodos

Lo que a continuación expondré es una hipótesis que los investigadores deberán comprobar. Esta es una idea que se me ha ocurrido y es mi pequeño aporte al estudio de estos animales. Solo espero sea recibida con la altura de miras que esto merece.

Uno de los grandes problemas aún no resueltos por la paleontología es el de cómo los saurópodos podían consumir una cantidad de alimento para sostener energéticamente ese gran cuerpo, pues la cabeza de estos animales es muy pequeña con respecto al cuerpo y, por lo tanto, el consumo no era muy eficaz; así que tenían que estar todo el tiempo alimentándose, y si estos eran muchos en ciertos lugares, podían arrasar y terminar rápidamente con los recursos alimentarios, lo cual hubiera sido grave para la supervivencia de la especie. Entonces... ¿cómo pudieron sobrevivir y alimentarse sin problemas? La respuesta a esta pregunta no está en la cantidad de alimento, sino en la calidad de este.

En el momento de vida de los saurópodos, en la faz del planeta predominaban las coníferas. Las araucarias conformaban grandes extensiones de bosques, por lo tanto, la alimentación disponible la conformaban los piñones, cuyos componentes alimenticios son de un alto contenido nutritivo, proporcionando a estos animales la energía que necesitaban, consumiendo tan solo algunas macetas de estos piñones.

En nuestros tiempos, los piñones han constituido la base de la dieta de muchos grupos nativos, sobre todo del grupo Mapuche. Los piñones han sido valorados desde la antigüedad, época en la que acompañaban a los legionarios romanos en sus campañas y les servían de provisión, reconfortando con su sabroso sabor y su alto contenido proteínico. Por cada 100 gramos de piñones, el contenido en proteínas es de 31 gramos; la proporción más alta de cualquier nuez o semilla.

Piñas de araucarias actuales

Se calcula que 100 gramos de piñones contienen 221 calorías, además de ser una buena fuente de proteínas, lípidos e hidratos de carbono. Respecto a su valor energético, en investigaciones recientes se ha podido comprobar una alta concentración de almidón, elemento esencial para la producción de energía en el metabolismo, además de la fibra dietética que ayuda al sistema digestivo y a la prevención de enfermedades intestinales. Precisamente «en un estudio de la facultades de Agronomía y de Ciencias Forestales de la Universidad de Chile, descubrieron que el piñón tiene un 75% de almidón, pero está compuesto de una fibra resistente. Por lo tanto, los piñones son ricos en proteínas, calorías, vitaminas, minerales y fibra. Los piñones también aportan vitamina B1, ácido fólico, calcio, potasio, fósforo, magnesio y hierro. Este alimento también tiene una alta cantidad de vitamina E (13,65 mg por cada 100 g). Con una cantidad de 0,73 mg por cada 100 gramos, el piñón es también uno de los alimentos con más vitamina B1.

Además de los mencionados anteriormente, el piñón es también un alimento muy rico en magnesio (270 mg cada 100 g), zinc (6,50 mg cada 100 g) y potasio (780 mg cada 100 g). Entre las propiedades nutricionales del piñón también cabe destacar que tiene los siguientes nutrientes: 5,60 mg de hierro; 14 g de proteínas; 11 mg de calcio; 8,50 g de fibra; 3,90 g de carbohidratos; 1,67 ug de vitamina A; 0,19 mg de vitamina B2; 6,77 mg de vitamina B3; 0,21 ug de vitamina B5; 0,11 mg de vitamina B6; 58 ug de vitamina B9; 2 mg de vitamina C; 2 ug de vitamina K; 706 kcal de calorías; y 68,60 g de grasa.

Contenido calórico (kcal)	570.0
Proteínas (g)	24.0
Hidratos de carbono (g)	14.0
Fibber (g)	4.0
Contenido de grasas total (g)	51.0
Ácidos grasos saturados (g)	8.0
Ácidos grasos monoinsaturados (g)	19.0
Ácidos grasos poliinsaturados (g)	21.0
Colesterol (mg)	0
Vitamina E (mg)	3.5
Fitoesteroles (mg)	3.5

Tabla de información nutricional del piñón

En una tesis realizada en la Universidad Austral de Chile se comparó almidón de maíz, papa y piñón, determinándose que el almidón de este último tiene «propiedades térmicas de gelatinización y de retrogradación, además de las viscosidades que puede alcanzar una pasta de almidón de piñón. Técnicamente, este podría ser usado como una alternativa al uso de los almidones de maíz y papa, lo que nos permite deducir que el piñón sería el alimento ideal para este tipo de animales; por otro lado, sería un recurso que solo estos animales podrían explotar, dada la altura de los árboles. En Chile han aparecido muchas evidencias de la presencia de estos en el tiempo de los dinosaurios, como de la especie *Araucarioxylon pichasquensi*, y otros.

Macetas de piñones en la araucaria actual *Araucaria araucana*

Reino: Plantae
  Subreino: Spermatophyta
    Superdivición: Gymnospermae
      División: Pinofita
        Clase: Pinopsida
          Orden: Pinales
            Familia: Araucariaceae
              Género: *Araucaria*

Especies fósiles de Araucarias para Chile

Araucarioxylon arayai, Cretácico inferior, isla Livingston, Antártica.

Araucarioxylon floresii, Cretácico inferior, isla Snow, Antártica.

Araucarioxylon pichasquensis, Cretácico superior, Pichasca, IV Región, Chile.

Araucarioxylon pluriresinosum, Cretácico superior, isla Quiriquina, Chile.

Araucarioxylon resinosum, Cretácico superior, isla Quiriquina, Chile.

Araucarioxylon fildense, Terciario, Paleógeno, Formación Fildes, isla Rey Jorge, islas Shetland del Sur, Antártica.

Araucarioxylon seymourense, Terciario, Paleógeno, Formación La Meseta, isla Seymour, Antártica.

Reconstrucción de un bosque de araucarias del Mesozoico (Ilustración: José Lemos Caro)

Dinosaurios en la Región de Atacama

Durante el IV Congreso Geológico Chileno realizado en la Universidad del Norte, en el año 1985, Guillermo Chong dio a conocer el hallazgo de restos óseos de dinosaurios, de edad Cretácico superior, de la Formación Hornitos, ubicada en la III Región de Atacama.

Los fragmentos óseos corresponden a varios trozos de costillas, con un máximo de 20 centímetros y un hueso que es parte de un húmero izquierdo de unos 80 centímetros de largo y con un diámetro de 10 a 15 centímetros.

El material fue estudiado por el paleontólogo argentino José Bonaparte, quien lo comparó con material de su país, llegando a la conclusión de que se trataría de huesos perteneciente a un dinosaurio de la familia Titanosauridae.

Los fragmentos fueron depositados en el Museo Geológico Profesor Humberto Fuenzalida V., del Departamento de Geociencias de la Universidad del Norte, en Antofagasta.

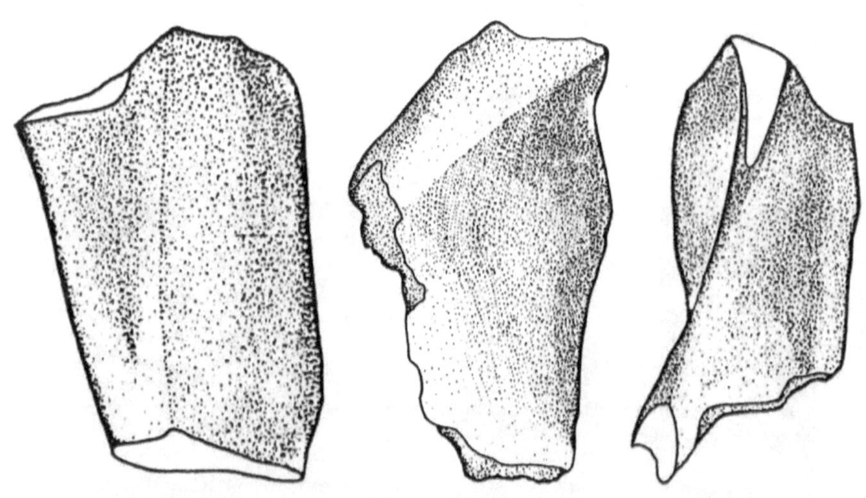

Fragmentos de costillas de Titanosauridae, de la Formación Hornitos. Escala natural

Diversos hallazgos en el norte de Chile

En el año 1991, Patricia Salinas, en ese entonces parte del Servicio Nacional de Geología y Minería, junto a P. Sepúlveda y Larry Marshall, dieron a conocer el hallazgo de restos óseos de dinosaurios durante el VI Congreso Geológico Chileno. Los restos óseos fueron encontrados en Sierra de Almeida (III Región de Antofagasta) y perteneciente a la Formación Pajonales, cuya edad a sido situada en el Cretácico superior.

Los restos corresponden a tres porciones de huesos largos y una serie de material fragmentario. El paleontólogo Philipp Taquet, del Instituto de Paleontología del Museo Nacional de Historia Natural de París, Francia, los asignó a la familia Titanosauridae. Los fósiles están depositados en el Museo Nacional de Historia Natural de Santiago, bajo el acrónimo SGO-PV-322.

También mencionaron en dicho trabajo el hallazgo de un gran hueso de dinosaurio saurópodo, asignado al Cretácico superior. Los restos fueron encontrados en Quebrada Blanca, en el año 1988, y depositados en el mismo museo bajo el acrónimo SGO-PV-323. También mencionan dinosaurios saurópodos en la Formación Viñita.

Resto de dinosaurio saurópodo en terreno (Ilustración: Jorge Aragón)

El Abra

En la localidad de El Abra (II Región) han sido hallados restos óseos que corresponden a la familia Titanosauridae y que están siendo estudiados por Alexander Vargas, David Rubilar y su equipo. Estos materiales están depositados en el Museo Nacional de Historia Natural.

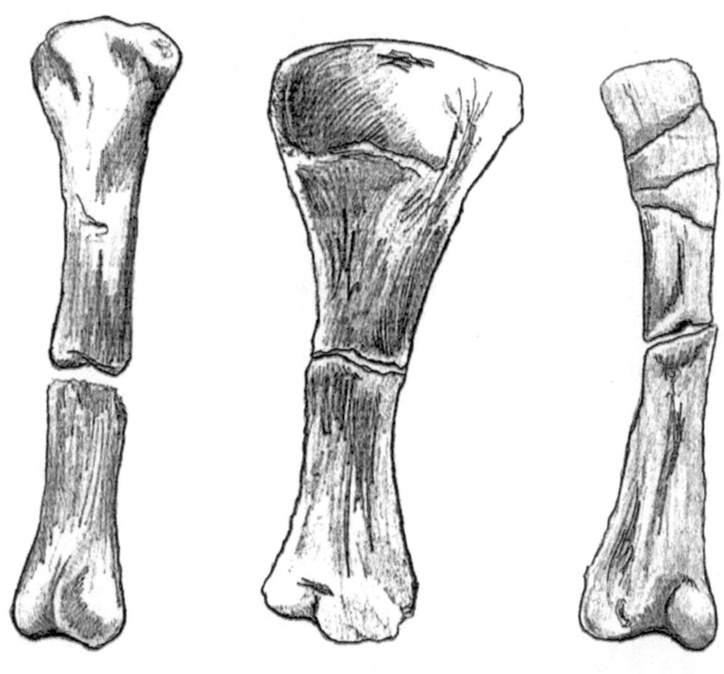

1 m - 35 cm - 1 m

Restos de dinosaurios saurópodos de la II Región de Calama, provenientes de El Abra
(Ilustración: Jorge Aragón)

En este mismo congreso, los autores mencionados presentaron un trabajo donde dieron a conocer una serie de formaciones, casi todas de la zona norte de Chile, con presencia de dinosaurios, entre las cuales podemos destacar:

Quebrada de Tarapacá

Fragmentos indeterminados de huesos grandes de edad jurásica y probablemente dinosaurios saurópodos Titanosauridae fueron encontrados en la quebrada Tarapacá, perteneciente a la Formación Coscaya.

Cerritos Bayos

Biese mencionó restos óseos de la familia Megalosauridae, un dinosaurio carnívoro perteneciente a la Formación Cerritos Bayos, de edad jurásica. Los datos son dudosos y necesitan confirmación.

Quebrada Codocedo, Tambería Los Pantanos, Cerros Bravos y cerro La Isla

En estas cuatro localidades existen huellas de dinosaurios aún no estudiadas y fragmentos óseos de dinosaurios. En especial en el cerro La Isla, que contiene gran cantidad de huesos de pterosaurios. También se ha encontrado huesos asociados a dinosaurios, como una vértebra de iguanodontido, mientras que otros restos óseos, una ulna o una fíbula, serían de saurópodos. Todos estos restos corresponden a la Formación Quebrada Monardes, ubicada al interior de Copiapó y su edad ha sido asignada al Jurásico superior-Crctácico inferior.

Quebrada Loquena

A 37 kilómetros de Conchi Viejo, en la quebrada Loquena se ha encontrado huesos de dinosaurios saurópodos, incrustado en material volcánico. La edad ha sido asignada al Jurásico superior-Cretácico inferior.

Cerro Negro

En el sector de cerro Negro y cerro Mesa, cerca de Polpaico (V Región), se ha encontrado numerosos huesos de dinosaurios que no han sido determinados. Este lugar pertenece a la Formación Las Chilcas, del Cretácico inferior. La información fue proporcionada por la investigadora Irene Tapia.

Quebrada Pajonales

En Sierra de Almeida, en la quebrada Pajonales, Patricia Salinas, Larry Marshall y Sepúlveda encontraron numerosas piezas grandes de huesos largos pertenecientes a saurópodos de la familia Titanosauridae. Esta localidad pertenece a la Formación Pajonales, del Cretácico superior.

Titanosaurio entre araucarias (Ilustración: Luis Pérez)

Carnotaurus en Chile

Existe una mención (*El Mercurio*, 25 de Enero de 1998) de un hallazgo en 1995, de restos de un dinosaurio carnívoro, encontrado en el desierto de Atacama, a la altura de Calama. Se trataría de restos óseos de un esqueleto incompleto de *Carnotaurus*. Este sería uno de los primeros registros de un gran carnívoro en Chile, aparte de las huellas. Este descubrimiento estaba asociado a huesos de un animal herbívoro de menor tamaño.

Los *Carnotaurus* pertenecen al grupo de los abelisaurios. Su nombre significa «toro carnívoro», que evoca a sus cuernos ubicados sobre sus ojos. Fue un animal que midió unos 8 metros, con dientes como dagas, cabeza de rostro corto pero masivo y de andar bípedo, con dos cortas extremidades delanteras. Guillermo Chong también había hecho mención a una vértebra perteneciente a *Carnotaurus*.

Reconstrucción paleobiológica de *Carnotaurus* (Ilustración: Jorge Aragón)

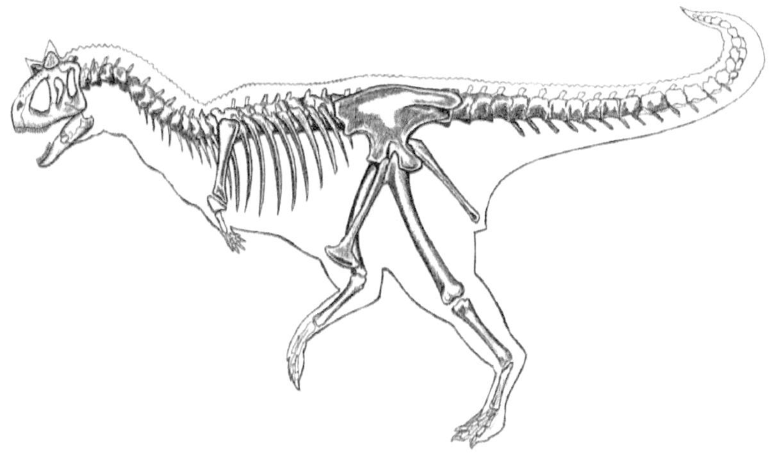

Reconstrucción de esqueleto de *Carnotaurus* (Ilustración: Jorge Aragón)

Reconstrucción de esqueleto de *Carnotaurus* (Ilustración: José Lemos Caro)

Reconstrucción paleobiológica de *Carnotaurus* (Ilustración: José Lemos Caro)

Domeykosaurus chilensis

Restos de dinosaurios saurópodos de la familia Titanosauridae, que presenta algunas diferencias morfológicas, con respecto a otros especímenes similares de Sudamérica, han dado pie a la descripción de un nuevo espécimen denominado *Domeykosaurus chilensis*. El ejemplar fue encontrado en el sector de Hornitos, cercano a Copiapó (Región de Atacama), en 1994, cuando Carlos Arévalo y Alfonso Rubilar realizaban prospecciones geológicas en la III Región de nuestro país. Estos investigadores exhumaron y enviaron los restos a su institución, el Servicio Nacional de Geología y Minería, donde fueron dejados en laboratorio para su posterior trabajo. Los materiales correspondían a casi un 40% de un esqueleto.

Entre los huesos había un fémur izquierdo, un húmero derecho, arcos neurales, un pubis incompleto, cuerpos vertebrales y otros restos óseos. Estas piezas fueron limpiadas y preparadas para su posterior identificación, realizadas por David Rubilar y Alexander Vargas, quienes al estudiar y comparar el espécimen con otros de Sudamérica se dieron cuenta de que estaban frente a un espécimen diferente, al que llamaron provisionalmente *Domeykosaurus chilensis*, siendo este ejemplar uno de los más completos en Chile. Los restos óseos están depositados actualmente en el Museo Nacional de Historia Natural de Santiago.

Domeykosaurus fue un ejemplar juvenil que debió medir unos 8 metros y pesar unas 7 toneladas. Fue un animal herbívoro que vivía alimentándose de los piñones y hojas de las araucarias. Poseía patas columnares, un largo cuello que terminaba en una pequeña cabeza y dientes como pequeños cinceles que le permitían arrancar las hojas como si fuera un rastrillo. Cuando este animal alcanzaba su madurez, podía llegar a medir unos 20 metros.

Se supone que como los demás miembros de esta familia, *Domeykosaurus* habría tenido las características típicas del grupo: la posesión de nódulos cutáneos en su espinazo. Debemos destacar que estos dinosaurios se movilizaban en grupos numerosos de individuos, con la finalidad de cuidar a sus crías.

Atacamatitan, la especie chilena

Atacamatitan (*Atacamatitan chilensis* sp. *nov*.) es el dinosaurio titánico de Atacama, un saurópodo titanosaurido que fue encontrado en la Formación Tolar, al interior del desierto de Atacama; un sitio ubicado a unos 150 km al norte de la ciudad de Calama y a unos 50 km al este de la mina de cobre El Abra. La edad de este sitio es del Cretácico superior. Los restos del espécimen están depositados en el Museo Nacional de Historia Natural, bajo al acrónimo SGO-PV-961. Es uno de los más completos para Chile.

Los restos fragmentarios encontrados (fémur, húmero, costillas, huesos del esternón, vértebras dorsales y caudales, etc.) fueron huesos que presentan un color rojizo y una fuerte compactación. Además, permiten observar diferencias morfológicas con otros titanosaurios, por ejemplo, las vértebras dorsales de *Atacamatitan chilensis* presentan la superficie ventral de la misma fuertemente cóncava, condición que no se muestra tan marcadas en otros titanosaurios.

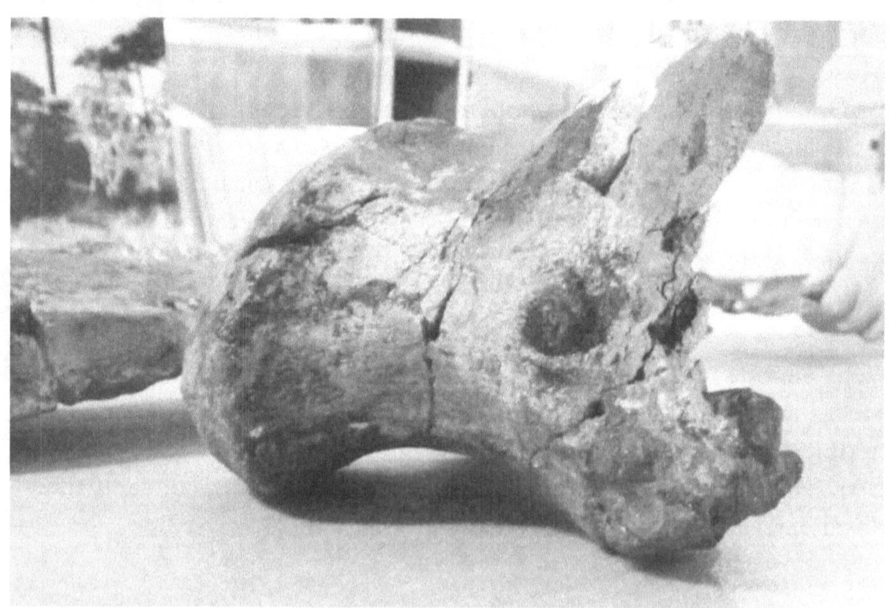

Vertebra dorsal de *Atacamatitan chilensis*

El húmero de *Atacamatitan chilensis* tiene menos desarrollada la cresta deltopectoral, en contraste con otros titanosauridos, como: *Gondwanatitan*, *Opisthocoelicaudia*, *Saltasaurus*, *Neuquensaurus* y *Alamosaurus*, cuya cresta deltopectoral se expande notablemente de manera distal. Otro elemento que muestra diferencia con otros titanosauridos es que el fémur en *Atacamatitan chilensis* tiene un eje que se estrecha hasta dos tercios de su longitud, lo que hace que este hueso se vea mucho más esbelto que el de otros titanosaurios que lo presentan más masivo. Tales condiciones y otras se mencionan como un carácter que permite y justifica la condición de una nueva especie.

Fémur de *Atacamatitan chilensis*. Escala a 10 centímetros

Este dinosaurio fue un ejemplar juvenil que habría llegado a medir de ocho a diez metros, con unos cinco metros de alto, con un peso aproximado a las siete toneladas.

Fue un dinosaurio de cuerpo masivo, con piernas columnares que sostenían su pesado cuerpo, una larga cola y un largo y flexible cuello, coronado por una pequeña cabeza que en sus mandíbulas poseía dientes con forma de cincel para alimentarse de las hojas y los piñones de las araucarias del entorno donde vivía.

Fue un animal de caminar lento que vivió agrupado, formando pequeñas comunidades que se movilizaban en busca de comida. En su estado adulto podría alcanzar los 20 metros con un peso equivalente a las 14 toneladas.

Aunque no hay pruebas concretas, estos al parecer habrían tenido su espinazo cubierto de nódulos cutáneos u osteodermos, como un método defensivo.

Reconstrucción paleobiológica de *Atacamatitan chilensis* (Ilustración: José Lemos Caro)

Reconstrucción paleoambiental donde aparece un *Carnotaurus* amenazando a un titanosaurio (Ilustración: Jorge Aragón)

Dinosaurios en Aysén

En el verano del 2004 se encontraron restos de dinosaurios en Aysén, entre los cuales algunos huesos correspondían a un dinosaurio carnívoro allosaurido, de tamaño modesto. Sin duda, los *Allosaurus* fueron depredadores de ornitópodos, iguanodontes y saurópodos de la zona; en las manos tenía tres dedos con garras muy afiladas que servían para desgarrar a sus presas y usaba los brazos para sujetarla cuando las golpeaba con la mandíbula. Se movilizaba en sus patas tridáctilas (aunque tenía cuatro dedos), a una velocidad que le permitía perseguir a sus víctimas. Su cabeza era grande y maciza, y en los adultos alcanzaba el metro de largo, también tenía unas protuberancias óseas sobre los ojos. Su hocico estaba coronado de dientes aserrados y afilados con los cuales desgarraba su alimento, y con las garras de las patas traseras la sujetaba, mientras arrancaba la carne con sus fuertes dientes. Su enorme y larga cola servía para mantener equilibrado el peso de su cuerpo, tenía unas 50 vértebras y resultaba muy útil para golpear a los posibles enemigos, como dos machos en la época de celo o para eliminar a pequeños dinosaurios.

Esta es la única evidencia que se conoce de restos de dinosaurios carnívoros «grandes» en el sur de Chile. También se han encontrado restos de un terópodo de tamaño pequeño, huesos de un dinosaurio saurópodo y restos de posibles ornitópodos, además de restos de un cocodrilo, todos estos correspondientes al período Jurásico superior, dando a entender que serían los restos de dinosaurios más antiguos de Chile.

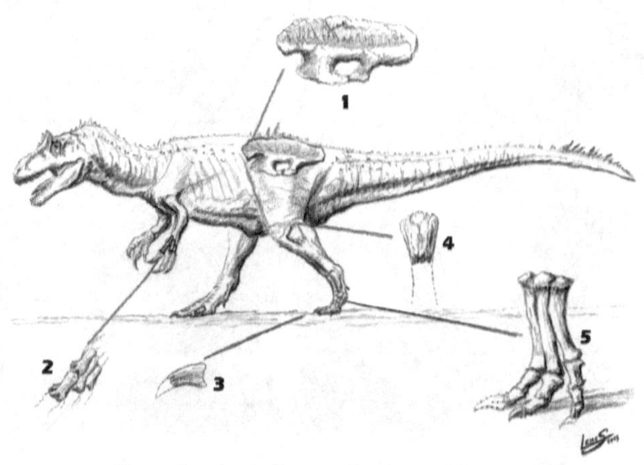

Allosaurido terópodo de Aysén (Ilustración: José Lemos Caro)
1.- Ilion; 2.- Huesos de la mano; 3.- Falange; 4.- Tibia; 5.- Huesos del pie

Brachiosaurus en Chile

En la Región de Aysén también fueron encontrados restos óseos de brachiosauridos, los cuales constituyen los primeros indicios de este tipo de saurópodo para Sudamérica, pertenecientes al Jurásico superior.

Los brachiosauridos son animales muy particulares y están entre los saurópodos más grandes del planeta, con una longitud de unos 24 metros y un peso de más de 80 toneladas. Desde las extremidades delanteras hasta su cabeza se elevaba unos 14 metros, lo que le permitía alcanzar el alto follaje de los arboles. Solo su cuello tenía un largo de 9 metros.

Su cabeza era pequeña en comparación de su cuerpo, pero una de las más grandes entre los saurópodos, alcanzando los 90 centímetros. Posee dos aberturas nasales bastante prominentes y un hocico ancho y aplanado con dientes con forma de cincel, con los cuales arrastraba, ramoneaba el follaje y arrancaba las piñas de las altas araucarias.

Su cuerpo era sostenido por cuatro miembros columnares y robustos, muy similares a las patas de un elefante, siendo sus extremidades delanteras más altas que las traseras (muy similares a las de una jirafa), que alcanzaban 7 metros hasta los hombros.

Su cuerpo terminaba en una corta pero gruesa cola, distinta de los demás saurópodos (quienes las tenían en forma de látigo, muy delgada, larga y flexible). Tal vez esta cola gruesa y corta de *Brachiosaurus*, le servía para mantener un equilibrio de su cuerpo al empinarse a coger las altas ramas.

Este animal convivió con otros saurópodos del tipo diplodócidos y con el pequeño *Chilesaurus*.

Reconstrucción de *Brachiosaurus* comparado con una silueta humana

Dicraeosauridos en Chile

Otro curioso animal apareció también en estas latitudes. Se trata de restos de un dicraeosaurido, un saurópodo muy peculiar, emparentado con el más antiguo dinosaurio africano *Dicraeosaurus*, que había aparecido en Argentina con *Amargasaurus cazaui*, perteneciente a la familia Dicraeosauridae. Finalmente, los dicraeosáuridos junto con los diplodócidos están incluidos dentro de un grupo denominado «Flagellicaudata».

Fue un saurópodo pequeño, alcanzando 9 a 10 metros de longitud. Como todos, estos dinosaurios poseían una larga cola y cuello medianamente largo (2,4 metros de longitud), de cabeza pequeña y un cuerpo masivo soportado por cuatro patas en forma de columna, tipo elefantoide.

Su principal característica era la posesión de dos filas de largas espinas proyectadas hacia atrás, paralelas y altas, siendo las más grandes de unos 60 centímetros, nacidas de sus vértebras cervicales y dorsales, destinadas como armas de defensa contra los depredadores y para intimidar a sus rivales, como dimorfismo sexual o pueden haber sido utilizadas para exhibirse ante las hembras para el cortejo. Estas espinas pudieron tener algún recubrimiento de queratina como en los cuernos de los vacunos, los que las haría verse más impresionantes.

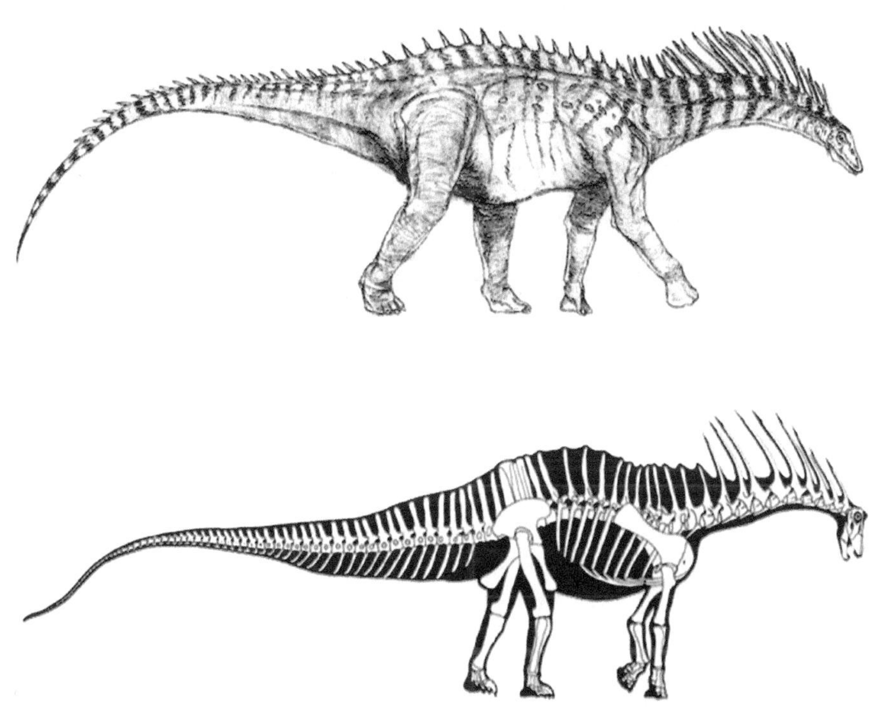

Reconstrucción de un dicraeosaurido (*Amargasaurus cazaui*) y su esqueleto

Algarrobo

Una noticia aún sin confirmar da cuenta de nuevos restos de dinosaurios registrados en Algarrobo, a unos 100 kilómetros de Santiago. La información dice que los restos serían del período Cretácico y estarían conformados por dos enormes huesos. El primero podría ser parte de un húmero y por su tamaño correspondería a un dinosaurio saurópodo titanosaurio, mientras que el otro hueso corresponde a una pequeña garra que por sus características correspondería a un dinosaurio ornitópodo. Los restos estas asociados a dos huesos largos de un pterosaurio. Estos datos aparecen en una página de información de dinosaurios, perteneciente al señor Jorge Aragón.

Los dinosaurios más australes de Sudamérica

Una expedición conformada por investigadores del Instituto Antártico Chileno (INACH), de la Universidad de Chile, la Universidad de Concepción, la Universidad de Heidelberg de Alemania y encabezados por el investigador Marcelo Leppe, reportó el hallazgo de restos de dinosaurios en la provincia de Última Esperanza (Región de Magallanes de la Patagonia chilena). Afirman haber encontrado huesos y partes del cráneo de dinosaurios, después de un trabajo de tres años en la zona.

Los investigadores calificaron este hecho como un hito de la paleontología mundial y nacional que permitirá entender la evolución de la flora y fauna entre el extremo sur de América y la Antártica. Este sería el hallazgo de restos fósiles de dinosaurios más austral del continente y uno de los sitios más grande e importante del país.

Según los expertos, los restos corresponderían a, por lo menos, dos formas diferentes de ornitópodos, hadrosaurios, iguanodóntidos y saurópodos del tipo titanosauridos.

Los hadrosaurios han sido frecuentemente encontrados en el hemisferio norte, sin embargo, hay registro de un diente de esta especie en la Antártica, hecho que reforzaría la teoría de que estas partes continentales estuvieron unidas alguna vez, permitiendo la distribución de las especies por el continente. Los hadrosaurios o dinosaurios de pico de pato eran herbívoros que tenían más de dos mil dientes en la boca, organizados en grandes placas que molían y picaban el alimento antes de tragarlo. Eran bípedos facultativos, ya que podían movilizarse tanto en dos como en cuatro extremidades. Podían descansar sobre sus patas delanteras al alimentarse al ras del suelo, siendo facultativamente bípedos para correr o alcanzar alimento en los sitios más altos. Medían de 8 a 9 metros de largo, y entre 3 y 4 de altura. Generalmente anidaban en grupo. Lo más característico es que tenían la punta del hocico transformada en un pico ancho, como de forma de pato y sin dientes, cubierto por un cuerno con queratina.

Aproximadamente así sería el hadrosaurio encontrado en el cerro Guido. La figura humana es la escala de tamaño

Aproximadamente así sería el iguanodonte encontrado en el cerro Guido. La figura humana es la escala de tamaño

Para el dr. Leppe, uno de los investigadores a cargo, lo más interesante del descubrimiento radica en que se encontraron dinosaurios *in situ*, lo que «nos entrega una tremenda información del contexto donde vivieron». El descubrimiento es de suma importancia, ya que son capas de sedimento con alta concentración de huesos, lo cual se denomina «cama de huesos», y significa que estas capas proporcionarán mucha información respecto a estos animales en Chile.

Otro hecho importante descubierto tras el estudio de los sedimentos de las capas es que existe una acumulación de sedimentos arenosos que indican que estos fueron depositados violentamente y de una vez, lo cual señala que hubo una gran inundación, indicando que estos dinosaurios pudieron morir producto de un tsunami. Este tsunami habría entrado por los cursos de aguas existentes en la región, arrasando con los dinosaurios. También se han encontrado restos de reptiles marinos desarticulados, lo cual fortalecería esta hipótesis.

Por otro lado, Leppe ha encontrado evidencia de un gran incendio en la zona, ya que ha encontrado restos vegetales carbonizados (hojas y troncos), indicando que extensiones de bosques se quemaron, provocando la huida de los dinosaurios.

Restos óseos de dinosaurios encontrados en la provincia de Última Esperanza (Región de Magallanes)

Reconstrucción paleobiológica de los dinosaurios australes (Ilustración: José Lemos Caro)

Iguanodon en el cerro Guido. Extremo austral de Chile (Ilustración: Luis Pérez)

Hojas fósiles de la era de los dinosaurios

Una de las cosas más importantes fue el descubrimientode las primeras hojas de *Nothofagus*, de la era de los dinosaurios. Estas hojas por lo menos tienen 66 millones de años y estaban en los mismos estratos con huesos.

Había abundantes improntas fósiles de hojas, con al menos 10 morfos de angiospermas y dos tipos distintos de *Nothofagus*. Estos (familia: Nothofagaceae Kuprian) comprenden 10 especies en Chile y dominan el paisaje boscoso del sur de Sudamérica, siendo conocidos comúnmente como robles, coihues, lengas, ñirres, raulíes, ruiles y hualos. «Nunca se habían encontrado hojas de esta especie antes de los 50 millones de años ni menos en la misma época en que estuvieron presentes en Antártica (80 millones de años)», puntualiza el actual jefe del Departamento Científico del INACH.

Según el paleobotánico, esta información será clave para comprender la historia natural del sur de Chile y la Antártica, masas terrestres que estuvieron unidas, permitiendo la distribución de las especies de un lugar para otro, durante la Era del Mesozoico, época en la cual gobernaban los dinosaurios.

«Nuestra hipótesis es que *Nothofagus* llegó desde Antártica a Chile agresivamente, dominando el paisaje natural hasta el presente», opina Leppe.

Hoja de *Nothofagus*

UN BIZARRO Y ÚNICO DINOSAURIO

El hallazgo

Chilesaurus fue un dinosaurio del Jurásico superior (145 millones de años) que se ha convertido en una pesadilla para los paleontólogos. El nombre de este «nuevo» dinosaurio, denominado **Chilesaurus diegosuarezi**, hace alusión a nuestro país (*Chilesaurus* = Lagarto de Chile) y a su descubridor (*diegosuarezi* = Diego Suárez). Su descripción se dio a conocer en un artículo aparecido en la revista *Nature*, en el 2015.

El hallazgo fue realizado en una primera instancia por el entonces niño de siete años, Diego Suárez, el 4 de febrero del año 2004. Diego es hijo del geólogo Manuel Suárez, quien en ese momento se encontraba estudiando en terreno rocas jurásicas. El objetivo de dicho estudio era comprender mejor cómo se formó la cordillera de los Andes, acompañado de su esposa Rita de la Cruz y su hija Macarena. Mientras Manuel y Rita trabajaban en un sector de Aysén de la Patagonia chilena (en las cercanías del lago General Carrera, en un conjunto estratigráfico denominado Formación Toqui), los niños se entretenían alejados a unos metros de ellos, buscando piedras interesantes, cuando Diego encontró unos huesos que llevó a su padre. Este captó lo interesante de las piezas, lo que a la postre resultó ser parte de un dinosaurio; una pequeña vértebra y un fragmento de costilla.

Dado el desconocimiento en la materia, Manuel Suárez se comunicó con el paleontólogo argentino, Leonardo Salgado, el técnico Marcelo Isasi y, posteriormente, Fernando Novas, quienes comenzaron a realizar una serie de excavaciones que derivaron en el descubrimiento de una serie de grandes huesos pertenecientes a saurópodos, junto a esqueletos del pequeño dinosaurio. Se trabajó en terreno entre los años 2010 hasta el 2015, cubriendo varias expediciones en las que se recolectaron muchos materiales fósiles, entre los que había cuatro esqueletos casi completos y una gran placa con un esqueleto articulado que posteriormente fueron trabajados. El espécimen holotipo (SNGM-1935) consta de un esqueleto casi completo, articulado, de aproximadamente 1,6 m de largo. Otros cuatro esqueletos parciales (SNGM-1936, SNGM-1937, SNGM-1938, SNGM-1888) se recogieron en los lechos inferiores de la Formación Toqui.

Los investigadores argentinos comenzaron a trabajar en laboratorio las piezas excavadas, dejando al descubierto un esqueleto casi completo y articulado, que luego de un examen preliminar los dejó perplejos, pues en un principio creyeron que los restos correspondían a varios dinosaurios, por las diferencias en los distintos restos; no obstante, este esqueleto les permitió darse cuenta de que las diferentes piezas correspondían a un solo dinosaurio.

Posteriormente se sumó al equipo Fernando Novas, del Museo de Ciencias Naturales Bernardino Rivadavia en Buenos Aires, e investigador del Consejo Nacional de Investigaciones Científicas y Técnicas (Conicet).

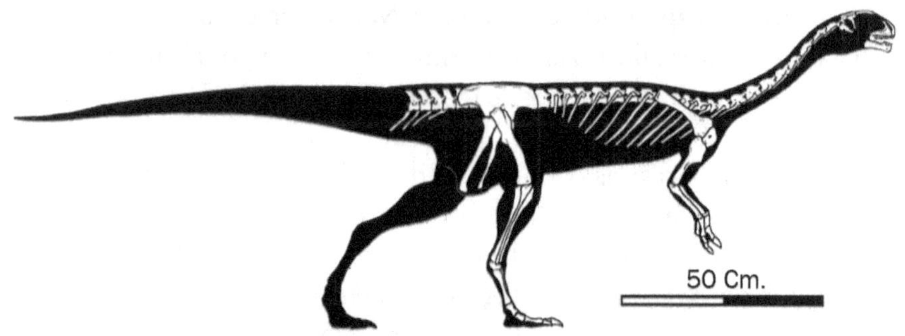

Esqueleto casi completo de *Chilesaurus diegosuarezi*

Un dinosaurio extraño y diferente

A medida que descubrían el espécimen se dieron cuenta de que estaban frente a un dinosaurio totalmente diferente a lo que ellos conocían, ya que los restos revelaban una combinación de rasgos anatómicos correspondientes a tres linajes de dinosaurios; dinosaurios terópodos que es el grupo de los carnívoros, los ornitisquios herbívoros y los sauropodomorfos (Prosauropoda) herbívoros.

Chilesaurus era un dinosaurio relativamente pequeño, con un cuerpo esbelto, lo que indica y muestra a un dinámico animal. Un adulto completamente crecido habría medido unos 3,2 metros. Poseía miembros anteriores robustos similares a los terópodos del Jurásico, como *Allosaurus*, pero sus patas tenía cuatro dedos anchos con punta, a diferencia de los pies de tres dedos de la mayoría de los terópodos. Sus manos estaban provistas de dos dedos, lo que nos recuerda a las manos de *Tyrannosaurus rex*, pero estas eran romas y ligeramente curvas, a diferencia de las afiladas garras de otros terópodos. Tenía una cintura pélvica que se asemeja a la de los ornitisquios, es decir, una cadera conformada de tal manera que los huesos isquión y pubis se proyectan de forma paralela y hacia atrás, sin embargo está clasificado en los Saurischia, que presentan una cadera en donde el isquión está separado con respecto al pubis.

Gabriel Lio, un artista y uno de los autores afirma: «Su cráneo y el cuello se parecen a las de los primitivos dinosaurios de cuello largo, como *Plateosaurus*; las vértebras se asemejan a los de los terópodos carnívoros primitivos, como *Dilophosaurus*; la pelvis es muy similar a la de dinosaurios ornitisquios, como *Iguanodon*; y la mano tiene solo dos dedos bien desarrollados, como en *Tyrannosaurus rex*, pero con brazos más largos».

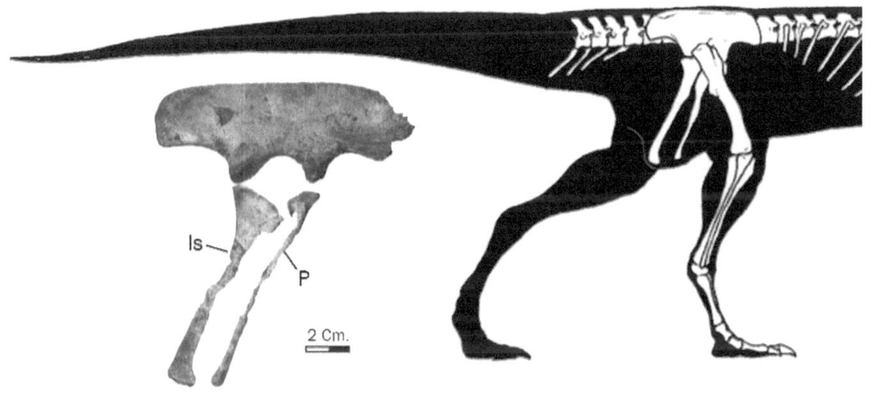

Huesos pelvianos de *Chilesaurus diegosuarezi*

¿De qué se alimentaba?

Chilesaurus poseía un largo cuello coronado con un cráneo pequeño, con un reducido hocico que presenta un pico córneo, parecido a los presentes en *Psitacosaurus*, elemento que le serviría para cortar la hierba. También tenía unas mandíbulas con una serie de dientes en forma de espátula, con los cuales también podía cortar las plantas. Estos dientes planos son típicos de dinosaurios herbívoros, por lo que se supone que tenían una dieta a base de plantas arbustivas bajas. Podríamos especular que sus garras le podrían haber servido para desgarrar la corteza de algunos árboles, si bien estos brazos robustos eran cortos, no lo eran en proporción del cuerpo y habrían servido para esta tarea.

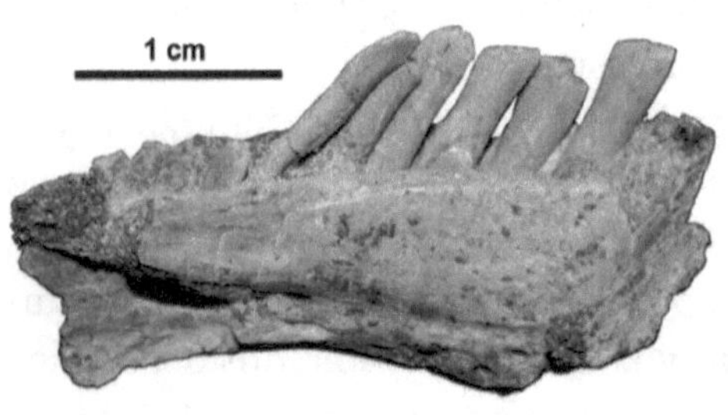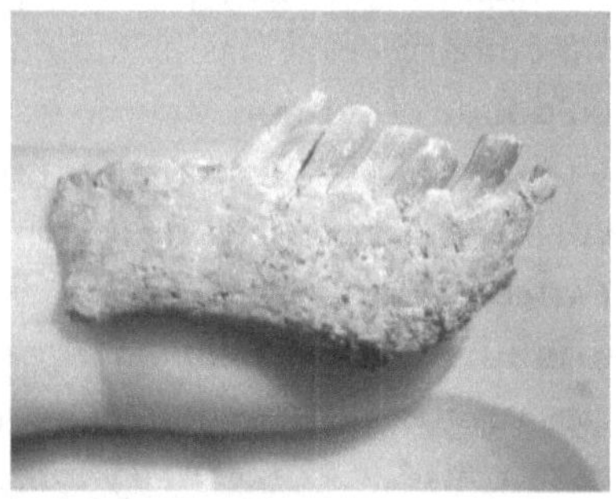

Trozos mandibulares en donde se aprecian los dientes de *Chilesaurus diegosuarezi*

¿Cómo se puede clasificar?

En un principio se pensaba que *Chilesaurus* pertenecía a un linaje totalmente desconocido de dinosaurios, que adquirió hábitos herbívoros de antepasados carnívoros. Se creía que *Chilesaurus* era el primer terópodo de un clado que incluiría a velociraptores y tiranosaurios, así como especies de aves modernas, y fue considerado un primitivo tetanuro; sin embargo, *Chilesaurus* constituye el primer representante de un linaje de dinosaurios hasta ahora desconocido para la ciencia.

La anatomía del esqueleto de *Chilesaurus* cuenta con una combinación tan inusual de rasgos característicos de los diferentes grupos de dinosaurios que lo hacen único. No hay otros dinosaurios que exhiban una combinación o mezcla de características tan únicas. Esto revela que la historia de los dinosaurios fue mucho más compleja de lo que imaginábamos. Debido a esa extraña combinación de rasgos anatómicos, Novas señaló que se trata de un «verdadero rompecabezas evolutivo».

Sus características extrañas y contradictorias a menudo desafiaron la clasificación tradicional, obligando a los paleontólogos a hacer nuevas conjeturas sobre su lugar en el árbol de la familia de dinosaurios. Una nueva investigación sugiere que la clasificación inicial para *Chilesaurus* estaba mal y que este animal representa una importante especie de transición dentro de diferentes grupos de dinosaurios. Los investigadores que estudiaron por primera vez a *Chilesaurus* lo incluyeron entre los terópodos, un grupo conocido como los dinosaurios «caderas de lagarto», pero un nuevo estudio, realizado por investigadores de la Universidad de Cambridge y el Museo de Historia Natural, sugiere que *Chilesaurus* es un miembro del grupo de ornitisquios «caderas de pájaro». Pero dada esta mezcla de características, los autores que proporcionaron la descripción original de este taxón realizaron un gran esfuerzo para determinar sus afinidades filogenéticas, utilizando una variedad de conjuntos de datos existentes que representa una gama de clados filogenético de dinosaurios. Sobre la base de sus análisis iniciales, los autores llegaron a la conclusión de que este taxón representa un terópodo tetanuros inusual.

Por otro lado, un estudio publicado el 16 de agosto de 2017 en *Biology Letters* muestra que *Chilesaurus* no es un terópodo, como se pensaba inicialmente, sino más bien un muy temprano miembro de los ornitisquios; un grupo que incluye a los dinosaurios con pico y que comen vegetales, como el *Stegosaurus*, *Triceratops* e *Iguanodon*. Eso significa que *Chilesaurus*, a pesar de su similar apariencia rapaz, no pertenece a un grupo que incluye a los carnívoros. En cambio, el animal representa una especie con características intermedias que se dieron en algún momento entre los dinosaurios herbívoros y carnívoros terópodos. Los investigadores usaron un nuevo conjunto de datos a gran escala que fue montado para estudiar las interrelaciones de los primeros dinosaurios y otros dinosauromorphos, que ahora ofrece una herramienta para la investigación, la evolución de los dinosaurios y las relaciones de taxones problemáticos.

«Los terópodos tienen una disposición similar a la de los huesos de la cadera que están en la mayoría de los otros reptiles (como lagartos y cocodrilos), con uno de los huesos llamado «pubis» apuntando hacia abajo y hacia delante. Por el contrario, los ornitisquios tienen regiones de la cadera de manera diferente, conformados, donde el hueso del pubis se gira de manera que apunte hacia abajo y hacia atrás, como ocurre también en las aves actuales».

La posición basal de *Chilesaurus* dentro del clado y su conjunto de caracteres anatómicos sugiere que podría representar un taxón «de transición», que permite cerrar la brecha morfológica entre los Theropoda y los Ornithischia.

Chilesaurus diegosuarezi habría medido unos 3,2 metros. Aquí se encuentra comparado con un hombre (Ilustración: Jorge Aragón Palacios)

Cabeza de *Chilesaurus diegosuarezi* (Ilustración: José Lemos Caro)

En el árbol genealógico de consenso estricto, *Chilesaurus* cae como cabecilla de todos aquellos taxones considerados anteriormente, y puede representar a la mayoría de los ornitisquios basales, incluyendo los del Triásico superior, como el taxón *Pisanosaurus mertii* (que desde hace tiempo es considerado para ser el primer ornitisquio divergente) y todos los heterodontosáuridos.

Chilesaurus es considerado un ornitisquio por la posesión de las características siguientes:

1- Premaxilar con una región anterior desdentada, posiblemente para el apoyo de una rhamphotheca o tegumento córneo, que cubre las mandíbulas y forma la capa exterior del pico.

2- Pérdida de la recurvatura en el maxilar y dentario.

3- Un ilíaco anterior. Ese proceso es al menos casi igual en anteroposterior longitud para el proceso ilíaco posterior.

4- Una clara y corta fosa que no es visible en la vista lateral, pero que está restringida al margen ventral del proceso postacetabular; ese proceso es 25% a 35% de la anteroposterior total de longitud del ilion.

5- Posesión de un pubis retrovertido (pelvis opistopúbica), con un eje púbico en forma de varilla; para eso, la sínfisis púbica está restringida al extremo distal del pubis.

6- Enderezamiento del fémur en la vista anterior.

7- Una vista anterior trocánter que se extiende a casi tan proximal como el de la cabeza femoral y está situado cerca del margen lateral de la cara anterior del fémur.

8- El peroné mide menos de la mitad de la anchura de la tibia en la diáfisis.

Además de estos carácteres, *Chilesaurus diegosuarezi* posee un amplio trocánter ánterior en forma de ala en el fémur, que está separado al menos parcialmente del eje femoral. Los estados de estas dos características se han enumerado como sinapomorfías ornitisquias en estudios anteriores.

Los resultados del análisis sugieren que *Chilesaurus* no es un terópodo tetanuro, pero sí un miembro de un divergente y temprano linaje
previamente desconocido de dinosaurios ornitisquios. Esta nueva filogenia destaca una combinación única de carácteres «primitivos» y «deri-
vados» de *Chilesaurus*, dentro de los ornitisquios. Además, proporciona
el primer ejemplo posible de un ornitisquio «de transición» que tiene el
potencial y el orden tradicional en sinapomorfias ornitisquias adquiridas.

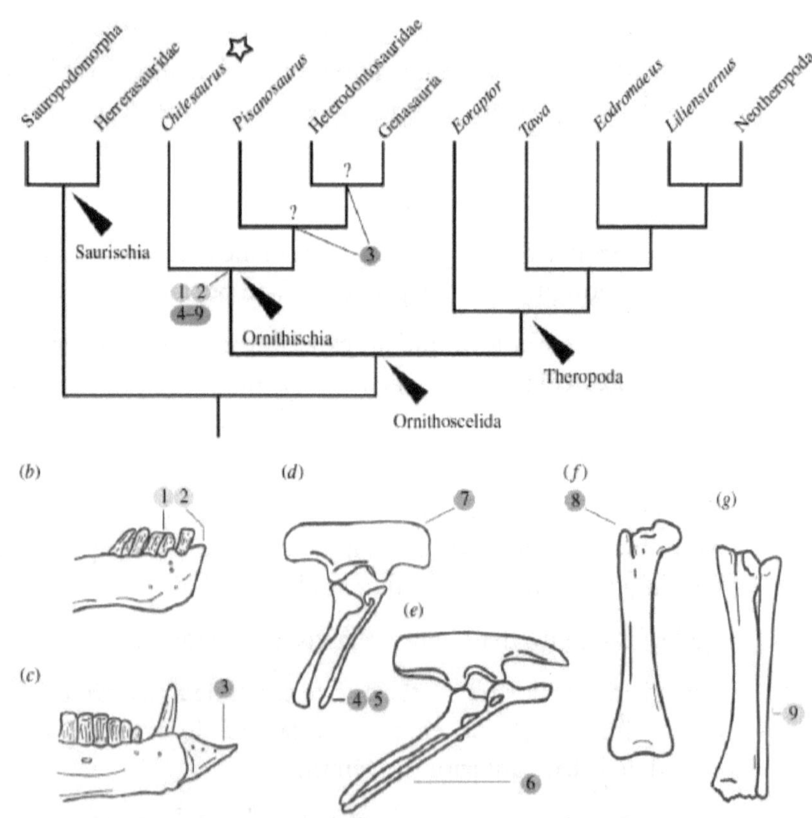

Características ornitisquios de Chilesaurus.

A.- árbol simplificado con adquisiciones claves marcadas; B.- dentario derecho de *Chilesaurus* en vista lateral; C.- derecha dentario de *Heterodontosaurus* en vista lateral; D.- la cintura pélvica de vista lateral de *Chilesaurus*; E.- cintura pélvica *Agilisaurus* en vista lateral; F.- fémur derecho de *Chilesaurus* en vista anterior; G.- tibia y peroné derecho de *Chilesaurus* en vista posterior.

Los números indican la adquisición de sinapomorfias ornitisquias claves dentro del clado: 1.- la pérdida completa de recurvatura en dientes maxilares y dentarios; 2.- edéntulo extremo, anterior del dentario; 3.- hueso predentario en el extremo anterior de la mandíbula inferior; 4.- la retroversión del pubis; 5.- eje del pubis en forma de barra; 6.- sínfisis púbica restringida al extremo distal; 7.- proceso preacetabular alargado en sentido anterior; 8.- trocánter anterior ampliado, en forma de ala; 9.- el peroné menos de la mitad de la anchura de la tibia en la diáfisis. Círculos de color gris oscuro denotan desconocido en *Pisanosaurus*.

Hasta el momento, los investigadores no tienen registros de que el *Chilesaurus* tuviera algún pariente cercano o algún descendiente, por eso, el objetivo de Novas y su equipo es ahora desvelar cuáles fueron sus antepasados. Paradójicamente, de acuerdo a las nuevas investigaciones, este linaje debería tener divergencia temprana, no obstante, son del Jurásico tardío, lo que implica que debe haber un extenso linaje «fantasma» entre ornitisquios y terópodos basales. Si la hipótesis es correcta, este linaje «fantasma» sugiere que otros animales similares esperan a ser descubiertos en los depósitos del Triásico medio-tardío, lo que reafirmaría el carácter predictivo de la paleontología.

«Lo más interesante de este nuevo dinosaurio es que las diferentes partes del cuerpo se parecen a los diferentes grupos, sin relación», dice Ezcurra. «Esto nos muestra cómo funciona la evolución convergente». La evolución de convergencia ocurre cuando los organismos evolucionan ciertos rasgos de forma independiente, debido a tener que lidiar con condiciones similares y no a una ascendencia común.

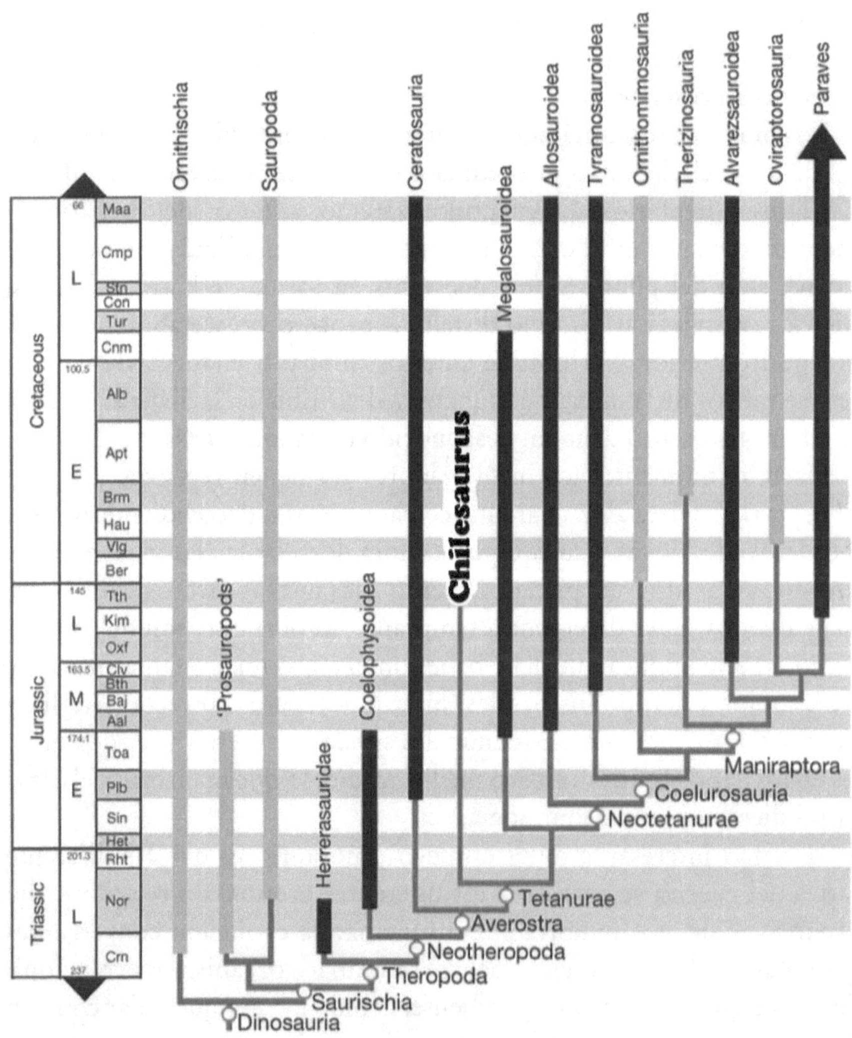

Primer clado presentado de relación filogenética de *Chilesaurus diegosuarezi* con respecto a otros dinosaurios, sobre todo con los tetanuros.

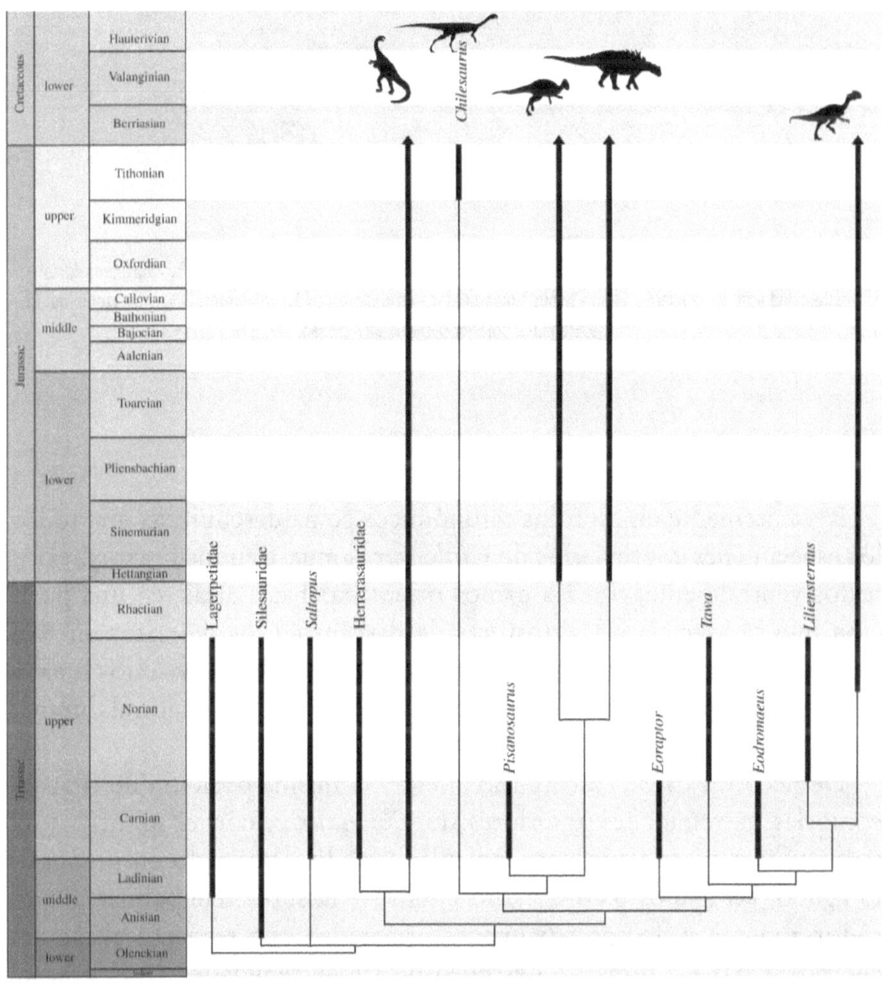

Último clado simplificado de consenso estricto y tiempo calibrado en *Chilesaurus* que se incluye dentro de los ornitisquios. Representación de siluetas taxones supraespecíficas. De izquierda a derecha: Sauropodomorpha, Heterodontosauridae, Genasauria y Neotheropoda.

Esqueleto parcial de *Chilesaurus diegosuarezi*: Cd.- vértebras caudales; Cv.- vértebras cervicales; Dv.- vértebras dorsales; Lf.- extremidad anterior izquierda; Lfem.- fémur izquierdo; Lsc.- escapulocaracoides izquierdos; Ltib.- tibia izquierda; Rf.- extremidad anterior derecha; Sk.- cráneo.

Tafonomía

Recientemente en estudios tafonómicos se ha descubierto que todos los especímenes conservados de *Chilesaurus* muestran los brazos flexionados ventralmente, con las manos orientadas hacia atrás, en una posición que se asemeja a las posturas de descanso a los descritos en *Mei long*, y *Sinornithoides youngi*; lo que indicaría que los individuos fueron enterrados rápidamente y fosilizados en posición de vida natural durante la actividad pasiva de descanso o alimentación

De hecho, varios celurosaurios tienen la misma posición de reposo, como las extremidades anteriores de *Chilesaurus*, con el húmero y el radio-cúbito en relación perpendicular y codo flexionado en un ángulo agudo, las manos bajo el radio-cúbito, y la superficie palmar posterodorsalmente y dorsomedialmente orientados con respecto al eje del cuerpo. Estas posturas de descanso de las extremidades anteriores se han estudiado en especies de terópodos, en relación con la adquisición de vuelo. Se sugirió que la presencia de la estructura plegada en la extremidad anterior de terópodos avanzados estaría íntimamente relacionado con estructuras blandas, como la piel y los músculos patagiales, presente en varios dinosaurios maniraptores.

Se puede observar que la flexión de la muñeca y el codo en las aves actuales se lleva a cabo principalmente por la acción de un gran número de tendones situados dentro del propatagio; por lo tanto, se puede sugerir que un antebrazo flexionado en *Chilesaurus* también puede ser considerado como una indicación indirecta de la presencia de un propatagio en este grupo y tal vez de «plumas».

Pareja de *Chilesaurus* al cuidado de su cría en el nido (Ilustración: José Lemos Caro)

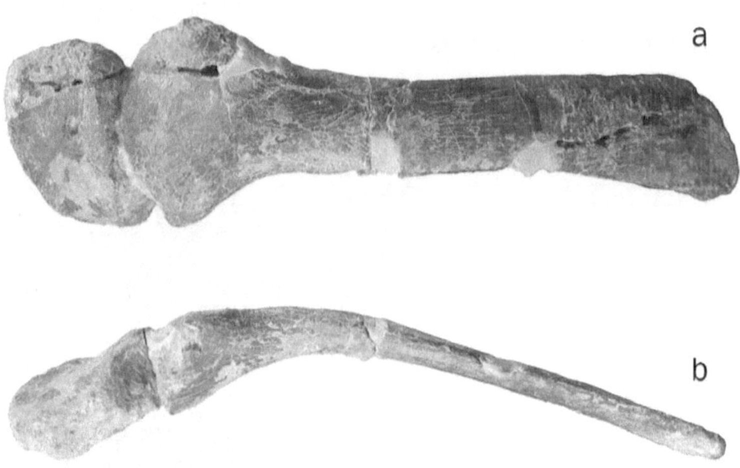

Escápula y coracoides en vista dorsal y lateral de *Chilesaurus diegosuarezi*

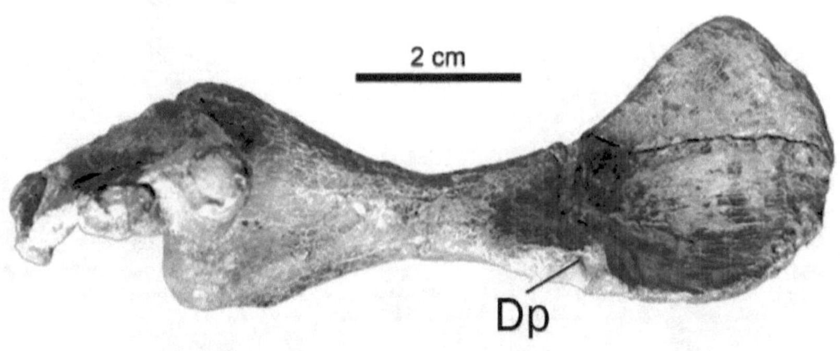

Húmero en vista anterior de *Chilesaurus diegosuarezi*

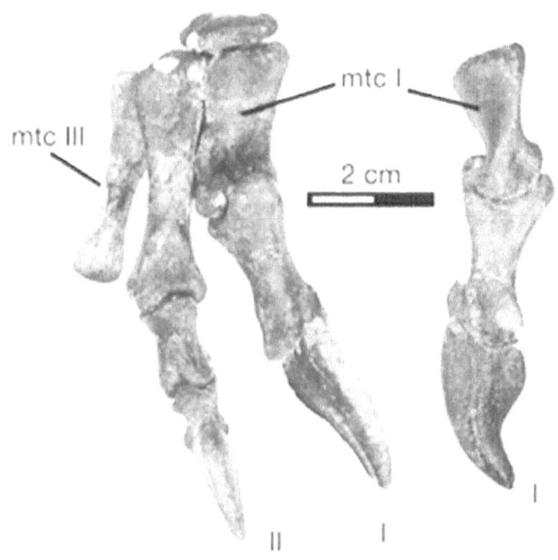

Reconstrucción compuesta de la mano derecha (carpo, metacarpianos y falanges),
de los dígitos I y II, y metacarpiano III de *Chilesaurus diegosuarezi*, en vista dorsal y medial

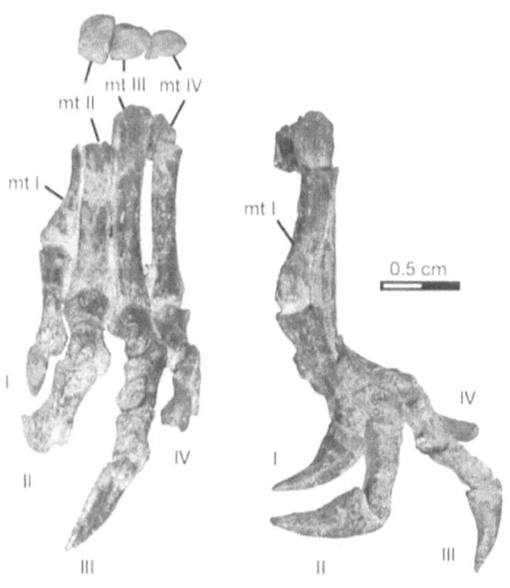

Pie izquierdo de *Chilesaurus diegosuarezi*: mt.- metacarpiano; I, II, III, IV.- dígitos I, II, III y IV

Reconstrucción paleoambiental de *Chilesaurus diegosuarezi* (Ilustración: José Lemos Caro)

Saurópodos en la Patagonia

En el año 2015 fue publicado en la revista científica *Ameghiniana* el hallazgo de restos óseos de saurópodos en Aysén (Patagonia chilena), en una formación fosilífera denominada Formación Toqui del Jurásico tardío (Titoniano), hace unos 160 millones de años. Estos corresponden a restos vertebrales y huesos apendiculares, asociados al esqueleto de *Chilesaurus*.

Los huesos disponibles hacen suponer la existencia en el sur de Chile de una gran diversidad de estos animales y permiten saber que por lo menos hay tres linajes diferentes, pertenecientes al grupo de los titanosauridos y diplodócidos. Este hallazgo no solo es importante para nuestro país, sino para América del Sur, ya que aportan gran información sobre la evolución de los saurópodos en Sudamérica, en el período Jurásico.

Paleontología sistemática

Dinosauria Owen, 1842.
Saurischia Seeley de 1887.
Sauropodomorpha Huene, 1932.
Sauropoda Marsh, 1878.
Género y especies indeterminadas.

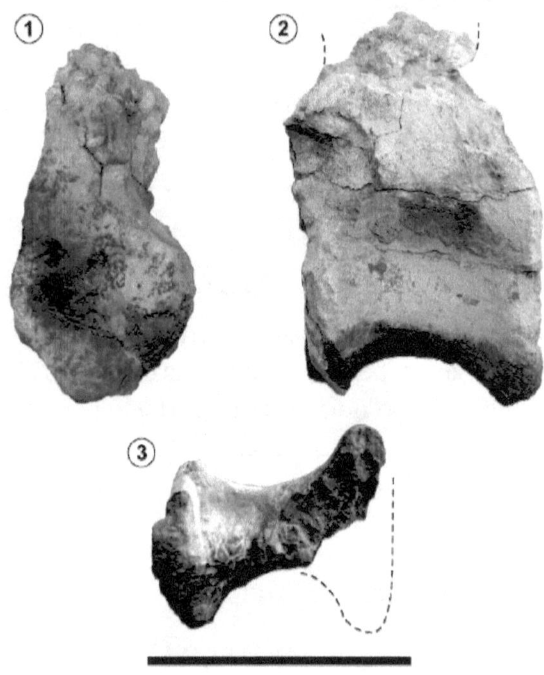

Vértebra de saurópodo, media o posterior dorsal centrum:
1.- vista anterior; 2.- vista lateral izquierda; 3.- vista ventral. Barra de escala negra = 10 cm

Vértebra caudal de saurópodo: 1.- vista anterior; 2.- vista lateral izquierda; 3.- vista ventral; lr.- cresta longitudinal.
Barra de escala = 10 cm

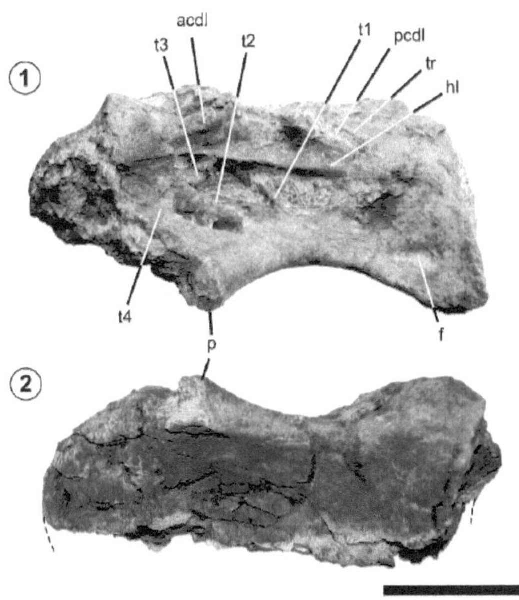

Vértebra de Diplodocidae indeterminada: 1.- vista lateral izquierda; 2.- vista ventral.
Abreviaturas: ACDL.- lámina centro diapofisial anterior; f.- fosa poco profunda; hl.- subhorizontal lámina; p.- parapófisis; pcdl.- centro diapofisial posterior lámina; t1-t4.- septos; tr.- canto tenue. Barra de escala = 10 cm

Extremo distal de una tibia derecha de titanosaurido:
4.- vista externa; 5.- vista posterior; y 6.- vista distal.

Reconstrucción paleoambiental de saurópodos en la Patagonia (Ilustración: José Lemos Caro)

Reconstrucción paleoambiental de saurópodos bebiendo agua en un lago (Ilustración: José Lemos Caro)

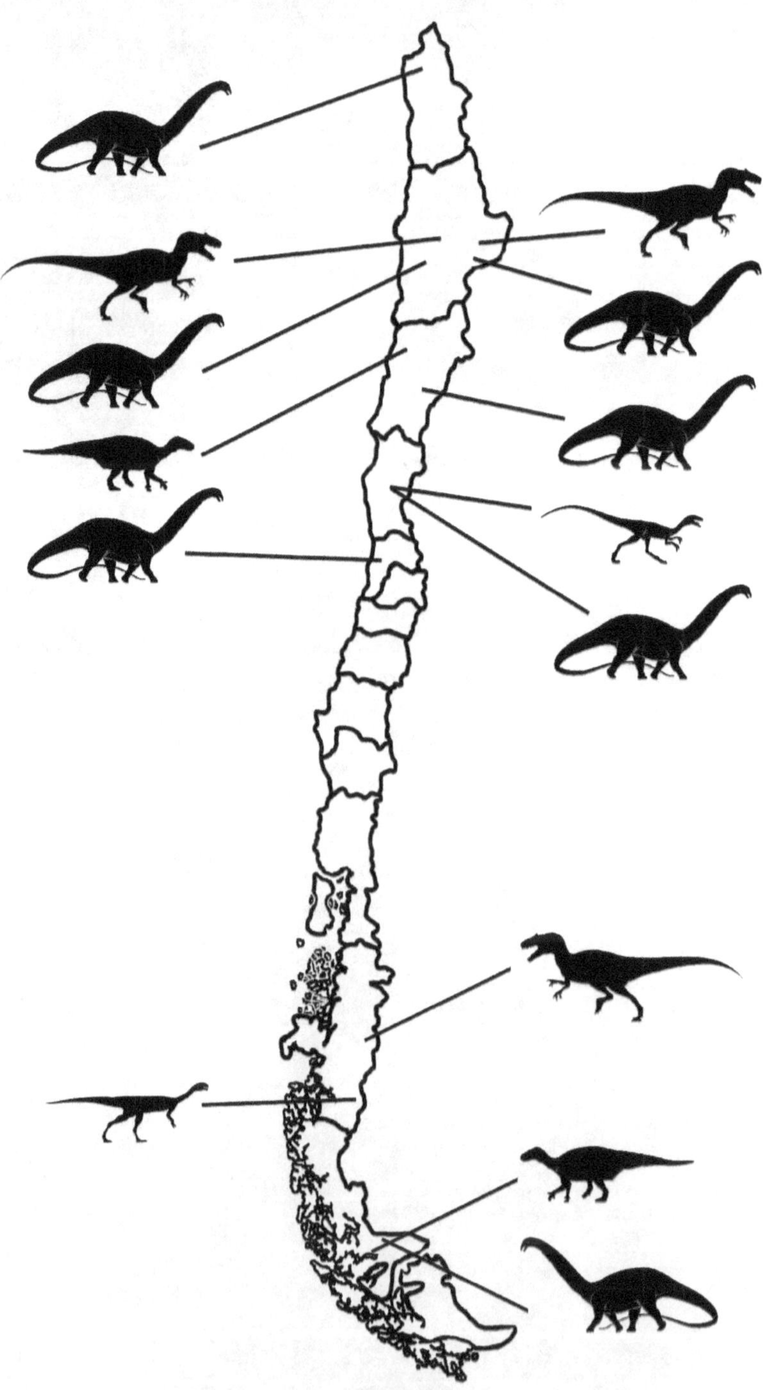

Mapa de distribución sobre hallazgos de restos óseos de dinosaurios en Chile (Ilustración del autor)

CAPÍTULO VII

DINOSAURIOS EN CHILE
HUELLAS

Dinosaurios en Chile
a través de las huellas fósiles

Introducción

El estudio de los vertebrados fósiles, en especial de los dinosaurios, se circunscribe en la mayoría de las ocasiones a sus restos esqueléticos, y las reconstrucciones están hechas en base a los estudios de estos. No obstante, a pesar de que nos puedan parecer excelentes, estas nos muestran un animal quieto, sin movimiento, porque hasta el mejor esqueleto es un cadáver, una cosa muerta.

Sin embargo, tenemos un elemento sumamente importante, y que nos muestra el dinamismo de ese mundo desaparecido: las huellas. Cuando observamos las huellas, imaginamos al animal paso a paso; es como tener contacto directo con los dinosaurios, uno vivo, no solo un esqueleto inerte en un museo.

Las huellas son como una máquina del tiempo, que nos llevan a ver los animales del Jurásico. A través de estas se puede sentir el movimiento, el comportamiento e incluso percibir el instinto depredador de los dinosaurios u otras bestias prehistóricas.

Gregory Paul, uno de los paleoartista más prestigiados, dice al respecto: «Las huellas fósiles son extrañamente evocadoras, por que capturan directamente el movimiento de seres que alguna vez estuvieron vivos. Son lo más próximo a una película de dinosaurios que podamos tener». En resumen, las huellas nos traen a los dinosaurios a la vida.

Desde que los primeros vertebrados se aventuraron hacia tierra firme nos han dejado el testimonio de su presencia, no solo a través de su esqueleto, si no también las marcas de su caminar. Desde hace 370 millones de años (Devónico medio) en que un pez primitivo dejó su impronta cuando arrastraba su cuerpo por el suelo al ir de charco en charco, impulsado por sus aletas lobuladas cortas y robustas; hasta las marcas de los pies dejadas por nuestros ancestros en la húmeda ceniza volcánica lanzada hace 3,6 millones de años en el África oriental, los vertebrados han dejado el testimonio de su pasar por el planeta.

Las huellas son de un valor incalculable para el estudio paleontológico puesto que permite al paleontólogo, junto con los artistas, reconstruir el paleoambiente en que los animales vivían. Deja saber, por ejemplo, si los animales corrían o caminaba, el tamaño de sus patas, si tenía garras u otras estructuras en sus extremidades, si era bípedo o cuadrúpedo, etc.

El estudio de las huellas fue relegado siempre a un segundo plano en el estudio de los vertebrados ya que, al parecer, los restos óseos tenían la mayor importancia. No obstante, esta situación ha cambiado en los últimos tiempos y, por lo tanto, las huellas juegan hoy un papel preponderante a la hora de poner a los animales prehistóricos en su lugar.

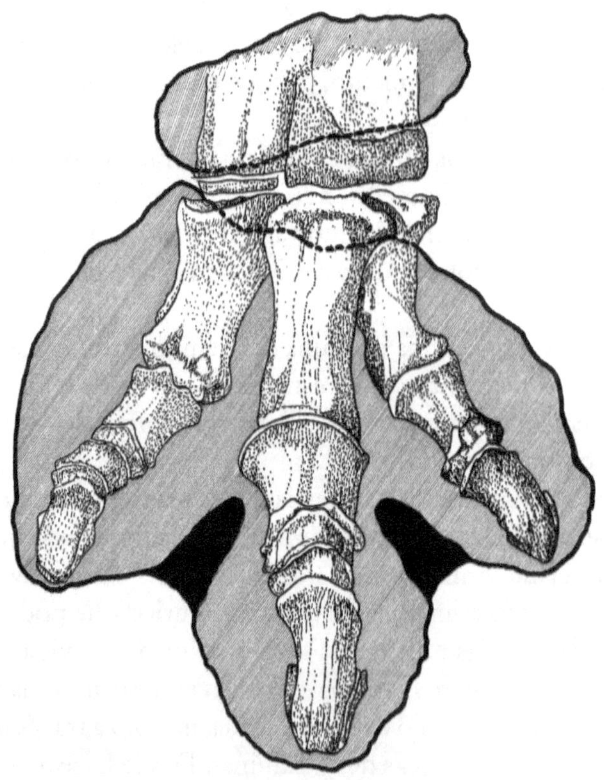

Parte ósea de la pata de un *Iguanodon* puesta sobre su huella
(Ilustración: Sergio Hillebrand)

¿Qué es una huella fósil?

Las huellas fósiles o «paleoicnitas» (del griego *Paleo* = antiguo e *Icnita* = huella) constituyen un documento único del paso de un animal cualquiera por un determinado lugar, y que las condiciones ambientales han permitido su preservación en los estratos geológicos, sean estos invertebrados (galerías, el surco de su andar) o vertebrados que dejan las huellas de sus patas, de su reptación o las marcas de su cola, incluyendo galerías dejadas por gusanos, carreras de dinosaurios o la caminata de un hombre primitivo.

Un dinosaurio saurópodo dejando sus huellas (Ilustración: Jorge Aragón)

Cuando los paleontólogos estudian las huellas, miran el entorno actual, la orilla de una playa, la rivera de un río o de un lago, los charcos producidos en momentos de lluvia, etc. Estos son los lugares propicios para que diversos animales dejen estampadas sus huellas y son los sitios donde hoy se están produciendo improntas, que si quedan protegidas, en el futuro se convertirán en paleoicnitas. Incluso nos es familiar caminar por las veredas de cemento y ver las huellas dejadas por algún perro que paso por allí cuando la obra estaba fresca. Viendo esta situación, podríamos deducir, por ejemplo, que el animal que las produjo es de la especie *Canis familiaris*, saber la cantidad de dedos en sus patas, ver si sus patas tenían almohadillas e, incluso, deducir si caminaba o corría.

¿Cómo se produce una huella?

Para responder a esta pregunta consideraremos el ejemplo de nosotros mismos, por lo tanto vamos a suponer que queremos dejar el testimonio de nuestro paso, dejando la marca de nuestros propios pies para que futuros paleontólogos estudien nuestras huellas. Para realizar este cometido necesitamos buscar un lugar en donde el terreno esté humedecido o mojado, ya sea por el ingreso del mar o por las lluvias. Debemos ver si este terreno barroso tiene la consistencia arcillosa para marcar nuestros pies; si el barro está demasiado húmedo, la huella se deformará pues al levantar nuestros pies, levantarán también el barro adheridos a ellos; y si el terreno está muy seco, no tendrá la suficiente plasticidad para dejar nuestra marca. Necesitamos un terreno ni muy húmedo ni muy seco, donde podamos estar en condiciones de dejar marcados nuestros pies. Pero eso no es todo. Las marcas deben secarse con el calor ambiental y más tarde ser protegidas por agentes naturales (ser cubiertas por sedimentos, ceniza volcánica, polvo arrastrado por el viento u otros), antes de que los agentes naturales de destrucción, como el viento y el agua las deteriore, incluso pueden ser destruidas por el paso de otros animales. Si nuestras huellas después de todo esto han conseguido sortear estos obstáculos, entonces tendremos una futura huella fósil.

Las circunstancias para que las huellas de animales del pasado se conservaran debieron ser muy similares a como lo hemos narrado en el párrafo anterior, por lo que las huellas debieron quedar primero impresas en el barro fresco, en las riberas de ríos o lagos, donde los animales se acercaban a alimentarse. Luego de secarse quedarían protegidas por sedimentos y después de un largo proceso de petrificación, conservarse hasta la actualidad.

Las huellas también pueden conservarse en zonas de aguas someras, sometidas en ocasiones a transgresiones o regresiones, como ocurre a orillas del río Nilo actualmente.

Las huellas fósiles son estudiadas por paleontólogos que han derivado hacia una especialidad denominada Paleoicnología y, por lo tanto, son denominados «paleoicnólogos». Estos hombres son verdaderos detectives del pasado, puesto que a partir de una o un conjunto de huellas, deben interpretar lo que sucedió en un determinado espacio del pasado.

Diferentes huellas de dinosaurios que se encuentran en Chile (Ilustración: José Lemos Caro)

Tipos de huellas

Las huellas, dependiendo de su número, se dividen en dos tipos a saber:

1.- Primero tenemos la «huella aislada» que es aquella que encontramos sola y que por su naturaleza solo nos entregará información sesgada. Con ella únicamente podemos tener información estructural de quien la produjo: número de dedos, si tenía garras o uñas, su tamaño, si apoyaba toda la pata y el peso aproximado.

Huella aislada (Ilustración: Jorge Aragón)

2.- El otro tipo es la denominada «rastrillada» que consiste en un conjunto de huellas de un mismo animal, que han quedado grabadas en unos cuantos metros. Por su naturaleza, estas últimas son las más importantes, puesto que además de entregar información de la huella aislada, podemos deducir la velocidad del animal que las produjo, si era cuadrúpedo o bípedo, si existió un cambio de dirección al caminar, etc.

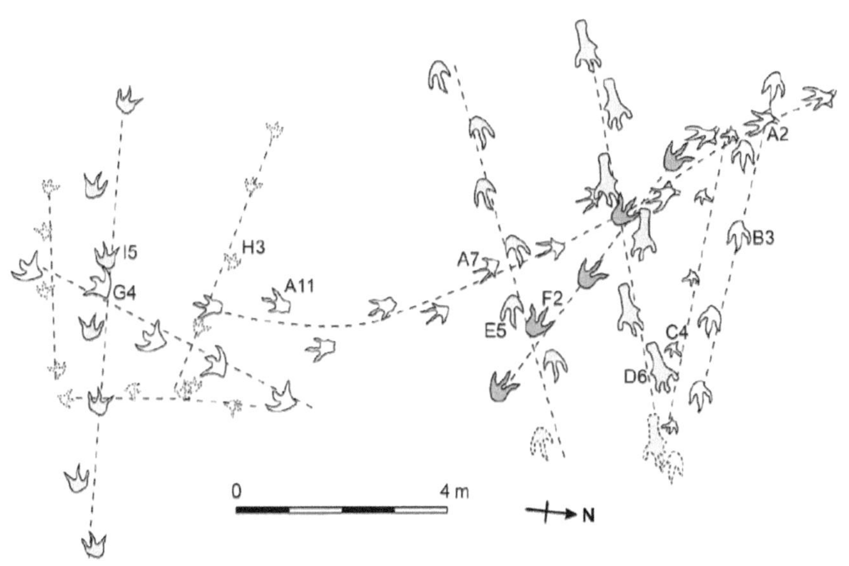

Conjunto de huellas o rastrillada (Ilustración: Jorge Aragón)

Rastrilladas de tres tipos: ornitópodo a la izquierda, saurópodo al centro y terópodo a la derecha
(Ilustración: Jorge Aragón)

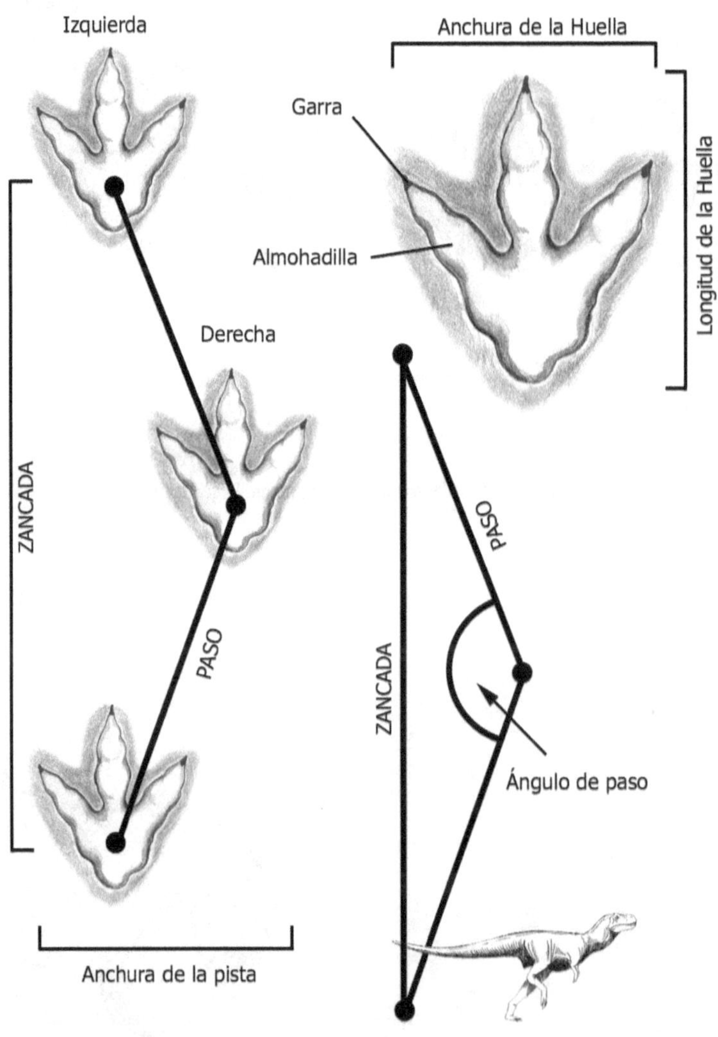

Esquema de las huellas y morfología de terópodo, modificado de Lockley

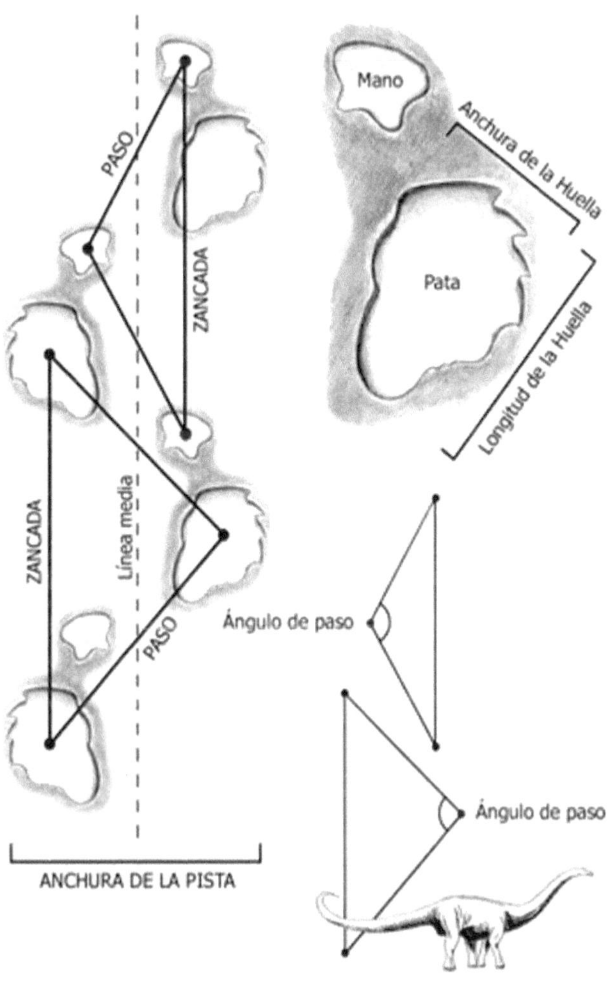

Esquema de las huellas y morfología de saurópodo, modificado de Lockley

Las huellas más antiguas

Las huellas más antiguas encontradas en Chile tienen una edad de, a lo menos, 330 M.A. (Carbonífero tardío), ubicadas a 8 km del salar de Maricunga, al interior de Copiapó Atacama (III Región). Allí se descubrieron huellas de un pequeño anfibio, atribuidas a un tetrápodo basal (miembros más primitivos del grupo de los tetrápodos, descendientes de peces sarcopterigios). Estos anfibios se desplazaban en cuatro patas, en una zona lacustre. Sus extremidades estaban situadas a lo largo del cuerpo y, por lo tanto, tenían un andar desgarbado. Las huellas ocupan 30 cm, lo que abarca un paso completo del animal que debió medir entre 40 y 45 cm de largo, y sus patas abarcaban un ancho de aproximadamente 20 cm de ancho. Este tipo de animal es también llamado «tetrápodo» (cuatro patas), podríamos afirmar que es del tipo Ichthyostegalia y son muy importantes para nuestro país, pues permite determinar la distribución geográfica de estos animales. Huellas similares han sido encontradas en Brasil y Australia. La investigación y publicación la realizaron Michael Bell y Michael Boyd, en 1986. Lamentablemente, estas huellas fueron dejadas *in situ* y no se volvieron a encontrar. Las marcas muestran cinco dedos y dado a que no se observa impresión de garras o de escamas, Bell y Boyd sugieren que se trataría de un anfibio, y no de un reptil.

Plano de la rastrilla de la Formación Chinches. Largo 29,5 cm; ancho 18,8 cm

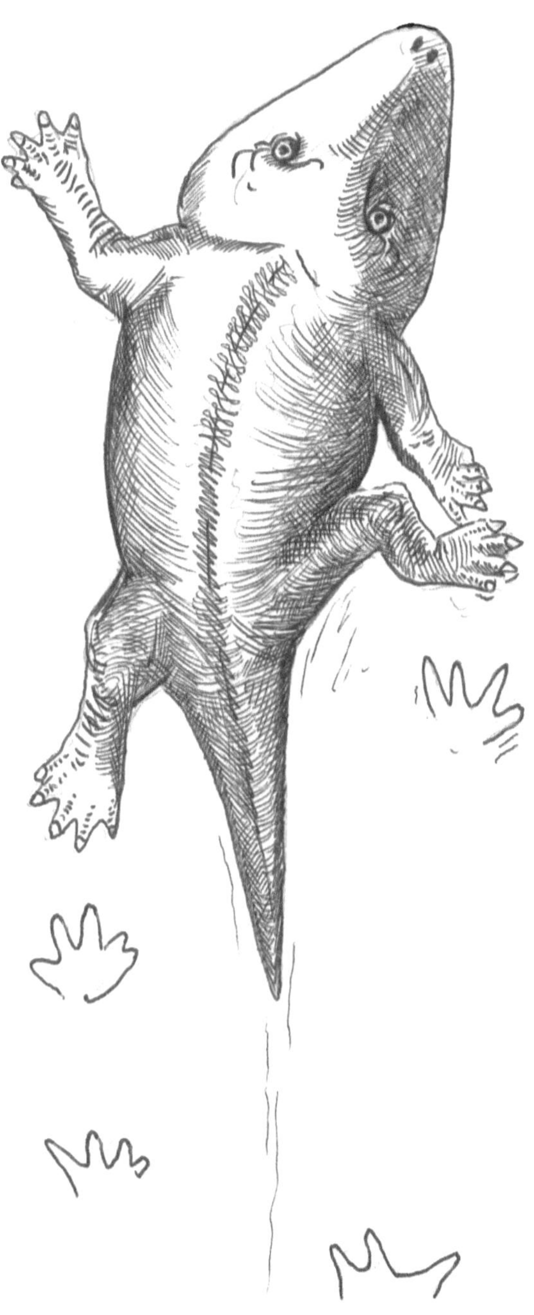

Forma aproximada del anfibio que dejó las huellas (Ilustración: Jorge Aragón)

En Antofagasta, en areniscas arcillosas ubicadas en la localidad de Cerritos Bayos se han encontrado huellas de un pequeño lagarto indeterminado que dejó marcado su andar. El animal andaba desparradamente. Estas huellas fueron informadas por Biese en el año 1961 y han sido situadas en el Jurásico superior, cuya edad ha sido determinada en unos 145 M.A. (Titoniano).

Forma aproximada en que el reptil dejó sus huellas

Varias huellas indeterminadas de dinosaurios y aún sin estudio se han reconocido en la quebrada Guatacondo, al interior de Iquique (I Región). Estas pertenecen a la Formación Májala, cuya edad ha sido situada en el Jurásico superior, 140 millones de años.

Huella fósil de terópodo encontrada en la quebrada Guatacondo

También se ha reconocido una huella de unos veinte centímetros, tridáctila, de un dinosaurio terópodo al interior de Copiapó (III Región), perteneciente a la Formación Monardes, de edad Jurásico superior. La huella es atribuible a un coelurosaurio.

Existen huellas que no han sido estudiadas en profundidad, pero son un registro seguro, a lo menos para cuatro localidades, todas pertenecientes a la misma Formación, estas son: quebrada Codocedo, quebrada Tambería Los Pantanos, cerro Bravo y cerro La Isla; en esta última localidad se ha descubierto un resto óseo de dinosaurio de la familia Iguanodontidae.

Como podemos ver, en Chile existe varios sitios con huellas, pero consideramos que los de mayor relevancia (por la cantidad y calidad de las improntas y porque además estos sitios han sido estudiados en diversas ocasiones y situados cronológicamente en forma confiable) son: Chacarilla (I Región) y Termas del Flaco (VI Región).

CHACARILLA
(145 millones de años, cercano a la paleocuenca de Tarapacá)

Echamos un vistazo hacia el pasado de Chacarilla y observamos cómo un grupo de dinosaurios se desplazan hacia los brazos de ríos cercanos al mar, grandes saurópodos moviendo sus pesados cuerpos, serpenteando sus colas.

Los adultos se desplazan en los flancos y los jóvenes al centro, pues estos deben ser protegidos por los adultos de los carnívoros que acechan a la manada. Grupos de grandes ornitópodos se movilizan también en busca de agua, su velocidad no supera los cinco kilómetros por hora.

Otros se alimentan en los bosques cercanos al curso de agua. Todo es tranquilidad y armonía, pues estos dos grupos al ser herbívoros compartían el mismo espacio físico. La hierba alcanzaba para todos.

Todo el grupo se movilizaba hacia el abrevadero para saciar su sed. De pronto, la tranquilidad se altera. La presencia de un gran carnívoro amenaza la manada, asustando a los dinosaurios quienes salen despavoridos en todas direcciones. El rugido del depredador llena el ambiente de incertidumbre. Sus quince metros de largo, sumado a su gran masa muscular y sus descomunales dientes como dagas son la causa del gran alboroto.

El dinosaurio cazador se acerca y los herbívoros salen corriendo en todas direcciones; no obstante, un ornitópodo semienfermo con poca movilidad se queda atrás y el depredador no perdona y ataca sin titubear. Las fuertes fauces empujadas por el firme cuello del atacante se incrustan en el dorso de su víctima. El herbívoro lanza un alarido de dolor y comienza poco a poco a desangrarse, pues ha sufrido fuertes laceraciones.

El depredador lanza una nueva mordida, esta vez en pleno cuello de su presa, ahogándola y dándole muerte inmediata. Aun si el animal hubiera sobrevivido al ataque, de todos modos hubiera muerto, pues su cuerpo ya había recibido una cantidad de bacterias provenientes del hocico de su atacante, que irremediablemente infectarían su cuerpo y lo llevarían a la muerte.

El cazador sació su hambre, consumiendo gran parte del cuerpo hasta quedar satisfecho y dejó los restos que otro animal carroñaría.

Este suceso debió ocurrir en muchas ocasiones en el sector de Chacarilla y aunque las huellas no revelan esta historia, la presencia de huellas de herbívoros y carnívoros nos da cuenta del cruel drama de la vida.

LAS HUELLAS FÓSILES DE CHACARILLA

Diversas huellas y varias rastrilladas fósiles de dinosaurios han sido encontradas en la I Región de Tarapacá, ubicadas en un cañón denominado Chacarilla, a unos 40 km al sureste de la localidad de Pica. Estas pertenecen a la Formación Chacarilla y se han dado a conocer por varios grupos de estudiosos. Aunque las huellas de Chacarilla eran conocidas desde hace mucho tiempo, fueron reportadas por primera vez en el año 1962, cuando los investigadores C. Galli y R. J. Digman las reconocieron en un trabajo que publicaron.

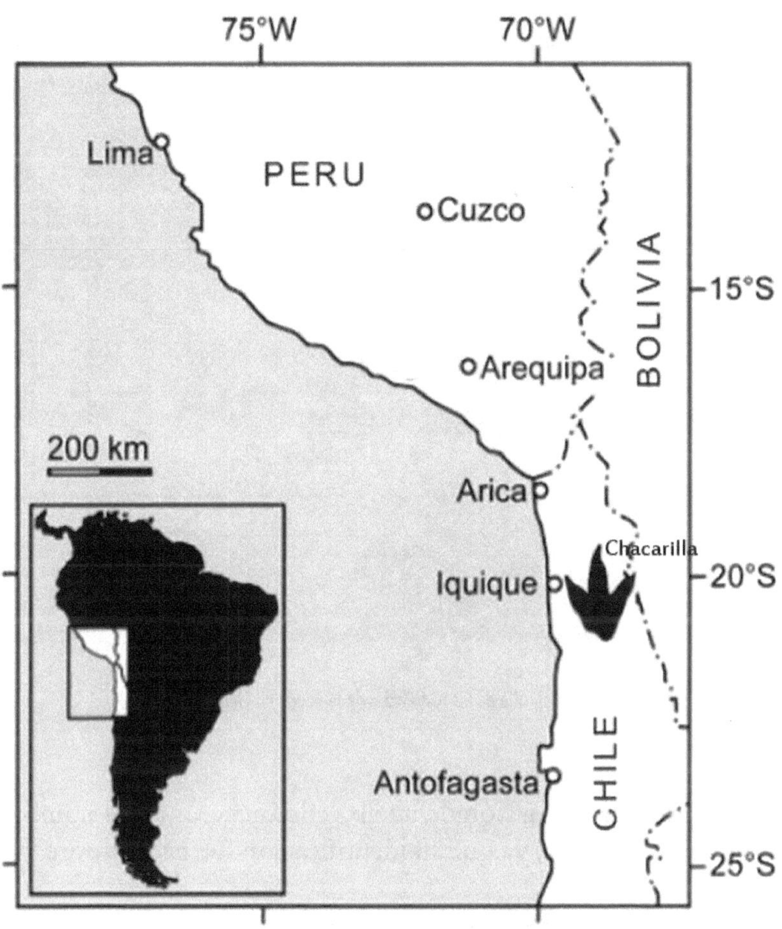

Mapa del sitio de Chacarilla

Las huellas fueron asignadas a *Tyrannosaurus*, *Iguanodon*, *Allosaurus* y *Stegosaurus*. No obstante, la interpretación fue hecha de forma imprecisa debido a la falta de materiales, sobre todo para darle una edad más acotada, pues esta había sido asignada al Jurásico, pero trabajos posteriores realizados por N. Blanco la reasignaron al Jurásico superior-Cretácico inferior (sin embargo, la presencia de ornitópodos hace pensar que el sitio podría ser solo Cretácico).

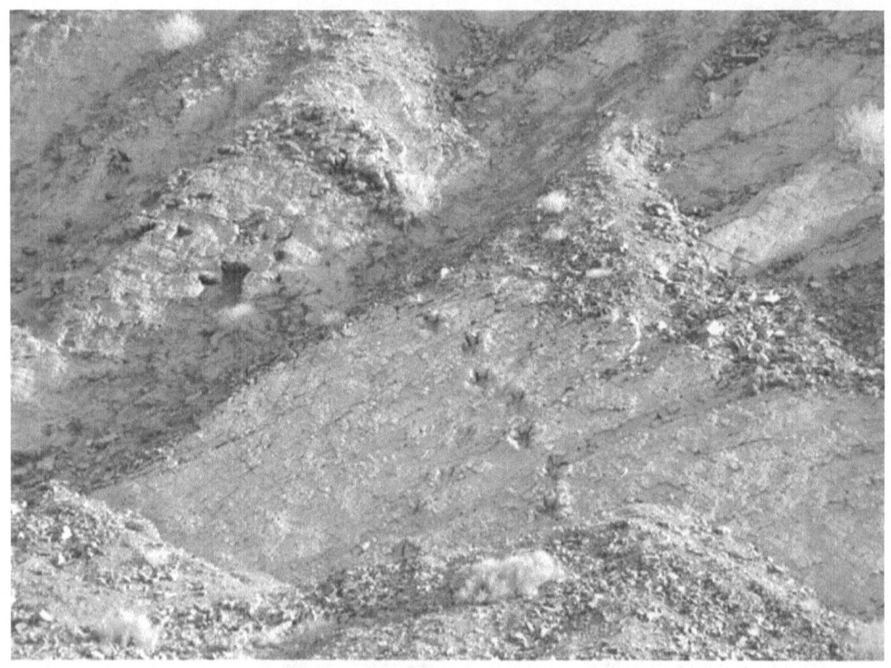

Fotografía de las rastrilladas de terópodo en Chacarilla

Por otro lado, la asignación de huellas a los géneros antes nombrados también merece reparos, ya que su identificación fue hecha sobre la base de fotografías.

Posteriormente, el lugar fue visitado por investigadores del Instituto Profesional de Iquique, quienes reconocieron dos lugares con huellas, a las cuales denominaron «sitio 1», en el cual encontraron grandes huellas tridáctilas atribuibles a terópodos, y el «sitio 2», con presencia de rastrilladas de otros dinosaurios, sobre todo de ornitópodos.

Recientes trabajos realizados por Karen Moreno y David Rubilar han arrojado mejor información sobre este sitio. Rubilar y su equipo agruparon los conjuntos de huellas en tres localidades denominadas: Chacarilla II, Chacarilla III y quebrada El Carbón, donde se han encontrado huellas de terópodos, ornitópodos y saurópodos.

Llama la atención la gran cantidad de rastrilladas de terópodos, que llegan a 16. Dos de estas rastrilladas corren paralelas por más de 6 metros. Estos dos dinosaurios, tal vez Coelurosaurio (por la morfología de las huellas) se movían juntos a una velocidad de al menos 6,8 km/h, en busca de presas.

Las numerosas rastrilladas o pistas de huellas sucesivas revelan un conjunto de dinosaurios conviviendo en un ecosistema marino continental que se formó debido a una regresión de la paleocuenca marina de Tarapacá.

Cabe destacar la presencia de grandes huellas tridáctilas de más de 60 centímetros de largo, que coinciden con la pata de *Giganotosaurus carolinii*, el terópodo más grande de Sudamérica.

Las huellas de ornitópodos también son grandes, de por lo menos 40 centímetros. En tanto que las huellas de saurópodos dan cuenta de ejemplares que midieron entre 10 y 20 metros.

Todo este conjunto de huellas muestra una asociación biológica sin precedentes. Los estudios geológicos demuestran que estos animales se desplazaban siguiendo el curso de aguas, caminando a baja velocidad (5 km/h).

En las cercanías, el lugar presenta asociación con restos vegetales y troncos fósiles. También esta asociación faunística demostraría que los dinosaurios tendrían comportamiento gregario, es decir, que vivían en grupos, como el caso de saurópodos y ornitópodos.

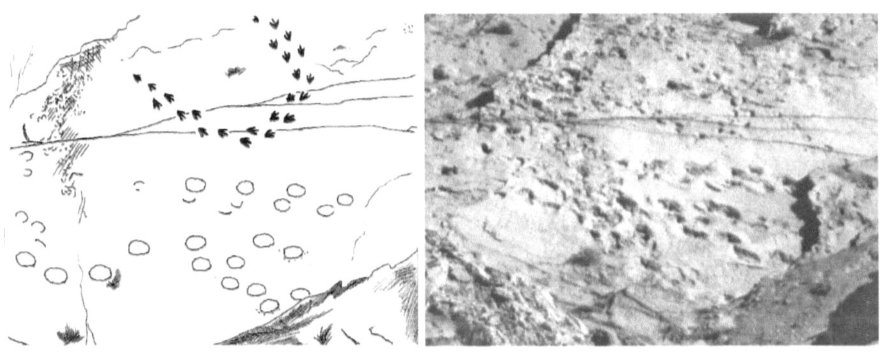

Fotografía y plano de las huellas de Chacarilla (Ilustración: Jorge Aragón)

Vista panorámica de las huellas de dinosaurios en Chacarilla, Iquique (Fotografía: Oriana Rodríguez)

Huella de terópodo en Chacarilla, posiblemente de giganotosaurio.
El cartabón o referencia de medida es de 40 cm

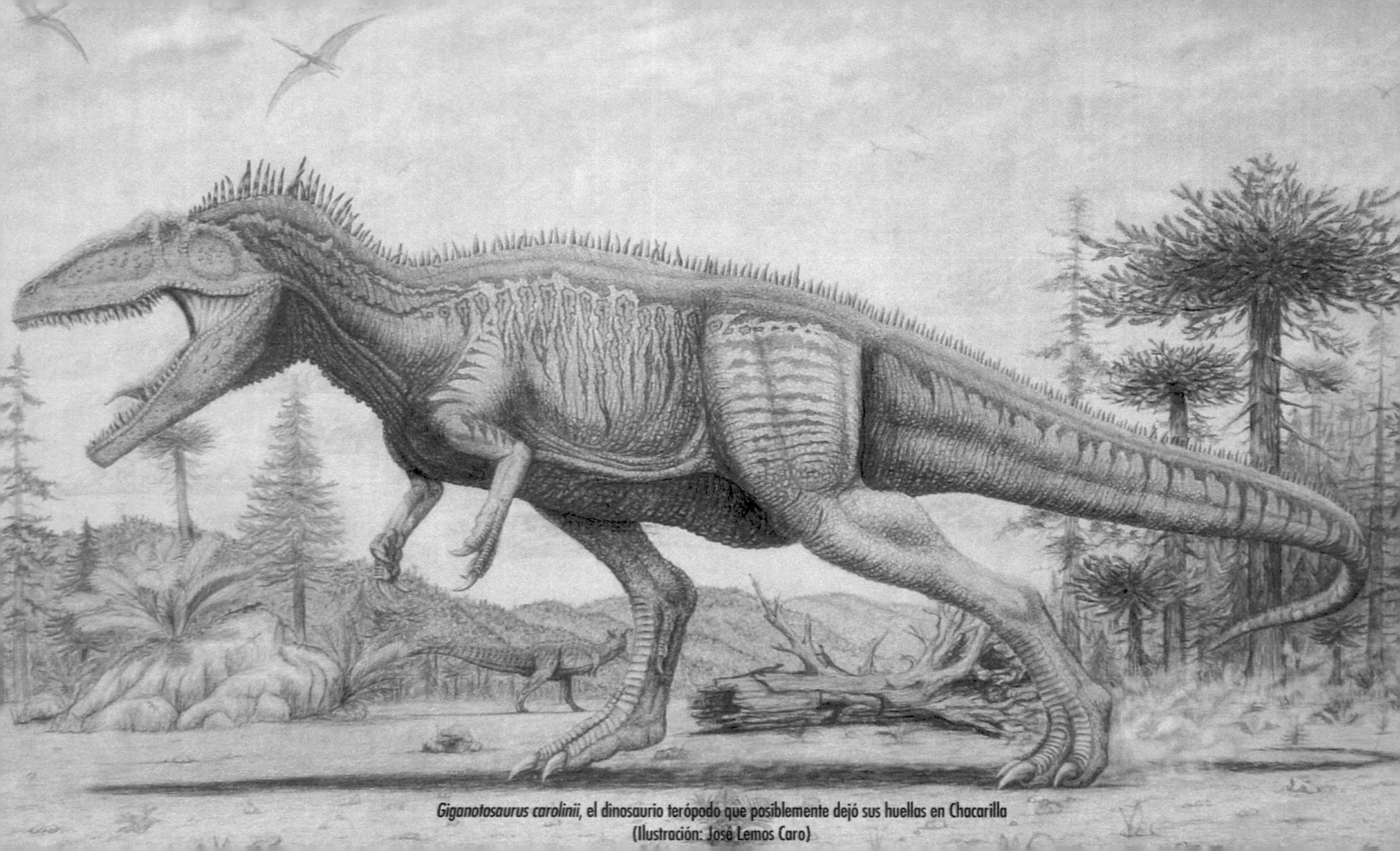

Giganotosaurus carolinii, el dinosaurio terópodo que posiblemente dejó sus huellas en Chacarilla (Ilustración: José Lemos Caro)

Termas del Flaco (80 millones de años)

El día es radiante, las blancas arenas situadas frente al arrecife de coral le daban al lugar un aire paradisíaco. Lejos, el mar azul se extendía en el horizonte; todo era silencio al amanecer, pasan las horas y, de pronto, la tierra tiembla. Grandes bestias se acercan al abrevadero a tomar el agua que saciará su sed.

La orilla humedecida y la arena mezclada con el lodo hacía que el terreno se sintiera arcilloso ante el peso de las patas. Los grandes animales median más de 20 metros y su gran peso hacía que sus piernas como columnas hundieran las patas en el lodo. El gran saurópodo caminaba lentamente hacia la orilla de la poza. Cada vez que pisaba, sus patas penetraban el terreno, dejando tras sí una hilera de marcas, mudo testigo de su pasar por el lugar.

Sus huellas se hacían más blandas a medida que avanzaba. Las marcas, que en un principio eran claras y nítidas con la forma perfecta de la pata, cada vez iban perdiendo su forma a medida que avanzaba, debido a lo húmedo del terreno ya que este había perdido la plasticidad inicial. Ahora, al levantar su pata, el animal arrastraba restos de barro adherido a ella y, por ende, solo dejaría una depresión, sin la forma de la pata ni los dedos.

Otros dinosaurios que pasan por el lugar son pequeños terópodos en búsqueda de alimento, saben que sus presas están cerca del agua y por eso se movilizan hacia allá. Ellos también dejan sus huellas, pero estas apenas se notan pues sus cuerpos livianos no ejercen la presión suficiente para estampar su paso. Muchas marcas en el barro son el testimonio de que el lugar bullía de vida, pues varios saurópodos, terópodos y ornitópodos convivían al unísono en esta región. El drama de la vida de presas y depredadores comenzaba a desarrollarse.

Existe otro dinosaurio iguanodontido cuyas características lo hacían muy especial, pues se movilizaba en ocasiones en sus dos patas traseras, pero también lo hacían con las delanteras.

Estos brazos-piernas eran lo suficientemente largos para permitir que el animal pasara de bípedo a cuadrúpedo y viceversa cuando el animal lo deseara o la ocasión lo requiriera. Es así como este animal se movía hacia el abrevadero, caminando en sus cuatro extremidades; su peso de por lo menos cinco toneladas hacía que sus huellas quedaran impresas sin problemas. Las marcas de sus patas traseras más grandes y pesadas se imponían frente a las delanteras más pequeñas y livianas. Se movía lentamente, describiendo un semicírculo. De pronto, divisa algo, se detiene y su cuerpo gira hacia el abrevadero, ve de frente y queda paralizado pues un terópodo amenaza su integridad. Decide no avanzar, sus rápidos reflejos lo impulsan a devolverse pues está asustado, sabe que seguir sería un riesgo. Al devolverse, continuando la curva que venía describiendo, completa el semicírculo, pero las pisadas ya no son iguales, pues el animal para arrancar se ha incorporado sobre sus patas traseras y huye rápidamente, dando pasos un poco mayores. Al desaparecer del abrevadero se ve el testimonio de su estada en el lugar; un semicírculo de huellas quedó impreso en el lodo.

Estas huellas son como una película que dejó grabado un episodio de la vida de estos gigantes del pasado. Luego, varios dinosaurios pasaron por allí. Testigo de esto son las numerosas rastrilladas (serie de pisadas continuas) dejadas a su paso. Las marcas estaban hechas.

Al atardecer se escucha el estruendo de un volcán cercano que había entrado en erupción algunos días atrás, lanzando cenizas que permitieron la preservación de las pisadas a través del tiempo.

Huella de terópodo en Termas del Flaco. Referencia = 10 cm (Fotografía del autor)

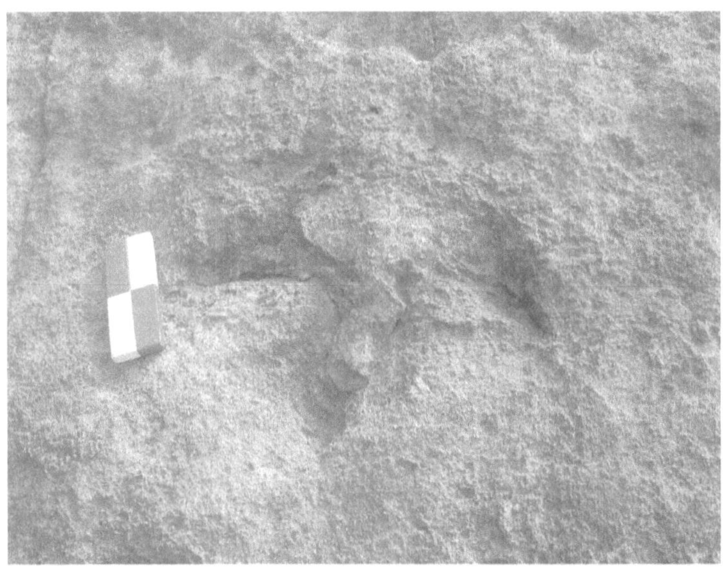

Huella de ornitópodo iguanodontido de Termas del Flaco. Referencia = 10 cm (Fotografía del autor)

Rastrillada o sucesión de huellas de saurópodo *Parabrontopodus* (Fotografía del autor)

Huellas de saurópodos de Termas del Flaco (Fotografía del autor midiendo las huellas)

Saurópodo titanosaurido siendo atacado por un *Carnotaurus* (Ilustración: José Lemos Caro)

LAS HUELLAS DE TERMAS DEL FLACO

Uno de los sitios con huellas más importante de Chile es el ubicado en la localidad de Termas del Flaco, al interior de San Fernando (VI Región).

Las huellas fueron descubiertas por el estudioso de San Fernando, señor Diego Márquez, quien en un viaje de exploración descubrió las mismas y las dio a conocer al Museo Nacional de Historia Natural de Santiago. Personal de esta institución realizó las primeras investigaciones en el año 1966, pero no fue sino hasta el año 1967 cuando la zona pudo ser visitada y estudiada por los investigadores Sammy Frenk, Armando Fasola y el paleontólogo argentino, Rodolfo Casamiquela. En una pared casi vertical situada en la falda de una montaña a 600 metros del poblado reconocieron rastrilladas que atribuyeron a dos icnoespecies ornitópodas: *Iguanodonichnus frenkii* y *Camtosaurichnus fasolae*. Casamiquela y su equipo reconocieron, por lo menos, siete pistas de huellas y asignaron la edad de la Formación Termas del Flaco al Jurásico superior.

Recientes investigaciones se han realizado en la zona por Karen Moreno y David Rubilar, quienes han revelado la presencia de huellas de saurópodos atribuibles al icnogénero *Parabrontopodus*, diversas pistas de ornitópodos y diferentes pistas atribuibles a dinosaurios carnívoros del orden Theropoda.

Junto con estas han aparecido otras que no han sido identificadas claramente. De las siete pistas identificadas por Casamiquela se aumentó a, por lo menos, catorce rastrilladas. Otro detalle importante es el concerniente al entorno, pues se suponía que las huellas habían sido impresas a la orilla de un río que desembocaba en el mar; sin embargo, la presencia de bancos de coral fósil cercanos a las huellas sugiere que en la zona había un mar tropical con un frente de arrecifes, que permitía la acumulación de agua o posas entre la parte continental y el arrecife, permitiendo también la acumulación de barro que dejó estampadas las pisadas.

El farallón o pared con las huellas fue levantado posteriormente, producto de los fenómenos provocados por la tectónica de placas.

Cuando uno observa la pared de lejos, se da cuenta de inmediato de la presencia de tres pistas o rastrilladas: dos verticales, separadas y paralelas, y una en medio de ambas, que es la rastrillada curva; las dos pistas paralelas son de saurópodos y la del medio sería una pista de ornitópodo. Las huellas de *Iguanodonichnus frenkii* fueron reasignadas por Karen Moreno a huellas de saurópodos.

A medida que nos acercamos a la pared podemos observar otra serie de pistas pequeñas tridáctilas (tres dedos) de terópodos pequeños, y si uno observa el murallón con luz rasante matinal, se da cuenta de la presencia de otra serie de rastrilladas que estaban ocultas.

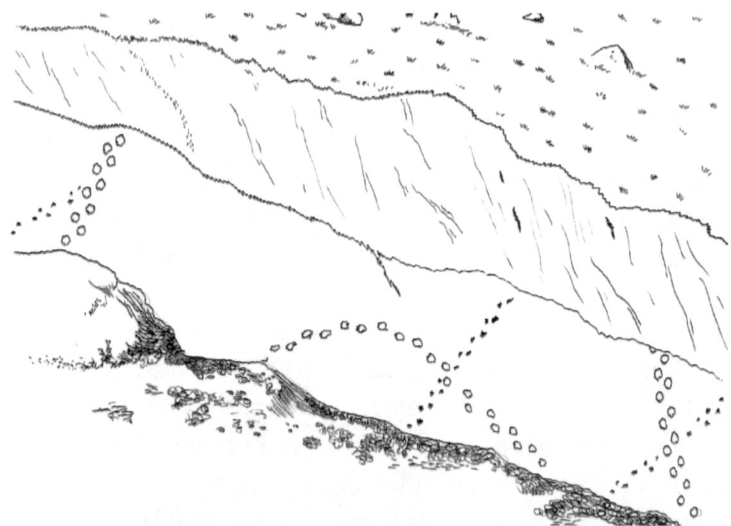

Fotografía de Termas del Flaco (del autor) e ilustración del plano (Jorge Aragón)

Dinosaurio ornitópodo dejando sus huellas en Termas del Flaco (Ilustración: Bruno Hernández)

Dinosaurio saurópodo dejando sus huellas en Termas del Flaco (Ilustración: Bruno Hernández)

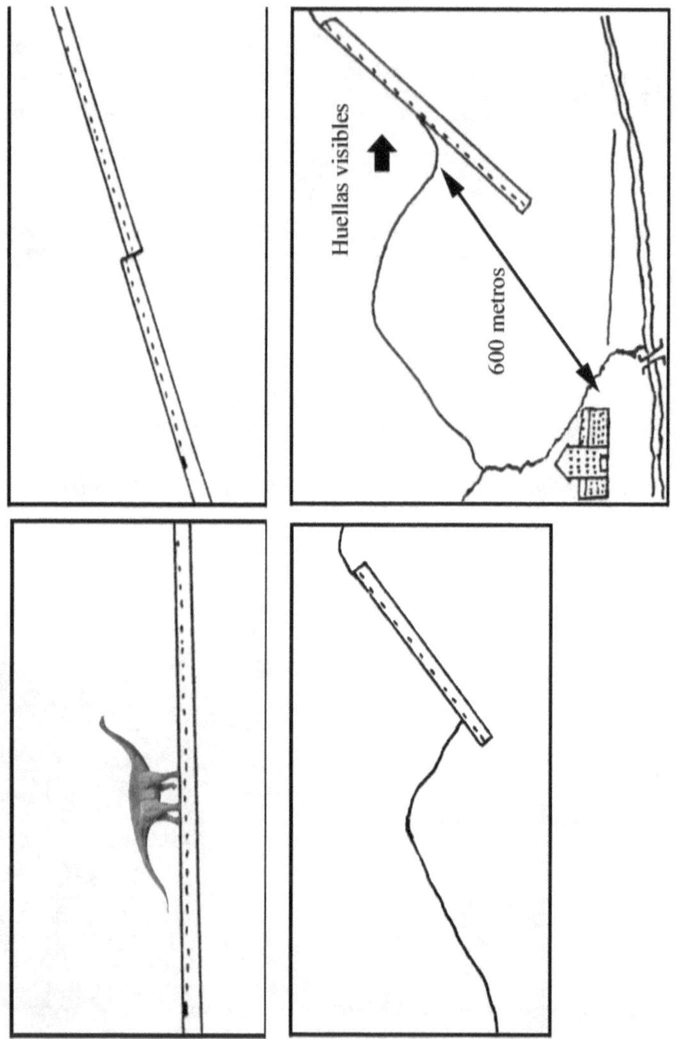

Forma esquemática del levantamiento de la pared con huellas (tomado de Marchant)

De las rastrilladas de Termas del Flaco, la que más llama la atención del autor es la pista curva, puesto que está representa huellas de un ornitópodo grande que se desplazaba en cuatro extremidades y que luego se incorpora y sigue caminando más rápido, pero solo en sus extremidades traseras. Este hecho siguiere que el ornitópodo fue asustado por algo que provocó este cambio de actitud.

Un hecho significativo es que cuando observamos con cuidado la pista curva nos damos cuenta de la existencia de otra larga rastrillada que la atraviesa y que están dirigidas hacia el curso de agua. Sin embargo, lo particular de estas huellas es que solo tiene marcado dos dedos, lo que coincide con las huellas de raptoridos; estos dinosaurios fueron ágiles cazadores emplumados, cuya principal característica era presentar una pata tridáctila, con uno de los dedos en forma de hoz que mantenían levantado. Por eso solo se marcaban dos dedos. Dejo el guante tirado para que los especialistas vuelvan a estudiar Termas del Flaco y puedan verificar lo que aquí se expone.

Dos huellas que son parte de la larga rastrillada de raptoridos de Termas del Flaco (Fotografía del autor)

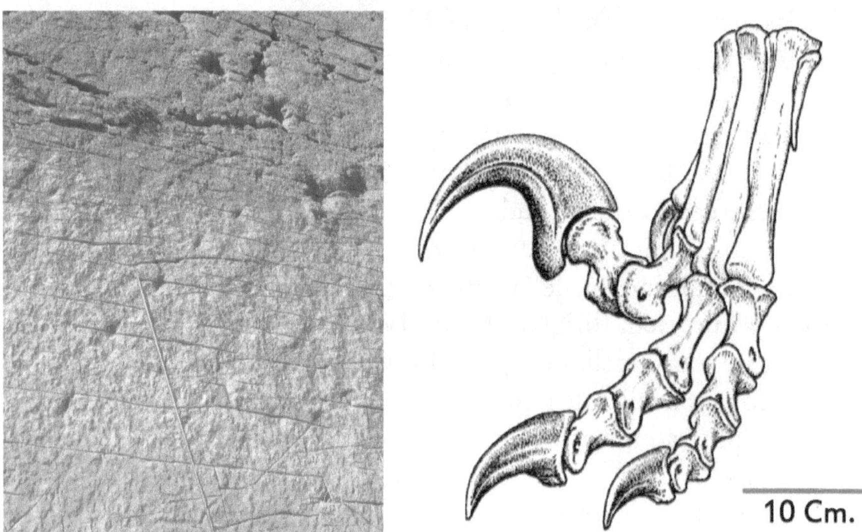

Esquema de la pata de un raptorido y fotografía de la rastrillada en Termas del Flaco (Fotografía del autor)

Las huellas de terópodos representan animales de tamaño medio, de 3 a 3,5 metros, y terópodos pequeños, de 1,5 a 2 metros.

Encontramos en Termas del Flaco una asociación faunística que representa a grupos de dinosaurios compartiendo un hábitat común, lo que constituye una contribución al estudio de la fauna Mesozoica de Chile y permite comprender el desarrollo de la vida de los dinosaurios.

La carretera de los dinosaurios

Lo que hoy es el desierto de Atacama, en el pasado fue un vergel con bosques y cursos de agua en donde muchos animales dinosaurianos se congregaban para disfrutar de este paraíso, dejando en las orillas de estos cursos acuíferos el testimonio de su presencia: sus huellas. «Carretera de dinosaurios», con estas palabras los especialistas definen un nuevo sitio paleontológico ubicado en el sector de San Salvador, al interior de Calama. El señor Osvaldo Rojas Mondaca, director del Museo de Historia Natural y Cultural del Desierto de Atacama, descubrió en el 2010 una infinidad de rastrilladas de dinosaurios (conjunto de huellas o caminatas) de diverso tipo: terópodos, ornitópodos, saurópodos, etc., pertenecientes a la Formación Quinchamale.

La importancia que reviste este sitio es que nos puede mostrar un ecosistema pasado único, pues estos sectores muestran a muchas especies conviviendo e interactuando entre ellas. Osvaldo Rojas dio a conocer al autor estas huellas en el 2010, mientras se encontraba mostrando sus libros en la Feria del Libro de Calama. Las pisadas presentes en este sitio son muy nítidas y permitirán un excelente estudio, constituyendo un potencial sitio de huellas, tal vez mejor que otros sitios del país.

Huella de terópodo en San Salvador, al interior de Calama (Fotografía: Osvaldo Rojas Mondaca)

Rastrillada de dinosaurio en San Salvador, al interior de Calama (Fotografía: Osvaldo Rojas Mondaca)

Huellas en la Región Metropolitana

Fue emocionante nuestra partida desde el Museo Paleontológico de Chile. La expedición la constituían integrantes del Grupo de Investigaciones Paleontológicas de Chile (GRINPACH), quienes motivados por el afán de conocer nuestro pasado y basados en información entregada por uno de nuestros miembros, nos dirigimos al interior del Cajón del Maipo (a 70 km de Santiago), hacia la cordillera, con la finalidad de conocer las arenas fosilizadas o *ripple marks*.

La tarea fue ardua ya que el sitio se encuentra a casi 80 km al interior de la misma y a más de 2.500 metros sobre el nivel del mar. La expedición caminó bajo un abrasador sol que deshidrataba y minaba nuestra resistencia. Sin embargo, la recompensa no se hizo esperar. Encontramos los *ripple marks*, pero nuestra sorpresa sería mayor cuando arribamos al lugar y pudimos observar una serie de depresiones presentes sobre las arenas fosilizadas. Un análisis de estas permitió reconocer huellas fosilizadas que, por su tamaño, composición y forma, corresponderían a un dinosaurio saurópodo; un animal de cuatro piernas columnares (como los elefantes), de cuello y cola larga que deambuló por las playas del Jurásico, hace unos 140 millones de años.

Estas playas constituían la costa de un antiguo mar que ingresaba por el norte, abarcando gran cantidad de nuestro territorio. En este instante, la cordillera de los Andes aún no existía y, por tanto, los fósiles que encontramos y las huellas fueron levantadas posteriormente por los movimientos tectónicos provocados por las placas. Entonces surge la pregunta: ¿cómo fue posible la conservación de estas huellas?

Lo más probable es que cerca de la playa Jurásica desembocara un río, formando un delta que arrojó barro sobre las arenas presentes en ese instante; luego acertó pasar por allí un dinosaurio que por su peso (entre 5 y 8 toneladas) marcó sus patas en el cieno.

Las pisadas presentan barro en el borde de la huella, característica típica de animales de gran peso. Posteriormente se secó, conservando las marcas, y el lugar luego fue tapado por sedimentos volcánicos o más barro, formando capas que permitieron la preservación.

El tamaño de las huellas y su morfología permite afirmar que el dinosaurio que las produjo era joven, puesto que estos animales alcanzaban fácilmente los 25 a 30 metros; por lo tanto, las huellas descubiertas revelan a un saurópodo de unos 8 metros.

El descubrimiento de estas marcas constituye un acierto, puesto que es el primer registro de huellas fósiles de la Región Metropolitana.

Algunos han argumentado que no son huellas debido a la falta de continuidad de las mismas o la falta de algunas, pero esto puede deberse a que se borraron por estar a la orilla de un curso de agua, y posteriormente haber sido cubiertas por el barro, como se aprecia en la fotografía siguiente. Hay, por lo menos, seis huellas. Quienes dicen que no lo son deberían publicar formalmente el porqué de su posición y argumentar dicha hipótesis.

Huellas fósiles al interior de Baños Morales, en la Formación Lo Valdés, Región Metropolitana. Escala dada por los martillos geológicos (Fotografía del autor)

Por otro lado, han aparecido una serie de pequeñas huellas a los pies de la roca portadora de las marcas de saurópodos. Al parecer, se trata de la rastrillada de un animal de andar despatarrado, que deja sus pequeñas huellas impresas en un medio acuoso y arenoso, a la orilla de un curso de agua. Estas pudieran ser de un lagarto o algo por el estilo.

Este punto es importante para que futuros investigadores las puedan estudiar y determinar, lo que permitirá ampliar nuestros conocimientos de la paleoherpetofauna de nuestro país y de la Formación Lo Valdés.

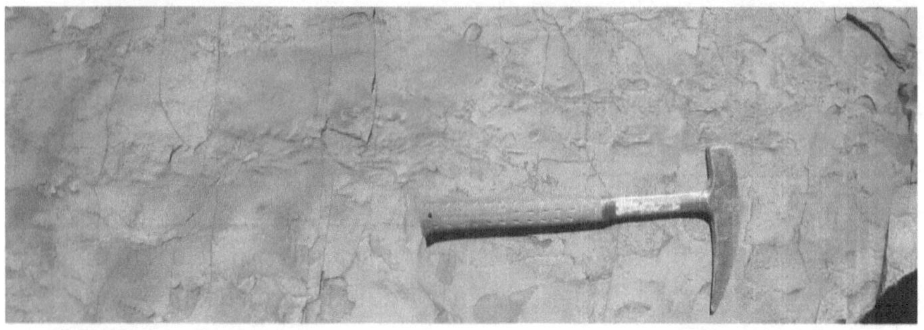

Rastrillada completa en el sedimento de las huellas de algún reptil (Fotografía del autor)

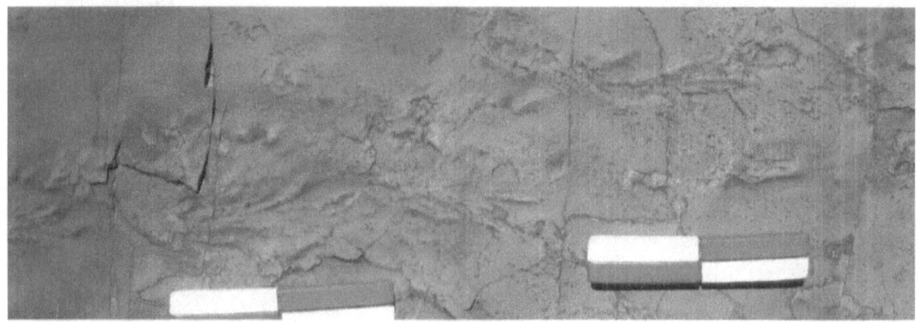

Rastrillada completa en el sedimento de las huellas de algún reptil (Fotografía del autor)

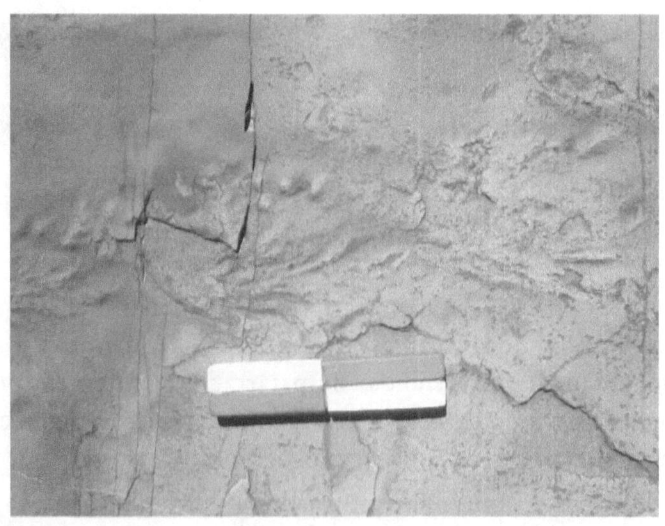

Acercamiento y detalle de las huellas (Fotografía del autor)

Paleoreconstrucción que muestra al saurópodo dejando sus huellas (Ilustración: José Lemos Caro)

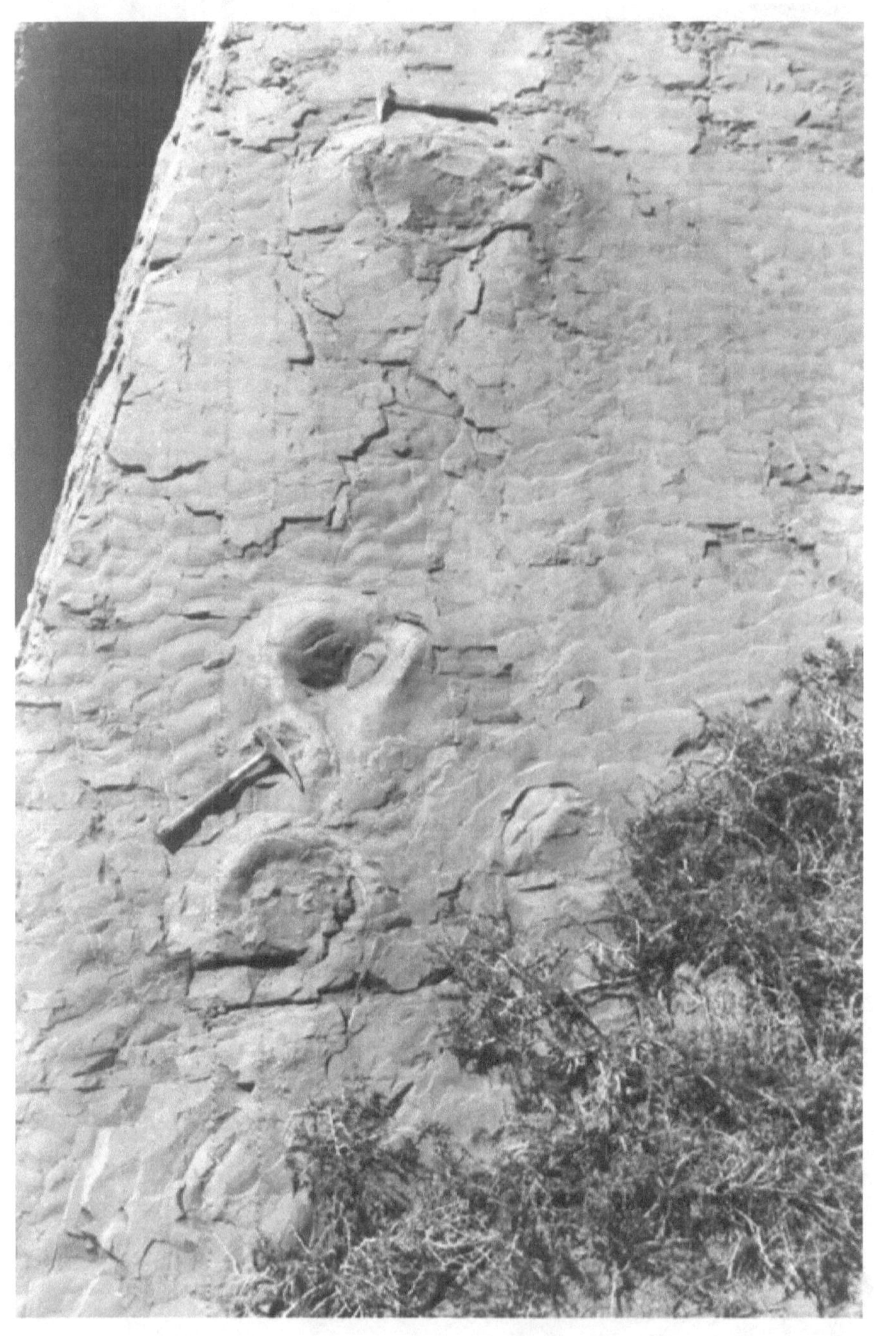

Sucesión de huellas de saurópodo en la Región Metropolitana (Fotografía del autor)

Saurópodo dejando sus huellas sobre las rizaduras o *ripple marks* en la Formación Lo Valdés (Ilustración: José Lemos Caro)

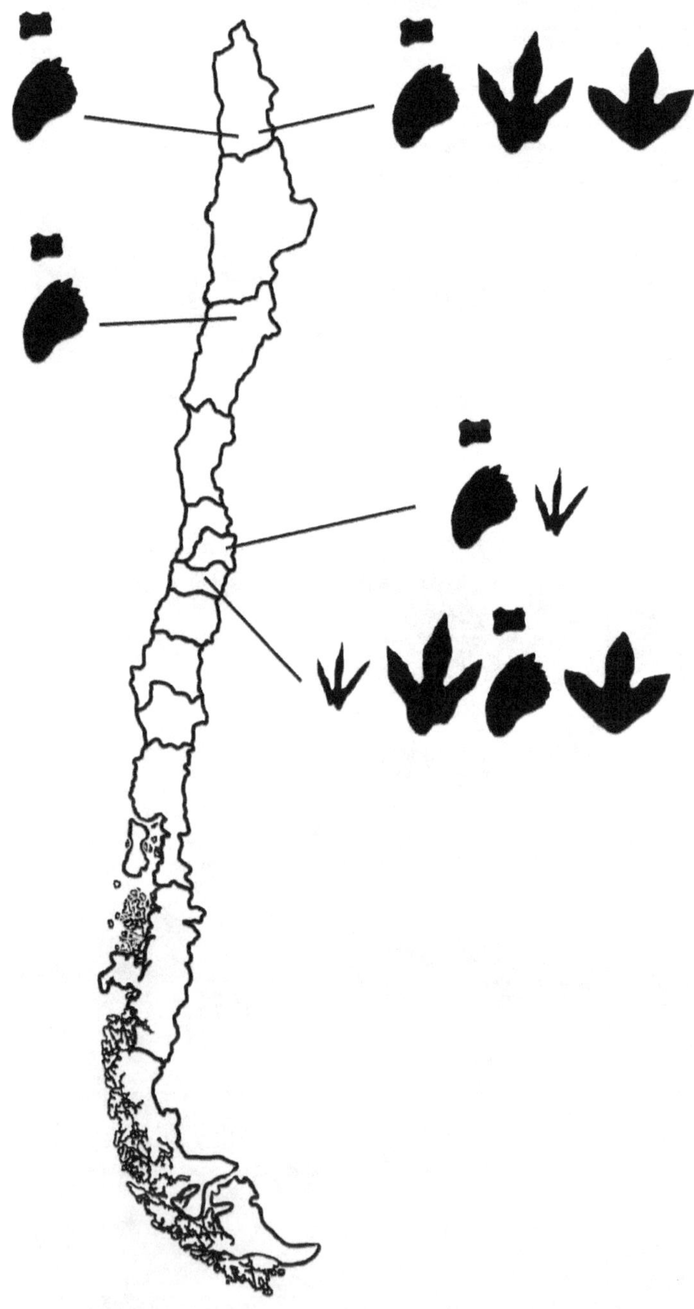

Mapa de distribución sobre hallazgos de huellas fósiles de dinosaurios en Chile (Ilustración del autor)

Capítulo VIII

Pterosaurios en Chile

PTEROSAURIOS:
GENERALIDADES

Los pterosaurios (reptiles alados) son un grupo de reptiles voladores que vivieron en el Mesozoico. Su evolución se inicia el Triásico superior (215 millones de años), perdura en el Jurásico y se extinguen en el Cretácico (hace unos 65 millones de años), teniendo una amplia distribución geográfica, ya que se les encuentra en todos los continentes, con excepción de la Antártica.

El vuelo exige grandes esfuerzos al cuerpo de un animal para poder vencer la fuerza de gravedad y mantener un vuelo tanto planeado, como un vuelo batiendo las alas, que afecta la estructura esquelética; esto significa una exigencia fisiológica muy alta. Los pterosaurios dieron un paso decisivo en la evolución del grupo pues lograron un completo control de la dirección y la orientación, lo cual les sirvió para tener un dominio en el espacio aéreo.

Los pterosaurios poseen una extraordinaria variedad de formas, ya que eran diferentes a cualquier forma de vida vertebrada en muchos aspectos, lo cual los hacía únicos. Había filtradores (*Pterodaustro*), pescadores (*Tropeognathus*), mariscadores (*Dsungaripterus*), insectívoros (*Anurognathus*), frugívoros (*Tapejara*), y más.

También contaban con una gama de tamaños diferentes, ya que los había desde unos pocos centímetros, como *Pterodactylus elegans*, hasta especímenes que alcanzaron los 12 metros de envergadura, de ala a ala, como el caso de *Quetzalcoatlus northropi*. A pesar de esta variedad, mantuvieron un arquetipo general básico, sobre todo en la estructura de las alas, durante todo el Mesozoico.

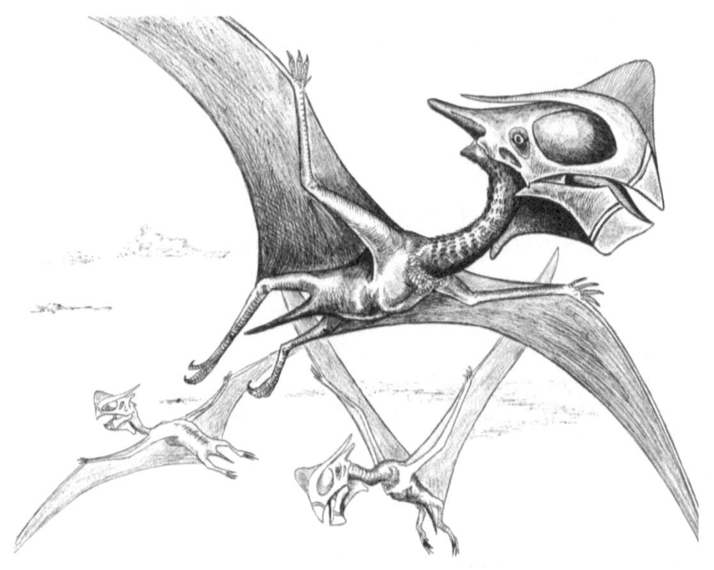

Tapejárido en vuelo (Ilustración: Jorge Aragón)

Pterodautro filtrando el agua (Ilustración: José Lemos Caro)

Al parecer, pterosaurios y dinosaurios habrían evolucionado de un ancestro común reptiliano, pero habrían seguido diferentes caminos.

La propuesta tradicional es que estos animales constituyen el orden de reptiles conocidos como Pterosauria, de los cuales se conocen más de un centenar de especies.

El orden Pterosauria está dividido en dos suborden: raforrincoideos y peterodactiloideos.

El primer grupo aparece en el registro fósil del Triásico superior, hace unos 220 millones de años, siendo sus características generales su pequeño tamaño, rostro corto y cuello también corto en proporción del cuerpo; pero su característica más distintiva fue la posesión de una larga cola que terminaba en una figura romboidal.

El segundo grupo hace su aparición hacia finales del Jurásico, siendo sus características la posesión de una cola corta, un cuello más largo y un rostro también largo. Muchas de ellas tenían crestas en sus cabezas, alcanzando los mayores tamaños.

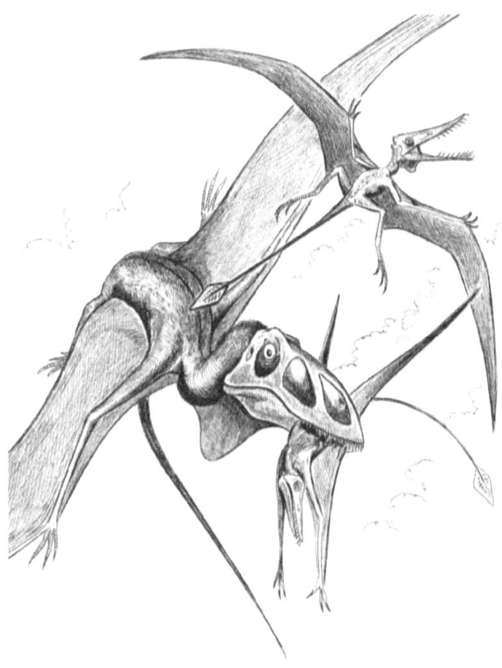

Dimorphodon atrapando otro pequeño pterosaurio (Ilustración: Jorge Aragón)

Su adaptación desde tetrápodos a animales voladores significó profundas modificaciones corporales, en donde los miembros delanteros debieron transformarse en alas.

Estas alas en su parte ósea están compuestas por la extremidad delantera constituida por el brazo y la mano de la cual el cuarto dedo se extiende para sustentar el ala. Esta también estaba compuesta por una extensión membranosa, denominada «patagia», que le servía para volar y que al parecer se encontraría cubierta por un fino pelaje protector. En su interior, esta membrana estaba atravesada por finas fibras de colágeno, llamadas «actinofibrillas», que le permitían tensar sus alas.

Su vista estaba más desarrollada que el olfato, pues se han realizado estudios de moldes naturales del cerebro que demuestran que los lóbulos ópticos eran bastante grandes, lo cual coincide con sus grades ojos, protegidos por un anillo óseo interno, denominado «anillo esclerótico». Este cerebro les habría permitido una gran coordinación en sus movimientos y su maniobrabilidad en el aire, lo que trajo como consecuencia un gran metabolismo interno y por lo cual debieron ser animales de sangre caliente.

PTEROSAURIOS EN CHILE

Imaginemos un mundo de transición entre el Jurásico superior y el Cretácico inferior, con un clima cálido y estable, sin mayores variaciones estacionales. Un mundo lleno de criaturas aladas y extrañas, reptiles voladores con características tan especiales que parecen sacados de cuentos de terror, sobrevolando la orilla de mares interiores desconocidos para nosotros. Estas raras criaturas pasaban en vuelo rasante sobre el agua de estos mares o sistemas lagunares, para hundir su pico curvo y puntiagudo unos cuantos centímetros bajo el agua, con la finalidad de pescar algún pez que constituirá su festín del momento.

El terrorífico animal recorta su silueta en el horizonte, su cabeza en forma de triángulo de por lo menos cuarenta centímetros, puntiaguda y aerodinámica revela su forma de desplazarse rápidamente en el aire. Revolotean en grupos y trasladan la comida en sus picos para alimentar a sus crías.

Peces, cangrejos y caracoles en espiral llamados Ammonites, constituían parte de su dieta. El animal lucía una larga y colorida cresta sagital que en su parte posterior se proyectaba como una saliente, desde su cabeza hacia atrás. Poseía ojos, no tan grandes, pero protegidos por un anillo de placas óseas llamado «anillo esclerótico».

Pequeños dientecillos ubicados hacia la parte media de la mandíbula le da un aspecto fantasmagórico, digno de la mejor historia de terror. Este impresionante animal alcanzaba una envergadura alar de entre 1,5 a 3,5 metros, y su cuerpo estaba cubierto de un finísimo pelaje que los protegía de las frías alturas. Su patagio tensado (piel de las alas) le permitía planear sin problemas sobre el agua, aunque podía batir las alas y volar sin dificultad. También podríamos encontrarlos en las orillas de los lagos o mares interiores, en busca de restos de cefalópodos muertos.

Esta historia que parece un cuento es real, pues el espécimen fue encontrado en Chile, para ser más específico, en la denominada cordillera de Domeyko, en la II Región de Antofagasta. Su historia es muy especial ya que en un principio fue descrito como un *Pterodaustro*, un pterosaurio filtrador descubierto en Argentina.

El trabajo descriptivo lo realizó Rodolfo Casamiquela y Guillermo Chong, por el año 1978; sin embargo, en el año 1999, surgió un nuevo trabajo de reinterpretación de este espécimen, realizado por David M. Martil y otros autores, incluido Guillermo Chong, quienes atribuyeron los restos a la familia Dsungaripteridae; un grupo muy peculiar de pterodáctilos, que fue denominado como *Domeykodactilus ciciliae*. Este grupo de pterodáctilos estuvo muy extendido, pues tiene una amplia distribución geográfica, sobre todo en zonas asiáticas. *Domeykodactilus* es el registro más seguro de la familia Dsungaripteridae para Sudamérica y está relacionado cercanamente con *Dsungaripterus weii* de China y con *Phobetor parvus* de Mongolia.

Domeykodactilus vivió en ambientes continentales y lagunares donde encontraba gran cantidad de peces. También en este ambiente se han encontrado vegetales como *Brachyphillum* y *Williamsonia*. La edad de la formación es atribuida al Cretácico inferior y pertenece a la Formación Santa Ana.

El globo terráqueo en estos períodos está dividido aún en dos grandes masas continentales: Laurasia en la parte norte y Gondwana en la parte sur, por lo tanto, *Domeykodactilus* fue un ser viviente habitante de Gondwana, en tanto que las especies orientales habitaban el continente de Laurasia.

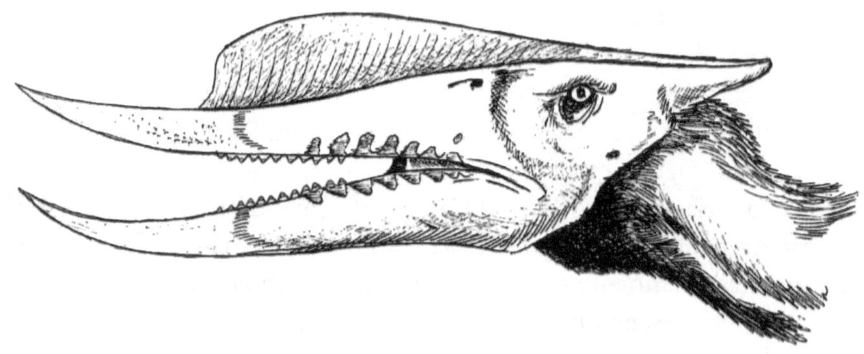

Reconstrucción paleobiológica de la cabeza del Dsungaripteridae *Domeykodactilus ciciliae*
(Ilustración: Jorge Aragón)

Reconstrucción paleobiológica de Dsungaripteridae, *Domeykodactilus ciciliae,* alimentándose de ammonites
(Ilustración: José Lemos Caro)

Reconstrucción paleobiológica de Dsungaripteridae, *Domeykodactilus ciciliae*, pescando al ras del mar (Ilustración: José Lemos Caro)

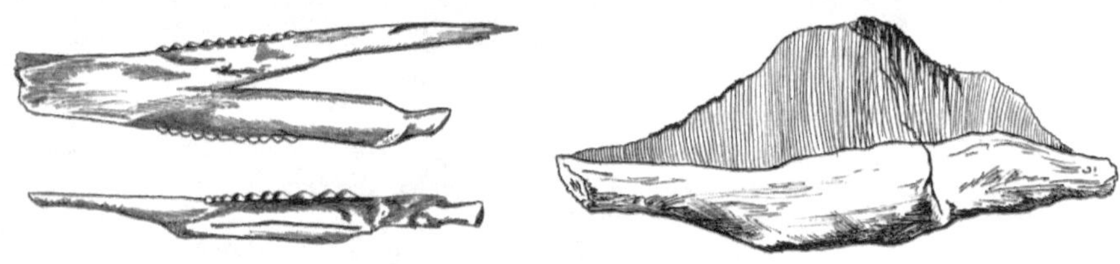

Dibujos esquemáticos de huesos encontrados de *Domeykodactilus ciciliae*.
A la izquierda: huesos de la rama mandibular; a la derecha: parte de la cresta sagital (Ilustración: Jorge Aragón)

Reconstrucción paleobiológica de la cabeza de Dsungaripteridae (Ilustración: José Lemos Caro)

Pterosaurios en la V Región

Otero y Soto-Acuña en el año 2012 dieron a conocer material fragmentario que pertenecería a restos de un pterosaurio provenientes de Algarrobo (V Región), cuya edad sería del Cretácico superior, Maastrichtiano.

Los restos son una diáfisis de hueso apendicular indeterminado y un hueso alargado apendicular, posiblemente un fémur, todos asociados. Estos fragmentos de diáfisis poseen paredes óseas muy delgadas y un lumen medular amplio. En uno de los elementos existe una sección subtriangular en uno de los extremos. Estos rasgos son coherentes con las descripciones de huesos apendiculares de pterosaurios. Sin embargo, debido a la naturaleza fragmentaria del material y la ausencia de rasgos diagnósticos, no es posible una determinación más exclusiva dentro del grupo, por lo que ha quedado como un pterosaurio indeterminado. El material está depositado en el Museo Nacional de Historia Natural, bajo el acrónimo SGO.PV.6505.

Pterosaurios en Calama

En el Museo de Historia Natural de Calama está depositado un resto craneal de pterosaurio que pertenecería a una porción rostral de su lado lateral izquierdo y que está preservado en dos bloques de sedimentos que conforman una concreción. Estos restos están asociados a ammonoideos (*Perisphinctes andium*), lo que permite acotarlos a una edad oxfordiana.

El fragmento preserva parte del maxilar, premaxilar y varios dientes que presentan variaciones de tamaño. El perfil dorsal es notoriamente convexo y hay una gran fosa nasal o nasoanteorbital de borde anterior triangular. El cráneo presenta algunas similitudes con pterosaurios no pterodactyloideos, como *Dimorphodon macronyx* y *Darwinopterus modularis*. El material está depositado en el Museo de Historia Natural, bajo el acrónimo MUHNCAL.20148.

The chilean colony (cerro La Isla)

Amanece en Gondwana y cientos de chillidos se escuchan simultáneamente. Son pequeñas crías de pterosaurios, esperando el alimento que traen sus padres; algunos adultos permanecen en el lugar protegiendo a estos pequeños de posibles peligros. Lejos de la colonia, pterosaurios adultos están pescando en una laguna cercana, rodeada de un gran bosque de Araucarias. Los reptiles voladores se dirigen directo al lugar donde los esperan sus impacientes crías. Los adultos vuelan a gran altura y observan el paisaje, mientras grandes dinosaurios herbívoros se mueven lentamente, alimentándose de las hojas de las coníferas.

Los pterosaurios adultos pasan volando sobre las indefensas crías y aterrizan sobre los nidos, se acercan lentamente a sus hambrientos retoños e introducen sus largos y dentados picos sobre la boca de estos, para regurgitar la comida. Cerca, una hembra de pterosaurio comienza a colocar ordenadamente sus huevos, los cuales sobrepasan la docena. Ella cuidará la nidada por mucho tiempo, hasta que nazcan sus pequeños.

Cae la noche y la temperatura desciende, no obstante, una cubierta de pelillos cubre el cuerpo de estos pequeños pterosaurios, protegiéndolos de las inclemencias del tiempo. A la mañana siguiente, algunas crías más desarrolladas agitan inútilmente sus alas tratando de tomar vuelo, pero pasarán varias semanas para que los jóvenes aprendan a volar. Los pterosaurios adultos se elevan en el aire; son comunes los ejemplares de 4 a 5 metros de envergadura, que mueven sus enormes alas y se preparan para la época de celo. Se escuchan los chillidos de los machos tratando de atraer a las hembras y entre ellos pelean por la supremacía del territorio.

Domeykodactilus en vuelo (Ilustración: Jorge Aragón)

La colonia ha crecido y son muchas las crías, la comida ha comenzado a escasear y las crías de pterosaurios más débiles son expulsadas del nido por sus hermanos más fuertes. Algunas crías han muerto de hambre y el olor de los pequeños cadáveres ha atraído a un grupo de pequeños dinosaurios que comienza a alimentarse de los cuerpos en descomposición. Pero un pterosaurio adulto vuela en círculos, dando fuertes alaridos amenazantes y ahuyentando a los pequeños dinosaurios que se alejan velozmente del lugar, alejando el peligro para las crías, por el momento.

Lejos en el horizonte, nubes negras comienzan a formarse en el cielo y el viento comienza a soplar más fuerte. Se avecina una tormenta y comienza a caer una incesante lluvia, el diluvio se deja caer fuertemente sobre el gran valle y los ríos se desbordan, terminando con los días de sequía. Durante todo el día y la noche llueve sin cesar.

Los pterosaurios adultos permanecen apiñados junto a sus numerosas crías. Después de la gran tormenta llega la quietud al valle, el día está despejado y con muy pocas nubes, nada hacía presagiar lo que iba a ocurrir.

A lo lejos se escucha un estruendo y un ensordecedor ruido se deja sentir. Grandes saurópodos titanosauridos se retiran velozmente, junto a un grupo de iguanodontes.

Reconstrucción paleobiológica de la colonia (Ilustración: Jorge Aragón)

Un temblor sacude el lugar y un río de lodo y piedra se moviliza velozmente en dirección a la colonia. Solo los pterosaurios adultos se percatan del suceso y huyen volando del lugar, dejando sus crías a la suerte. El gigantesco aluvión producido por la lluvia ha arrasado con los nidos, ahogando a las indefensas crías y a uno que otro pterosaurio adulto que no logró escapar.

Reconstrucción de cómo el alud arrasó a la colonia (Ilustración: Jorge Aragón)

Reconstrucción de cómo el alud sepultó a los pterosaurios (Ilustración: Jorge Aragón)

Este acontecimiento realmente ocurrió hacia finales del Jurásico y principios del Cretácico, en la ladera norte del cerro La Isla, del desierto de Atacama, al interior de Copiapó. El descubrimiento lo realizó Michael Bell y Manuel Suárez, junto a un grupo de estudiantes, quienes realizaban trabajos geológicos para documentar el origen de la cordillera de los Andes.

En estas tareas se toparon con un sector lleno de huesos petrificados, que posteriormente enviaron a la Universidad de Berkeley, donde el investigador y experto en pterosaurios, el doctor Kevin Padian, realizó cortes en las piezas, dándose cuenta que los restos pertenecían a pterosaurios juveniles y crías pequeñas.

Este descubrimiento se realizó hacia el año 1986, comenzando una fantástica investigación. También trabajaron en el lugar la encargada de la sección de vertebrados del Museo Nacional de Historia Natural de Chile, la investigadora señora Patricia Salinas y el investigador norteamericano Larry Marschal, quienes también encontraron cientos de huesos de adultos y juveniles de pterosaurios, así como restos mandibulares con dientes de pterosaurios adultos.

Estos descubrimientos se realizaron hacia 1990. A pesar de estos hallazgos, aún no ha sido posible determinar a qué tipo de pterosaurios pertenecieron los restos, aunque se infiere que son pterodactiloides. Este sitio tiene una importancia relevante, puesto que es la primera vez que se descubre una colonia de crianza de pterosaurios en el mundo. Este sitio paleontológico es conocido mundialmente como «Pterosaur horizont» o «Chilean colony». En el sector también se encontraron restos óseos, correspondientes a una vértebra caudal de dinosaurio iguanodontido, así como huesos de saurópodos, huellas de pisadas, cocodrilos y peces.

Los estratos fosilíferos cubren una extensión de cuatro kilómetros, sin embargo, este es el remanente de lo que debió haber sido un sitio mucho más extenso. Se calcula que en la época de depositación, los estratos debieron contener los esqueletos de miles de pterosaurios. La mayoría de los fósiles son fragmentos de huesos largos y vértebras, pero han aparecido huesos mandibulares de, por lo menos, siete individuos que también han sido examinados en el laboratorio del Museo de Paleontología de la Universidad de California, lugar donde se han hecho estudios sobre estos restos óseos, como exámenes de secciones y cortes de los huesos, que han revelado un alto grado de vascularización, comparable solo con las aves.

Pterosaurio alimentando a sus crías (Ilustración: Jorge Aragón)

Otro dato importante es que los huesos aparecen agrupados y separados entre sí por algunos metros, lo que indica sectores de anidación. Este hallazgo aporta nuevos conocimientos respecto a la paleoecología de estos animales, ya que los restos fueron encontrados en una planicie desértica que se ubica a muchos kilómetros de la costa, cosa poco común para este tipo de especímenes; por lo tanto, este descubrimiento aporta nuevas ideas acerca de sus hábitat y de su comportamiento grupal, ya que aquí se preservaron colonias de miles de individuos que anidaban en tierra y fueron sepultados por una crecida de agua y barro. Por último, este sitio nos puede entregar información de cómo los adultos cuidaban a sus crías y cómo era el comportamiento de la colonia. La locación también permite asegurar que todos los individuos murieron simultáneamente.

Otro dato importante es que pudo haber escasez de provisiones, aunque no comparto totalmente esta idea ya que podrían haber encontrado alimento en algunas zonas de aguas cercanas a la colonia.

En una primera instancia, este material de cerro La Isla no pudo ser asignado a ningún grupo taxonómico, debido a los pocos estudios realizados. Sin embargo, trabajos posteriores realizados por el investigador Martill y su equipo en el año 2006, compararon los dientes que eran muy delgados y muy juntos entre sí, lo que habla tal vez de dientes filtradores. Por esta razón terminó asignándolos a pterosaurios ctenocasmátidos, como *Pterodaustro* y *Cearadactylus*; no obstante, los restos presentan más afinidad con la familia Gnathosaurinae, específicamente con el género *Gnathosaurus*.

Otros hallazgos de pterosaurios se han producido en la quebrada Los Cóndores, en la denominada Formación Totoralillo, cuya edad ha sido asignada al Cretácico temprano. Los restos óseos corresponden a un gran pterosaurio indeterminado que estaba asociado a restos de pez y cefalópodos ammonoideos. También han sido encontradas varias vértebras cervicales que fueron identificadas como pertenecientes a un Pterodactiloidea, correspondiente a la Formación Quebrada Monardes, en el norte de Chile. El trabajo lo dieron a conocer David Rubilar y Alexander Vargas, quienes propusieron una edad Cretácico inferior.

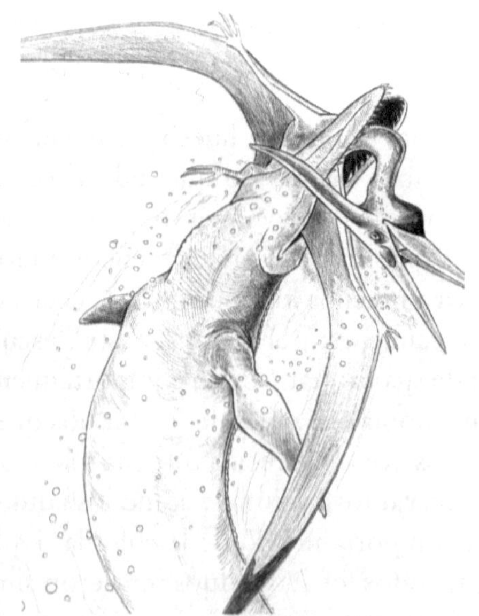

Pterosaurio atrapado en vuelo por un reptil marino (Ilustración: Jorge Aragón)

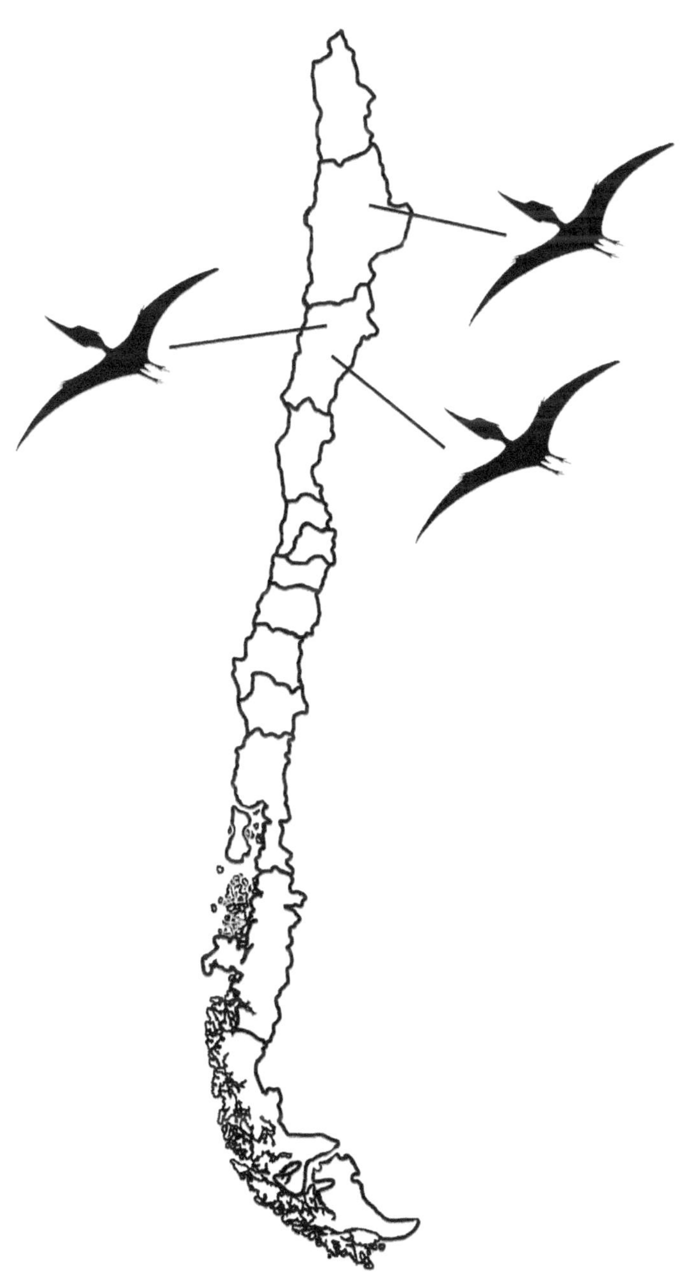

Mapa de distribución sobre hallazgos de restos de pterosaurios en Chile (Ilustración del autor)

Capítulo IX

Plesiosaurios en Chile

INTRODUCCIÓN A LOS REPTILES MARINOS

Los reptiles han ocupado reiteradamente ambientes marinos, a pesar de sus limitaciones fisiológicas, como la respiración aérea (por lo cual tienen que subir a la superficie del agua para respirar el aire atmosférico) o la adaptación en sus extremidades para su desplazamiento en el nuevo medio, entre otras.

Los reptiles marinos fueron un amplio grupo que ocupó uno de los nichos ecológicos más grandes y de abundante alimentación: el mar del Mesozoico. Esto permitió la adaptación de animales terrestres a un medio acuático, obligándolos a desarrollar profundas modificaciones corporales para adaptarse al medio acuático y a las presiones de los competidores marinos, como tiburones u otras especies dinámicas. Por lo tanto, estos grupos de reptiles marinos han ocupado este hábitats con mayor o menor éxito.

Fisiológicamente, los reptiles son tolerantes a temperaturas más bajas que la de sus cuerpos, lo que sin duda es una ventaja para su vida en este medio. También, gracias a su lenta tasa metabólica, los reptiles marinos consumen mucho menos oxígeno por segundo que los mamíferos, lo cual significa que pueden estar sin respirar por un tiempo más largo gracias a la cantidad de oxígeno almacenado en su propio cuerpo, condición que además les permite bajar a más profundidad. Esto significa que pueden tolerar la anoxia mejor en caso de escasez de oxígeno y dejarlos permanecer más tiempo bajo el agua. Estos animales también lograron alcanzar una amplia distribución geográfica, desde el Permotriásico hasta el Cretácico (período en el que se extinguieron).

Podemos describir a una serie de reptiles que han venido desarrollándose a lo largo del tiempo. Había más de una docena de grupos de reptiles marinos del Mesozoico, de los cuales cuatro tenían más de 30 géneros: *Mesosaurus*, ictiosauros, *Mosasaurus*, tortugas, cocodrilos, placodontos y plesiosaurios.

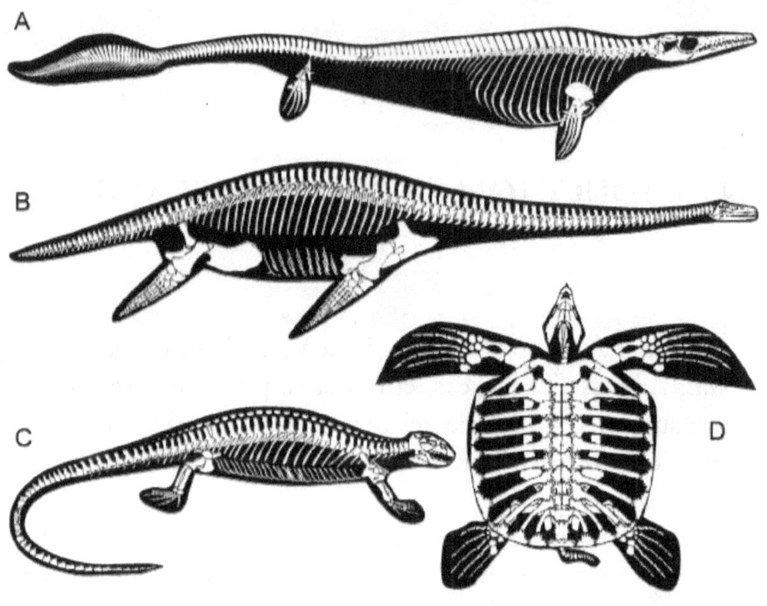

A.- *Mosasaurus*; B.- *Muraenosaurus* (plesiosaurio); C.- *Placodus* (placodonto); D.- *Archelon* (tortuga marina)

Los reptiles marinos mesozoicos exploraron diferentes estilos de dietas y formas de nadar. Sin duda, lo que nos llama la atención de estos animales son las profundas modificaciones corporales para ocupar el medio acuático, sobre todo en sus extremidades, ya que estas estaban estructuradas como patas para moverse en tierra y debieron adaptarse para desplazarse en el agua. Otros grupos muy particulares adaptaron a su cuerpo caparazones protectores que cubrían gran parte de este, dejando libre sus extremidades, cuello y cabeza; me refiero a las tortugas marinas.

Muchos de ellos generaron membranas interdigitales, a otros se les comprimió el cuerpo para hacerlos más hidrodinámicos, en tanto que otros modificaron sus extremidades y zonas caudales para un mejor impulso. También hubo aquellos que modificaron su cuerpo a tal extremo que este tomó la forma hidrodinámica de los peces, como es el caso de los ictiosaurios. Algunos de ellos eran gigantes, alcanzando 20 metros de longitud, como los pliosaurios, mientras que otros eran pequeños, llegando a solo unos 40 centímetro, como los *Keichosaurus*. Algunos se han adaptado para recorrer largas distancias mar adentro, como los cocodrilos marinos, mientras que otros estaban más adaptados para emboscar a sus presas.

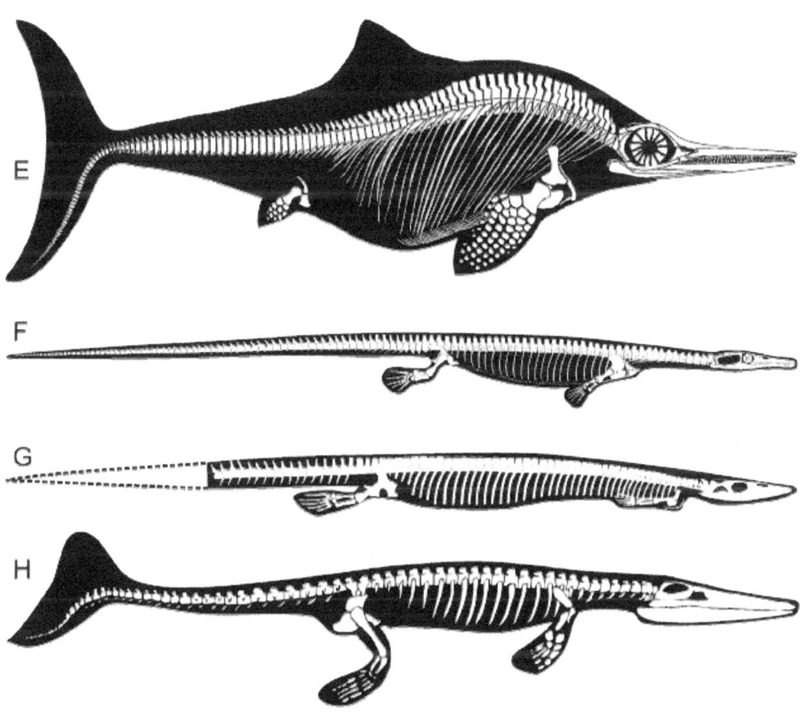

E.-*Ophthalmosaurus* (Ichthyopterygia); F.- *Askeptosaurus* (Thalattosauria);
G.- *Pleurosaurus* (Pleurosaurus); H.- *Metriorhynchus* (Thalattosuchia)

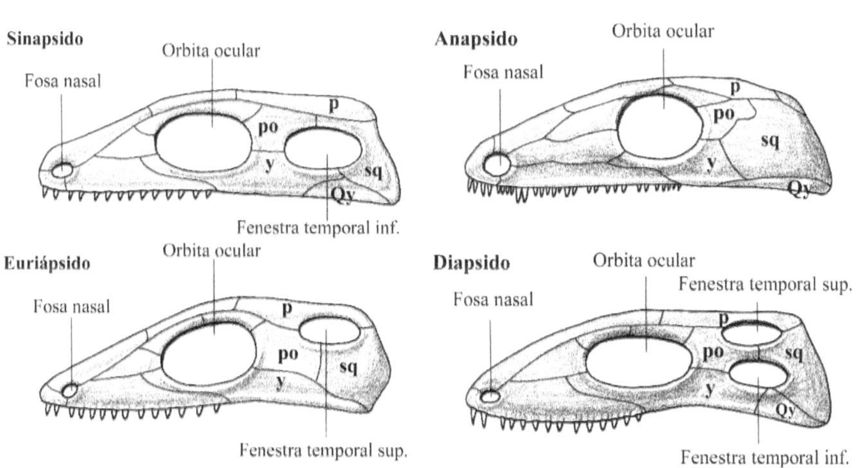

Cuatro tipos de cráneos de los reptiles: po.- postorvital; p.- parietal; y.- yugal; Quadratoyugal y escamoso

Plesiosaurio moviéndose por la orilla de una playa del Cretácico (Ilustración: Jorge Aragón)

El principal carácter que diferencia a los reptiles de los anfibios es la estructura del huevo, ya que posee una cubierta protectora porosa más bien gruesa y una membrana interna, siendo el amnios el que permite la respiración del embrión, al ser capaz de absorber directamente el oxigeno atmosférico.

Además, el embrión dispone de suficientes reservas en forma de vítelo nutritivo, que le permite el desarrollo completo en el interior del huevo, contrariamente a lo que ocurre con los anfibios, los cuales dependen del agua para su reproducción. La cubierta protectora del huevo puede estar calcificada, y es por esto que puede fosilizar.

La reproducción de los reptiles marinos mesozoicos se conoce muy poco. La evidencia fósil nos muestra que en algunos reptiles marinos nacen crías vivas, en tanto que en otras la reproducción es ovípara (por huevos).

Plesiosaurios

Dentro de esta denominación se incluyen una serie de reptiles marinos mesozoicos, cuyas características anatómicas revelan profundas modificaciones en el cuerpo, como una adaptación al medio marino. Este grupo de sauropterigios se encuentra dividido en dos superfamilias: Pliosauroidea, que incluye animales plesiosauromorfos de cuello corto y cabeza grande, y los Plesiosauroideos, de cuello largo y cabeza pequeña.

Tal vez lo que más llama la atención de este grupo sean sus extremidades, convertidas en verdaderos remos. Las extremidades anteriores y posteriores son muy similares, con cinco dígitos y un número de falanges que en algunos especímenes llega hasta 22 (es decir, dedos muy largos, condición conocida como «hiperfalangia»). También presentan huesos pectorales, pelvianos masivos que se extienden en la parte ventral hasta unirse con las gastralias (costillas ventrales masivas que se unen en nueve pares), formando un verdadero arco destinado al sistema de locomoción.

Su reproducción ha sido debatida por muchos investigadores; una hipótesis es que estos animales se reproducían por huevos y probablemente salían a la playa a depositarlos. Sin embargo, a partir de un fósil de plesiosaurio de 78 millones de años (de la especie *Polycotylus latippinus*), que alberga un «embrión» en su interior, se plantea que los plesiosaurios daban a luz a crías vivas, y que no incubaban huevos en la tierra. El esqueleto del embrión que contiene este ejemplar en su interior, era de 35 a un 50% del tamaño del adulto. Lo que demostraría que este fósil doble constituye la primera prueba de una condición vivípara para estos reptiles marinos. El hallazgo supone dos sorpresas, la primera es que aunque los plesiosaurios fueran pequeños y de cuello corto como *Polycotylus*, no iban a la playa a poner huevos y la segunda es que los restos del bebé permiten concluir que parían solo a una cría.

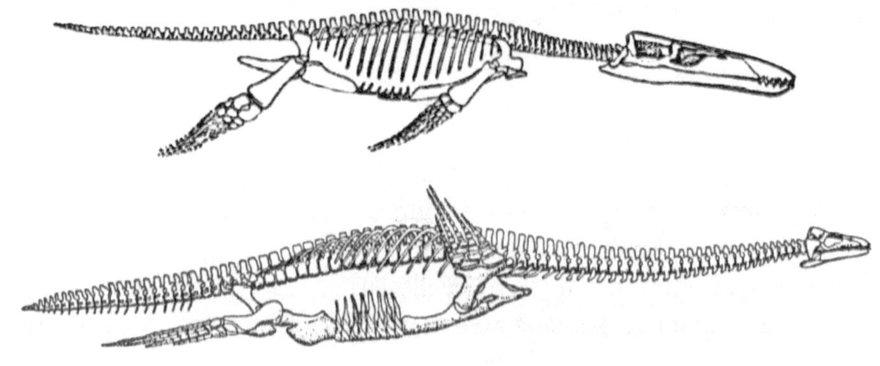

Superfamilias: Pliosauroidea, que incluye animales plesiosauromorfos de cuello corto
y cabeza grande; y los plesiosauroideos de cuello largo y cabeza pequeña

Este sistema estaba conformado por paletas natatorias que movían a través de una especie de vuelo subacuático, como lo hacen las tortugas marinas.

Su cráneo posee dos aberturas en su parte superior y las órbitas oculares ocupan una posición media en el cráneo. Los integrantes de este grupo debieron ser excelentes nadadores, sus cuerpos medían de 4 a 10 metros y mayores en los pliosaurios. La proporción entre las aletas natatorias y el tronco permanece más o menos constante, desde el Jurásico hasta el Cretácico, en tanto que las proporciones de la cabeza y cuello varían. Sus dientes son agudos y cónicos, con estrías a lo largo de la corona e insertados en alvéolos. Son típicamente piscívoros ya que estos animales tenían una dieta que incorporaba peces y cefalópodos (Ammonites), siendo grandes depredadores marinos.

El área de distribución geográfica de este grupo comprende al género *Arictonectes*, que encontramos en Chile y Sudamérica. En Chile, los hallazgos abarcan desde el Jurásico inferior hasta el Cretácico, Maastrichtiano superior. También han sido encontrados desde el norte de Chile hasta el extremo sur del territorio nacional, en la Patagonia y la Antártida. Chile fue un territorio esencialmente marino. De allí que este tipo de fauna sea abundante en nuestro territorio, sobre todo en la VII y VIII Región, donde han sido encontrados restos tanto de Plesiosauria, de la familia Elasmosauridae y Pliosauridae.

En el norte existe evidencia de plesiosaurios Criptocleididae de una edad Oxfordiana, en tanto que en Chile centro-sur existe la presencia de plesiosaurios Aristenectidos (con la nueva especie *Aristonectes qui-riquinensis*) y otras formas similares a *Morturneria seymourensis* de la Antártica, del Cretácico superior. Por otra parte, en el extremo sur existe registro de una especie de pequeño tamaño atribuible al grupo de los aristonectinos en la Región de Magallanes. Recientemente se descubrieron restos de plesiosaurios indeterminados en la Antártica, específicamente en la isla James Ross y en la isla Seymour, con una edad del Cretácico superior, unos 70 millones de años.

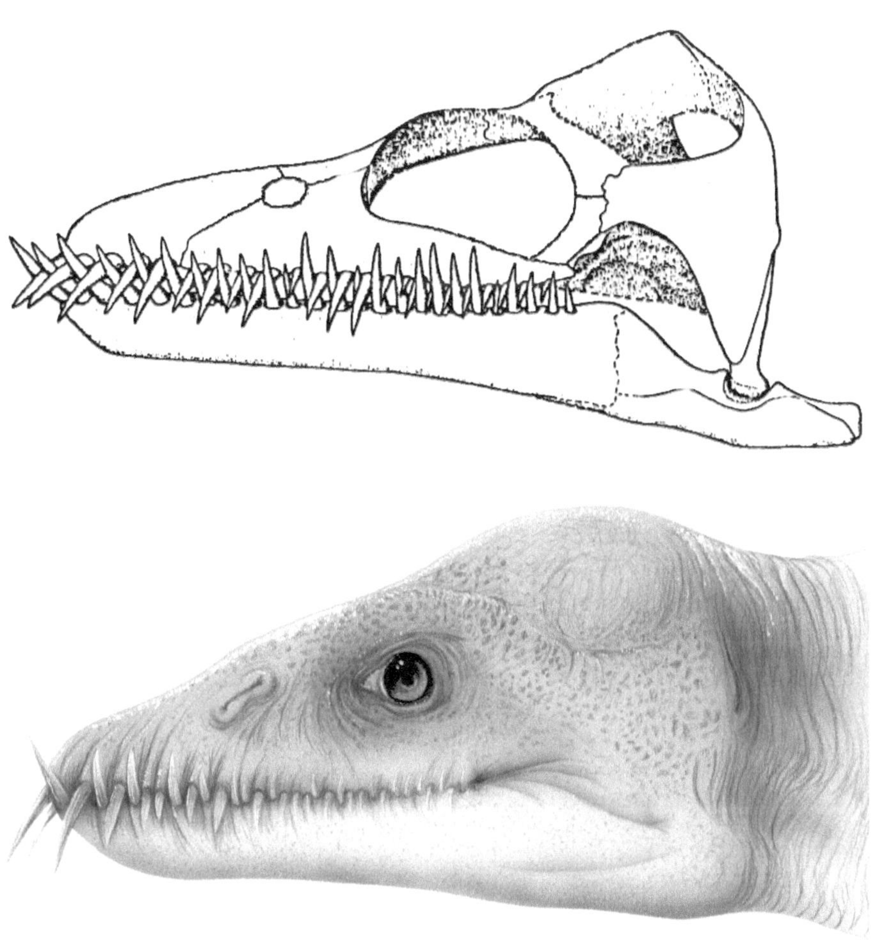

Cráneo y reconstrucción de la cabeza de plesiosaurio (Bruno Hernandes)

Quiriquina, 65 millones de años

En la VIII Región nos remontamos 65 millones de años hacia el pasado y miramos el lugar. La playa se ve quieta, solo minúsculas olas son provocadas por la brisa. Comienza a amanecer y a despejarse lentamente la bruma, poco a poco el sol entibia las rocas y la arena. Pequeñas aves de patas palmeadas flotan en la superficie del agua, otros deambulan en la playa en busca de comida y comienzan a alimentarse del cuerpo de caracoles espirales que han muerto recientemente. Otros llevaban varios días sin vida, tirados en la arena descomponiéndose y el hedor invade el lugar. En la costa, a unos metros de la playa, bosques de araucarias adornan el paradisíaco entorno.

La orilla de este mar constituiría el deleite de los conquiólogos (estudiosos de las conchas actuales) pues hermosas conchas de *Nautilus* y Ammonites de grandes dimensiones, algunas de más de un metro de diámetro, junto a bivalvos, gastrópodos y baculites (ammonoideos rectos) yacen esparcidos a lo largo de la playa.

No muy lejos se ve un grupo de animales retozando sobre la arena, otros se encuentran depositando sus huevos en sus improvisados nidos situados bajo sus cuerpos, sus largos cuellos se mueven inquietos husmeando el lugar.

El paisaje se ve más bien solitario, casi vacío, sin embargo, si un buzo se introdujera en este mar, vería un panorama totalmente distinto, pues el mar bulle de vida. Reptiles marinos invaden el lugar, animales de cuello serpentiforme llamados plesiosaurios nadan armoniosamente, alimentándose de los abundantes peces y cefalópodos.

Su largo cuello y su pequeña cabeza, con mandíbulas coronadas de dientes finos y puntiagudos, nos indica que son animales de dieta piscívora.

Ellos nadan raudamente, moviendo sincronizadamente sus cuatro aletas natatorias. Mientras las delanteras se mueven hacia abajo, las traseras se mueven hacia arriba, describiendo hermosos movimientos.

Reconstrucción paleobiológica de elasmosaurios nadando y otros retozando en la playa (Ilustración: Jorge Aragón)

Reconstrucción paleobiológica de plesiosaurio (Ilustración: Jorge Aragón)

Pliosaurio siendo carroñado en las playas del Cretácico superior
(Ilustración: José Lemos Caro)

De pronto, vemos otros animales similares, salvo que estos poseen un cuerpo mucho más masivo, con un corto pero grueso cuello. Resalta a la vista su gran cabeza de por lo menos 2 a 3 metros, con terroríficas mandíbulas llenas de dientes fuertes y gruesos.

Este animal se movió rápidamente, como si fuera un torpedo, lanzando su pesado cuerpo contra un gran tiburón que se movía sinuosamente en el agua.

Sus fauces coronadas de dientes comprimen el cuerpo del escualo, haciendo que se retuerza de dolor. Las aguas tranquilas hasta ese instante se vuelven turbulentas y arremolinadas, a tal punto que no nos permitiría ver lo que está sucediendo.

La lucha se vuelve encarnizada. El escualo no está dispuesto a entregarse fácilmente, pero el ataque sorpresivo ya había hecho estragos y la fuerza del tiburón ha sido minada. Finalmente, este pliosaurio (así llamado) sacia su hambre matinal y vuelve la quietud al lugar.

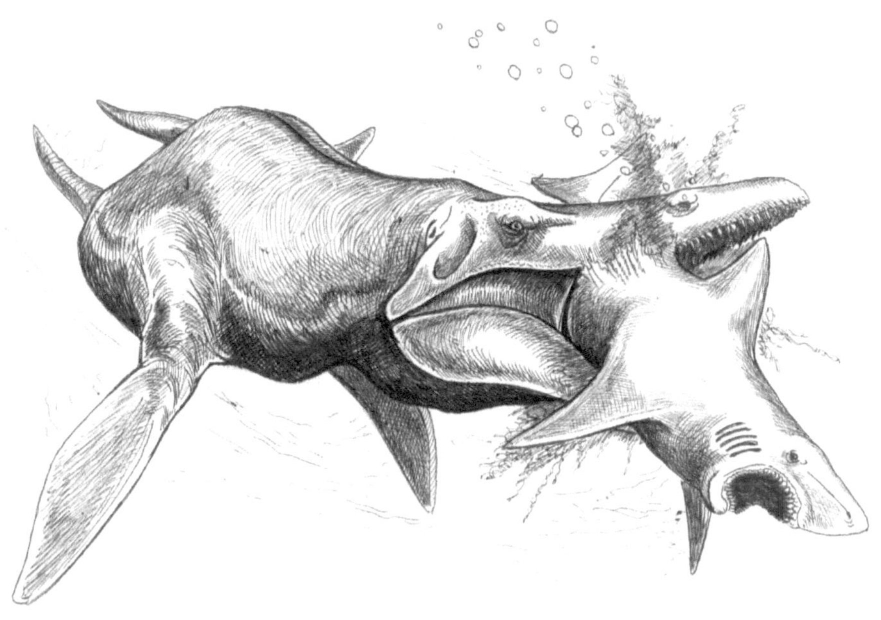

Reconstrucción paleobiológica que muestra el ataque de un pliosaurio a un tiburón (Ilustración: Jorge Aragón)

Plesiosaurios en Chile

La primera mención sobre restos de plesiosaurios en Chile corresponde a Claudio Gay en el año 1847, en el primer tomo de zoología de su obra *Historia física y política de Chile*. Posteriormente, el mismo Gay en la publicación del segundo tomo (1848) da a conocer restos de plesiosaurios provenientes de Quiriquina, que atribuye a *Plesiosaurus chilensis*. Los materiales fueron figurados años más tarde en 1854, en su obra *Atlas de la historia física y política de Chile*.

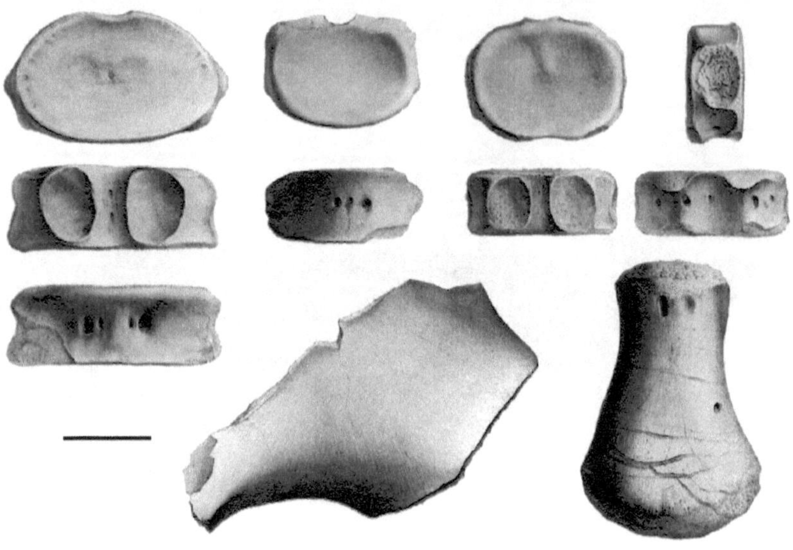

Restos de *Plesiosaurus chilensis*. Gay, 1848. Escala = 50 mm

Philippi (1887) comentó sobre varios hallazgos de plesiosaurios en otras localidades, destacando la presencia de una secuencia vertebral proveniente de Algarrobo, Región de Valparaíso.

En nuevos trabajos realizados por Steinmann, en 1895, se estudiaron otros restos provenientes de la isla Quiriquina. Colaborando con Steinmann, Wilhelm Deecke revisó los materiales de Gay y los nuevos encontrados en la isla y los reasignó a *Pliosaurus*, considerando que los restos tenían más afinidad con este género que con plesiosaurio, por lo cual lo nominó como *Pliosaurus chilensis*.

Aleta articulada. Plesiosauria indeterminada (Quiriquina). Escala = 50 mm

Los restos más antiguos de plesiosaurios los dio a conocer Rodolfo Casamiquela, quien informó en el año 1970 el hallazgo de fragmentos de gastralias (costillas ventrales) y otros restos correspondientes a una extremidad, recuperados del terreno por Guillermo Chong. Se atribuyeron en un principio al Triásico superior, como pertenecientes a plesiosaurios (reptiles marinos de cuello largo y aletas natatorias en forma de paletas). Estos restos fueron encontrados en la localidad de Calama (cerro Campamento), al interior de Antofagasta. Las gastralias no son elementos sistemáticos para la determinación del grupo, por lo tanto, carecen de importancia en este sentido. La asignación de edad también es dudosa, sin embargo, es uno de los registros mencionados para esta edad. Recientemente, el estudio de la edad pudo ser reasignado al Sinemuriano, Jurásico inferior, ya que los restos de plesiosauria estaban asociados a ammonoideos del género *Arnioceras*, pertenecientes a esta edad.

En 1861, Burmeister y Giebel encontraron restos de reptiles marinos en sureste de Copiapó, en la localidad Cerro Blanco, como ictiosaurios y una vértebra de un cocodrilo, que fue atribuida por los mismos a un cocodrilo *Teleosaurus neogaeus*; sin embargo, otro investigador, Von Huene, en el año 1927 realizó una revisión de los materiales y se dio cuenta de que estos materiales pertenecían a un plesiosaurio, por lo que los restos quedaron bajo el nombre de *Plesiosaurus neogaeus*, usando la vértebra encontrada. Posteriores investigaciones del lugar han arrojado la presencia de invertebrados, y otros restos de reptiles marinos permitieron acotar la edad al Bajociano, Jurásico medio.

El material usado aquí es una vértebra dorsal, la que conserva el arco neural de tamaño comparativamente grande, con un canal neural amplio y procesos transversos robustos, con caras articulares anficélicas y con una espina neural de base prominente.

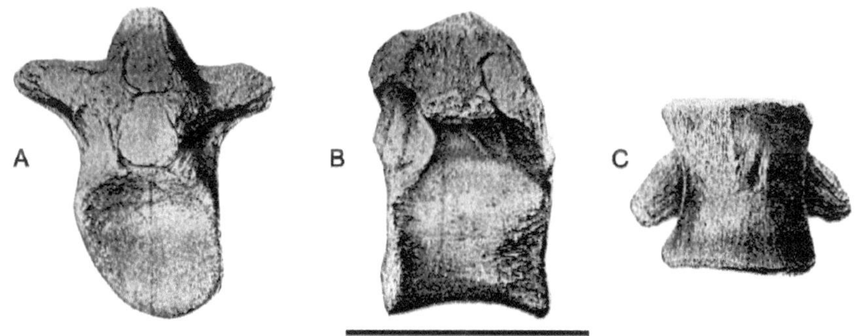

Vértebra de *Plesiosaurus neogaeus*, encontrada por Burmeister y Giebel
A.- vista anterior; B.- vista lateral izquierda; C.- vista ventral. Escala = 50 mm.

Muchos otros restos han sido dados a conocer, como los encontrados en la quebrada Sajasa, en Sierra Moreno (Región de Antofagasta), recolectados por Chong, que estaban asociados al cocodrilo marino *Metriorhynchus casamiquelai*, o como los encontrados por Biese, en Cerritos Bayos, cerca de Calama. Por otro lado, el director del Museo de Historia Natural y Cultural del Desierto de Atacama, señor Osvaldo Rojas, ha encontrado restos de vertebrados marinos, como cocodrilos, ictiosaurios y plesiosaurios en el mismo sector de Cerritos Bayos. Entre ellos se destacan unos dientes que podrían ser atribuibles a *Cryptoclidus*. En tanto que algunos restos de plesiosaurios para el Cretácico inferior (Albiano tardío - Aptiano) fueron dados a conocer por Bell y Suárez en 1997. Los restos son fragmentos óseos y dientes.

En la Formación Quiriquina (VIII Región), en la isla Quiriquina, frente a Talcahuano, se ha encontrado una infinidad de material paleontológico perteneciente a reptiles marinos como plesiosaurios, pliosaurios, mosasaurios, tortugas, peces y aves, junto a un sinnúmero de invertebrados, como bivalvos y gastrópodos, más un variado grupo de cefalópodos, entre los que encontramos Ammonites, *Nautilus* y baculites. En la costa han sido encontrados, además, abundantes restos vegetales, lo que indica que en este lugar también habían bosques de araucarias rodeando el lugar, de la especie *Araucarioxylon pluriresinosum* y *Araucarioxylon resinosum*, también pertenecientes al Cretácico superior, de isla Quiriquina (Chile), ejemplares estudiados por la paleobotánica Teresa Torres en la década de los 80. Todas estas formas de vida se encontraban asociadas en un equilibrado ecosistema de la formación marina, siendo este lugar un abundante depositario de huesos fósiles del Cretácico superior (Maastrichtiano).

La serie de material ha sido descrita y publicada desde mediados del siglo antepasado, desde Gay hasta nuestros días. Se ha escrito una infinidad de artículos y comentarios destinados a esclarecer y conocer la sistemática y las relaciones faunísticas en el pasado de la región.

Sin embargo, a pesar del abundante material, aún no ha sido posible hacer determinaciones específicas, por lo tanto, estas zonas necesitan mayores estudios. Un ejemplo de lo anterior lo constituyen los plesiosaurios, ya que de ellos podemos solo decir que existieron dos superfamilias: Pliosauroidea, de cuello corto y cabeza grande; y los Plesiosauroidea, de cuello largo y cabeza pequeña.

El resto del cuerpo de estos animales, a diferencia de tamaño, conforma un arquetipo general básico similar. Los materiales de pliosaurios y plesiosaurios corresponden a restos de huesos, aletas, vértebras aisladas y esqueletos parciales no estudiados aún, lo cual no permite bajar de la categoría de superfamilia. Sin embargo, algunos autores han reconocido, a lo menos, dos especies de plesiosaurios para Chile, que han sido denominados como *Plesiosaurus chilensis* y *Cimoliasaurus andium*; sin embargo, estas denominaciones no han sido reconocidas como válidas porque fueron hechas en base a material fragmentario y poco diagnóstico.

Pelluhue, VII Región

La exhumación de los restos no solo se ha restringido a la localidad tipo de la Formación Quiriquina, sino que se extiende hacia el norte. Es así como en la VII Región del Maule, más específicamente en Mariscadero, en la comuna de Pelluhue, el autor a exhumado uno de los ejemplares de plesiosaurios atribuibles a Elasmosauridae, el cual se encontraba asociado a dientes de tiburón del género *Ischyrhiza*, *Lamna* e *Isurus* y a restos de invertebrados, cuya publicación fue realizada en el Museo Nacional de Historia Natural de Santiago. Los materiales fueron depositados en el mismo Museo, bajo el acrónimo SGO.PV.6506. El ejemplar de Pelluhue es tal vez un elasmosaurio del género *Arictonectes*.

En 1992, el autor dio a conocer los primeros restos de plesiosaurios hallados al norte de Pelluhue, en la Región del Maule. Los restos recuperados comprendieron una interesante porción cervical que incluye el atlas-axis y las cinco vértebras cervicales sucesivas anteriores, además de un ilion, vértebras cervicales, un diente y una serie de materiales postcraneales no figurados. Los restos permiten decir que existen materiales de dos individuos al que llamaremos «ejemplar A» y «ejemplar B». La separación de ambos especímenes ha considerado la identidad anatómica de los diferentes elementos, tamaño relativo de los elementos axiales, proporciones vertebrales, criterios de preservación y mineralización, entre otros. Como resultado, se ha reconocido un espécimen de tamaño comparativamente mayor (SGO.PV.6506), correspondiente a un elasmosáurido regular, cuyas características en la porción caudal (posible pigostilo en el adulto) coinciden con parte del material de *Cimoliasaurus andium* Deecke, así como con el espécimen descrito por Broili en 1930.

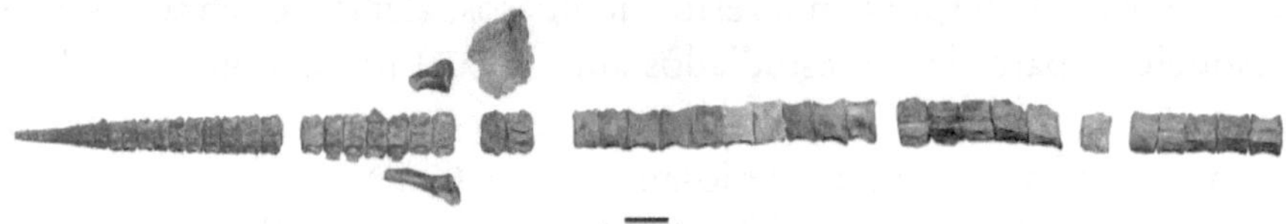

Ejemplar A de elasmosáurido (SGO.PV.6506) recuperado por el autor en la localidad de Pelluhue (VII Región).
Escala = 10 cm

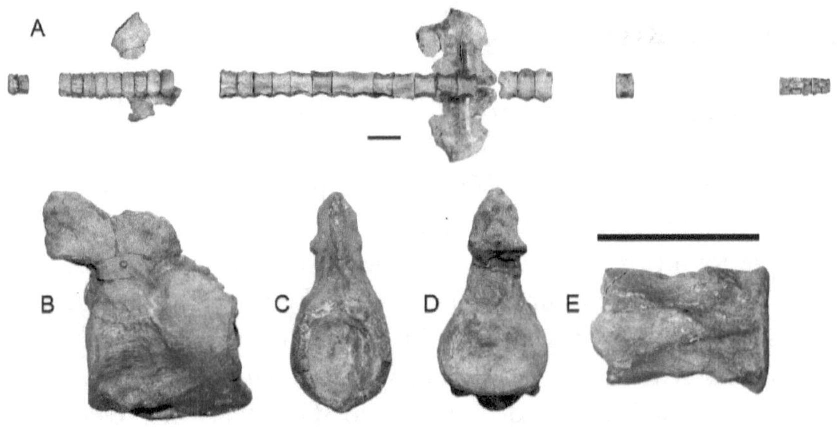

Ejemplar B (SGO.PV.6507) recuperado por el autor en la localidad de Pelluhue (VII Región): A.- esqueleto poscraneal incompleto en vista dorsal; B.- detalle del atlas-axis en vista lateral derecha; C.- vista anterior; D.- vista posterior; E.- vista ventral. Barra de escala en A = 100 mm; B - E = 50 mm

Vértebra del elasmosaurio de Pelluhue

Más al norte, en la V Región fue encontrada una columna vertebral, que fue depositada en el Museo Nacional de Historia Natural de Santiago.

Columna vertebral de plesiosaurio encontrada en la V Región

En Magallanes

Coelospondylus (*Plesiosaurus*) *chilensis,* este género y especie fue propuesto por Giovanni Cecioni en 1955, sobre la base de restos fósiles provenientes de Cerro Castillo, Región de Magallancs, y recuperado desde niveles asignados por dicho autor al Campaniano tardío. Sin embargo, el material no fue figurado.

En la Antártica

Restos de plesiosaurios indeterminados han sido descubiertos por una expedición conformada por diversos investigadores del Museo Nacional de Historia Natural, la Universidad de Chile y la Universidad de Magallanes, en la Antártica, específicamente en la isla James Ross y en la isla Seymour, con una edad del Cretácico superior, unos 70 millones de años. Los restos permiten saber que los especímenes son de cuello relativamente largo. Asociados a estos restos también se encontraron restos dentales de otro reptil marino, un Mosasaurio. También encontraron dientes de tiburón, por lo menos pertenecientes a dos especies (Cretolamna y Centrophoroides), moluscos cefalópodos (Ammonites), restos de crustáceos, equinodermos (erizos) y corales. Los restos de vegetales descubiertos permiten saber que la Antártica, hace 70 millones de años, fue una zona subtropical.

Estas investigaciones se realizan en el marco de un proyecto denominado «Anillo Antártico ACT-105», desarrollado y apoyado por el CONICYT y por el Instituto Antártico Chileno (INACH).

Pliosaurus atacando a un plesiosaurio (Ilustración: José Lemos Caro)

Aristonectes quiriquinensis nueva especie para Chile

Recientemente se ha publicado un trabajo que da a conocer un nuevo plesiosaurio para Chile. Se trata de una nueva especie de plesiosaurio elasmosáurido que ha sido denominado *Aristonectes quiriquinensis*, sobre la base de un esqueleto parcial que se recuperó de capas pertenecientes a una edad correspondiente al Maastrichtiano superior de la Formación Quiriquina de Chile central.

El material descrito en el trabajo consta de dos esqueletos, uno recolectado cerca del pueblo de Cocholgue y un segundo ejemplar juvenil del sector Las Tablas, de isla Quiriquina.

Los restos estaban incluidos en un micro conglomerado fosilífero intercalado por areniscas amarillas transversales, los que descansan directamente sobre un conjunto de pizarras paleozoicas. Estos estratos contienen numerosos invertebrados, como bivalvos, gasterópodos y Ammonites, estos últimos usados como fósiles guías para determinar la edad. También en los niveles superiores de estos estratos han sido encontrados restos de vertebrados, como tortugas del género *Euclastes*, peces óseos cartilaginosos y restos de mosasaurios.

Estos hallazgos permiten ampliar la distribución circumpolar austral de diferentes elasmosauridos hacia el final del Cretácico. La distribución geográfica de este grupo está en Chile y Sudamérica, incluida la Patagonia y la Antártica

Uno de los ejemplares ha sido hallado en la costa del mar, en el pueblo de Cocholgue, una aldea costera situada en la Región del Biobío, a 25 km al norte de Concepción, donde se recogió un cráneo parcial, fragmentos mandibulares y doce vértebras cervicales anteriores que fueron expuestas en la zona intermareal. El otro ejemplar, un esqueleto postcraneal, fue descubierto en el sector Las Tablas, al interior de la isla Quiriquina. Ambos hallazgos se realizaron en la VIII Región de Chile.

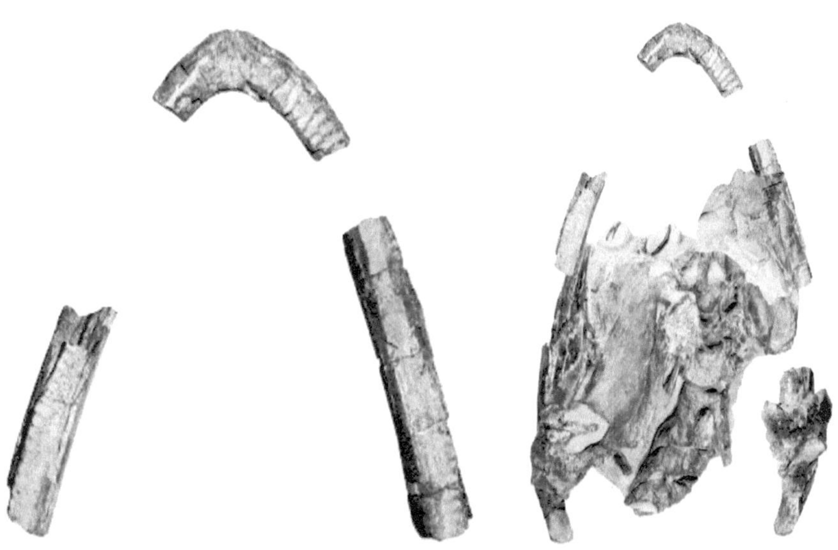

Parte del cráneo (70 cm) y la mandíbula de *Aristonectes quiriquinensis*

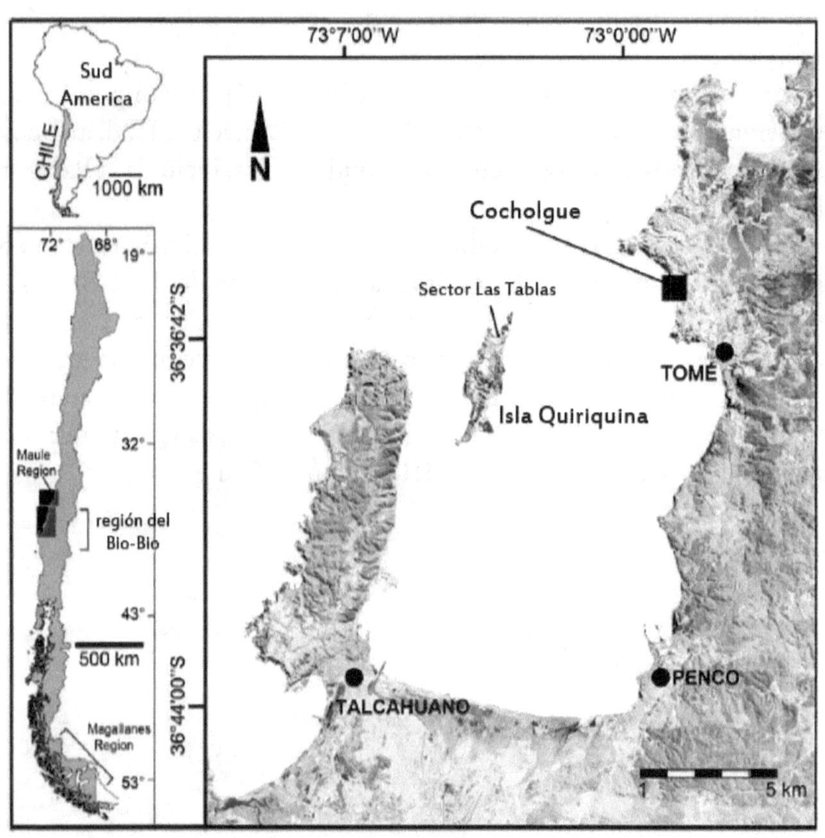

Mapa del sector de los hallazgos. VIII Región, Chile

El nuevo plesiosaurio tiene un cráneo relativamente grande, más o menos de unos 70 centímetros, con numerosos dientes homodontos insertados en alveolos; un cuello medianamente «largo», de unos 3,5 metros, y moderadamente comprimido lateralmente; un tronco relativamente estrecho, con esbeltas y alargadas aletas natatorias, con un largo total de entre 8 a 9 metros.

Una sínfisis mandibular fue encontrada, de un perfil redondeado, con los alveolos a la vista (del lado derecho tiene doce distribuidos regularmente), perdiéndose el resto superior del cráneo. Es corta, robusta y tiene una sección transversal triangular.

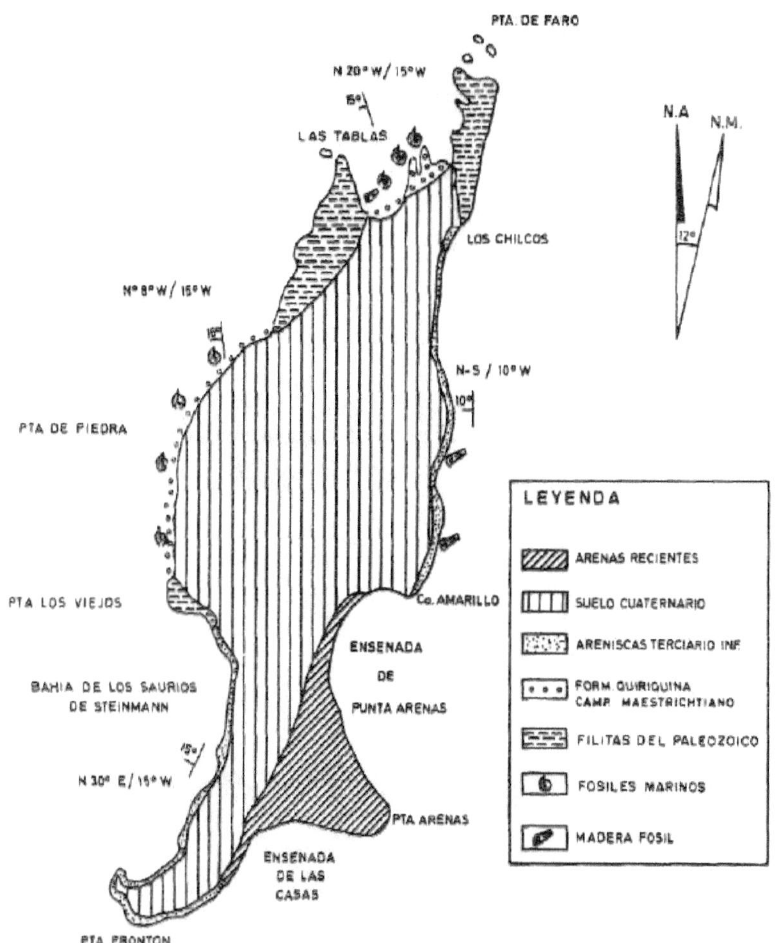

Mapa geológico de la isla Quiriquina

Nueve dientes desarticulados fueron recuperados de los restos sedimentarios durante la preparación en laboratorio, con las características típicas para este grupo; es decir, delgadas y finas, con estrías en el esmalte, particulirad de una dieta piscívora y de moluscos cefalópodos.

Cinco de los dientes recuperados de *Aristonectes quiriquinensis*

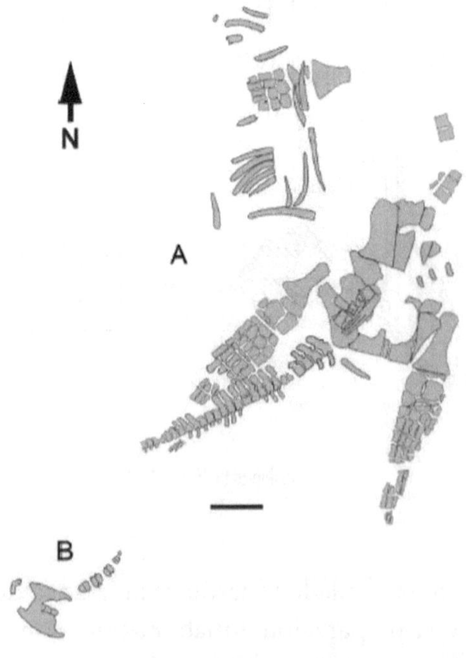

Esqueleto postcraneal descubierto en el sector Las Tablas, al interior de la isla Quiriquina (VIII Región)

Reconstrucción paleoambiental de *Aristonectes quiriquinensis*, en el sector Las Tablas,
isla Quiriquina (Ilustración: Jorge Aragón)

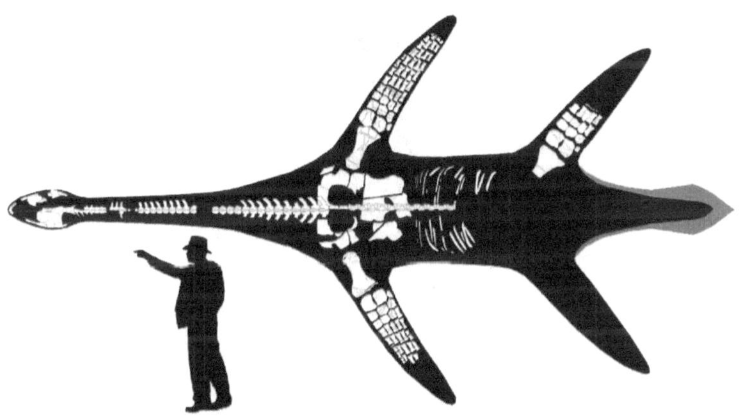

Reconstrucción de *Aristonectes quiriquinensis*, a partir de los restos encontrados.
La figura humana sirve para estimar el tamaño que estaría en el orden de los 9 metros

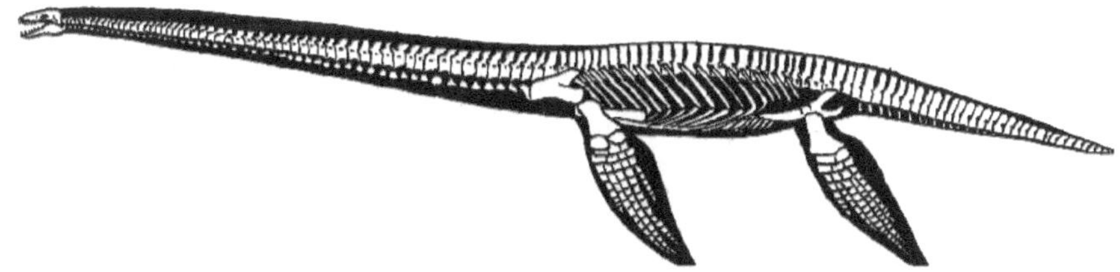

Esqueleto de plesiosáurido arictonectido

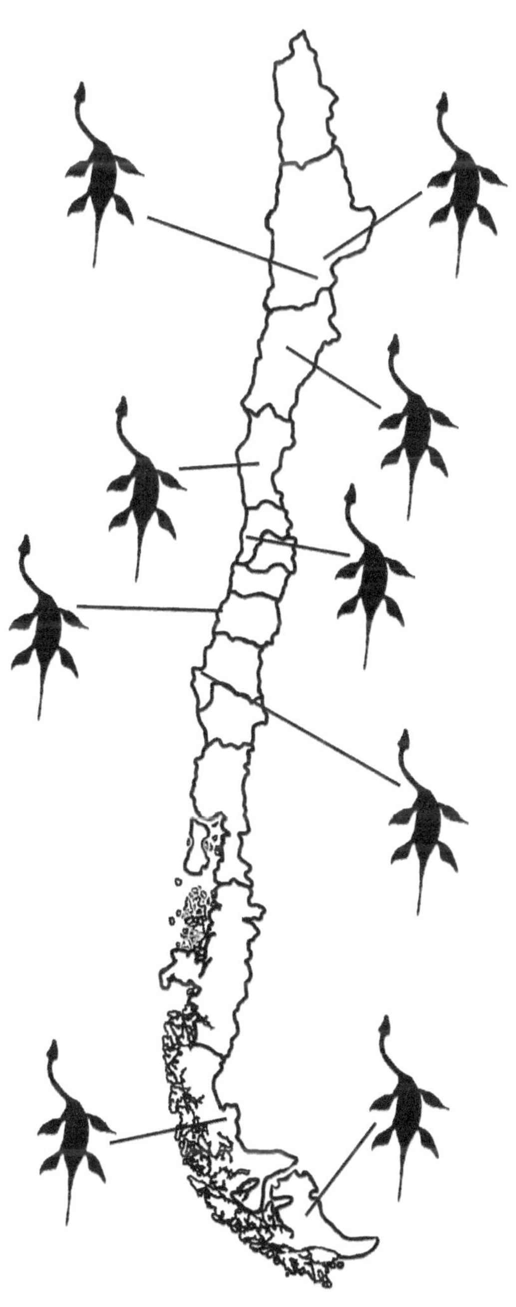

Mapa de distribución sobre hallazgos de restos de plesiosaurios en Chile (Ilustración del autor)

Capítulo X

Ictiosaurios en Chile

ICTIOSAURIOS

Atacama (140 millones de años)

Con movimientos rápidos producidos por la fuerza impulsora de su gran cola heterocerca (cola con sustentación ósea en un solo lado), se desplazan en el agua como un torpedo, cortando hidrodinámicamente el agua, en busca de su alimento. Peces y cefalópodos ammonoideos, constituirán su dieta del día.

Con su hocico puntiagudo y lleno de pequeños dientecillos se abalanza sobre un Ammonites de unos cuarenta centímetros. El cefalópodo trata de escabullirse, por lo cual expulsa un chorro de líquido que le permite virar rápidamente. Al unísono, una porción de tinta es lanzada al agua, la que esconde momentáneamente al cefalópodo; sin embargo, la vista privilegiada del ichtiosaurio captó rápidamente la evasión y sin dudarlo dos veces vira sobre su eje y sus fauces como tenazas atrapan la presa.

Los dientecillos se hunden sobre la concha, perforando varias cámaras. Una nueva mordida, esta vez sobre la parte blanda, termina con la vida del animal y la hembra sacia su hambre momentáneamente.

Muchos se desplazan en grupos y saltan sobre la superficie del agua. La visión es estimulante. La hembra ichtiosaurio no solo se alimentó de Ammonites, sino que su dieta incluyó una serie de peces, pues necesitaba alimentarse ya que pronto nacerían sus hijos.

Pronto dará a luz y tendrá que expulsar a sus pequeñas crías desde el interior de su cuerpo, pues un mecanismo desconocido le permite a este animal desarrollar a sus retoños en su interior, aunque no como en los mamíferos. Ellos se reproducen por crías vivas y no como sus parientes reptiles, que lo hacen a través de huevos.

Cuando nazcan, tendrán que salir rápidamente a la superficie a tomar aire, si no lo hacen, se ahogarán irremediablemente. Al ser reptiles, estos animales poseen pulmones y respiración aérea.

A medida que su madre los expulsa en el agua, van subiendo uno a uno a tomar su hálito de vida, para luego volver al grupo.

Si tuviéramos que buscar entre los reptiles al mejor adaptado al medio acuático, sin duda que los ictiosaurios serían los campeones. Ellos se sienten a gusto, las tibias aguas del mar tropical (similares a las del Caribe) que cubría lo que es hoy el desierto de Atacama, les daba la abundancia de comida que ellos necesitaban.

Desplazamiento de un grupo de ictiosaurios en el mar (Ilustración: Jorge Aragón)

Hembra de ictiosaurio expulsando sus crías (Ilustración: Jorge Aragón)

Ictiosaurio sobre el agua (Ilustración: Jorge Aragón)

Ictiosaurios: generalidades

Los ictiosaurios o peces lagartos son, como su nombre lo indica, reptiles marinos que han sufrido profundas modificaciones corporales hasta alcanzar la forma externa de los cetáceos.

Si tuviéramos que comparar externamente a estos especímenes con algún organismo vivo actual, sería con los delfines, por tener notables convergencias morfológicas, pero estos últimos son mamíferos adaptados también al ambiente acuático. Podríamos asegurar que de todos los reptiles marinos, los ictiosaurios son los mejores adaptados a este tipo de ambiente.

Ictiosaurio desplazándose bajo el agua (Ilustración: Jorge Aragón)

Su cuerpo es fusiforme y comprimido, con cuatro extremidades que forman paletas natatorias y estabilizadoras para un nado rápido. Estas extremidades están formadas por una serie de huesos cortos, siendo el húmero y el fémur los más «alargados»; en tanto que el resto de piezas óseas, como el cúbito y el radio, forman un mosaico de huesos que unido a la hiperfalangia (alargamiento de los dedos por aumento de falanges) forman una pequeña aleta que, más que un elemento de nado, le servía al animal como un aparato estabilizador.

Dorsalmente presenta una gran aleta, como la de los tiburones, formada por pliegues de piel sin ninguna sustentación ósea, en tanto que en la zona distal poseía una aleta caudal amplia y heterocerca en la cual por un lado de ellas continuaban las vértebras hacia el lado ventral, en tanto que la otra porción no tenía huesos.

Sus ojos eran grandes y con una protección de anillo esclerótico que sin duda sirvieron de defensa ante un avance veloz.

Interiormente, los ictiosaurios poseían un esqueleto formado por una columna vertebral firme, pero flexible, con una serie de costillas con doble cabeza articular. Las vértebras son del tipo anficélicas (vértebras con una cavidad cónica hacia el interior), con apófisis espinosa más o menos grandes. En general, el esqueleto fusiforme hacía de este animal un extraordinario nadador.

Desplazamiento de un grupo de ictiosaurios en el mar (Ilustración: Jorge Aragón)

La cabeza es alargada, puntiaguda, muy parecida externamente a la de los delfines, con una serie de dientes piscívoros muy agudos que estaban insertados en alvéolos con los cuales se alimentaba preferentemente de peces y crustáceos.

El cráneo de los ictiosaurios presenta dos aberturas en su parte superior, limitadas por los huesos parietales, posfrontales y supratemporales.

Estos reptiles marinos estaban ampliamente distribuidos desde el período Triásico al Cretácico, sin embargo no ha sido posible encontrar aún el ancestro, ya que en el Triásico aparecen como especies totalmente adaptadas al medio marino. Tampoco se ha encontrado durante el período Pérmico. No obstante, las adaptaciones que presentan estos animales necesitaron un largo tiempo para desarrollarse, lo que nos indica que estos reptiles deberían tener un largo proceso evolutivo que se remontaría por mucho tiempo en el pasado.

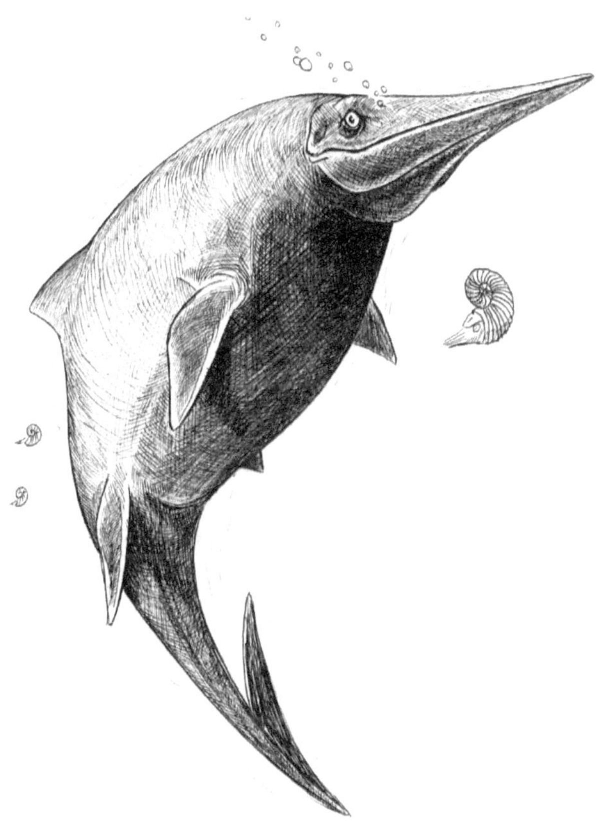

Ictiosaurio durante su desplazamiento (Ilustración: Jorge Aragón)

ICTIOSAURIOS EN CHILE

La distribución cronoestratigráfica de ictiosaurios chilenos abarca desde el Triásico tardío hasta el Hauteriviano, con particular abundancia en el Jurásico temprano-medio del norte del país y el Cretácico temprano de Magallanes. El registro chileno proporciona, además, los restos de ictiosaurios más antiguos de Sudamérica (Triásico tardío).

En el año 1861, Burmeister y Gievel dieron a conocer los primeros restos de ictiosaurios en Chile. Designaron sobre restos vertebrales y costillas a *Ictiosaurus leukopetraeus* y su edad fue asignada al Jurásico (Liásico superior). Los restos corresponden a una vértebra y algunas costillas, lo que constituye material insuficiente para crear una nueva especie. Este material fue encontrado en estratos calcáreos que se asoman en cerro Blanco, cerca de la localidad de Juntas, al interior de Copiapó (Región de Atacama).

Posteriormente, Von Huene examinó el material y lo comparó con el género *Leptopterigius,* con el cual encuentró un notable parecido y reasignó los restos a *Leptopterigius leukopetraeus.* El material no ha sido ubicado para realizar nuevas revisiones.

La fauna asociada descrita por Burmeister y Giebel es típica del Sinemuriano-Bajociano, compuesta principalmente por *Weyla alata* y el gastrópodo *Litotrochus humbodlti,* este último señalado como una forma abundante en el Sinemuriano de Chile.

Restos fragmentarios de ictiosaurios (un reptil marino adaptado al ambiente acuático, similar en su forma externa a los delfines) han sido recolectados en la quebrada Doña Inés Chica (Región de Atacama), en el norte de Chile, perteneciente a la denominada Formación El Profeta. Estos constituyen los restos más antiguos para América del Sur, ya que cronológicamente se situarían en el Triásico superior, hace unos 220 millones de años. Este hallazgo tiene una gran importancia porque los ictiosaurios de esa edad son muy escasos.

El material consiste en fragmentos óseos de la cintura escapular (restos de omoplato y una escápula), parte de una extremidad (húmero) y cinco piezas dentarias en malas condiciones puesto que están fragmentadas. Estos restos fueron identificados por el investigador del Museo Británico de Historia Natural, el doctor A. C. Milner. A pesar de este material, no ha sido posible asignarlo a algún género o especie. El ictiosaurio pudo haber vivido en una planicie costera deltaica con aguas relativamente tranquilas, donde también fueron encontrados braquiópodos, bivalvos y nautilos.

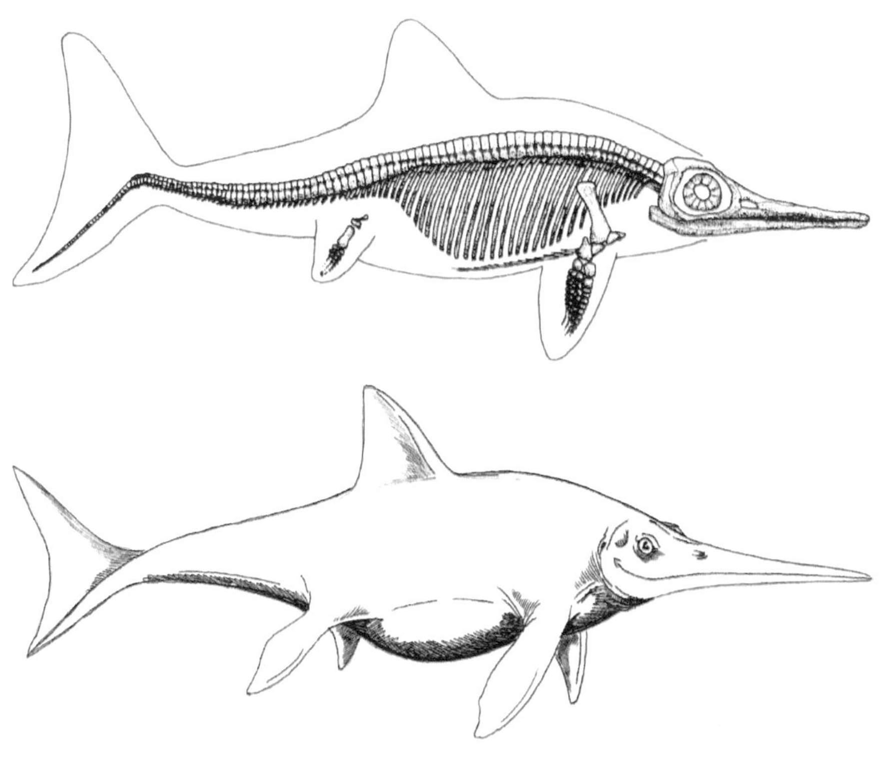

Esqueleto y reconstrucción de ictiosaurio (Ilustración: Jorge Aragón)

Biese, en el año 1961, registró restos óseos de ictiosaurios en la localidad de Cerritos Bayos. El material de una edad Jurásico medio (Bajociano) corresponde a una vértebra indeterminada. Posteriormente, se encontraron restos craneales rostrales con dientes, vértebras, costillas y huesos de las extremidades que asignó como *Ichthyosaurus quenstedti*, Zittel, cuya edad fue acotada al Jurásico medio (Caloviano inferior).

Otros restos son atribuidos por este autor a *Ichthyosaurus*, situándolos en el Jurásico medio y superior (Caloviano inferior, Oxfordiano y Kimmeridgiano).

Otros registros de ictiosaurios realizados por Guillermo Chong en 1977 y por Zulma Gasparini son asignados al Jurásico temprano (Hettangiano y Sinemuriano). El material no ha sido publicado ni asignado.

Restos de ictiosaurios han aparecido también al interior del Cajón del Maipo (Región Metropolitana), pertenecientes a la Formación Lo Valdés, cuya edad ha sido situada en el Jurásico superior - Cretácico temprano. Los materiales corresponden a restos vertebrales.

En el año 1981, Juan Tavera reconoció dos géneros de ictiosaurios, a partir de material recolectado por O. Jensen en estratos pertenecientes a la Formación Lautaro del área de Mamflas (Región de Atacama), y situados cronológicamente en el Jurásico medio (Bajociano).

Tavera reconoció a *Ichthyosaurus* (*Leptopterygius*) *acutirostris*, Owen, sobre la base de restos craneales, dos vértebras dorsales, un húmero derecho y algunas costillas. También identificó a *Ichthyosaurus posthumus*, Wagner, sobre la base de huesos craneales del rostro.

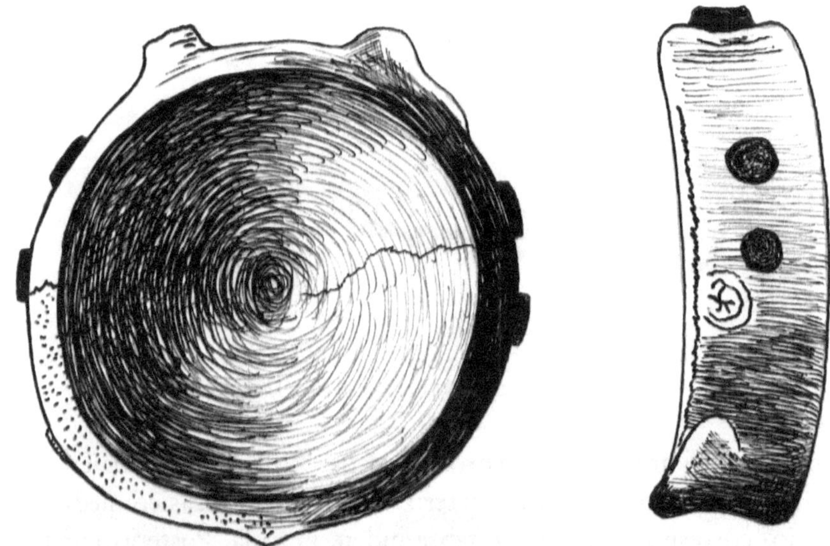

Vértebra de ictiosaurio (Ilustración: Jorge Aragón)

Ictiosaurios en Chañaral

A un par de kilómetros del Parque Nacional Pan de Azúcar fue descubierto un conjunto de vértebras de ictiosaurio por el investigador Mario Suárez, que pertenecerían al Jurásico inferior, unos 95 millones de años. Según los cálculos del investigador, este ictiosaurio por el tamaño de sus vértebras habría medido, por lo menos, unos 5 metros.

Los restos fueron asignados al Jurásico superior. Las vértebras son del tipo anficélicas (con doble concavidad); el material estaba asociado a invertebrados como Ammonites y belemnites.

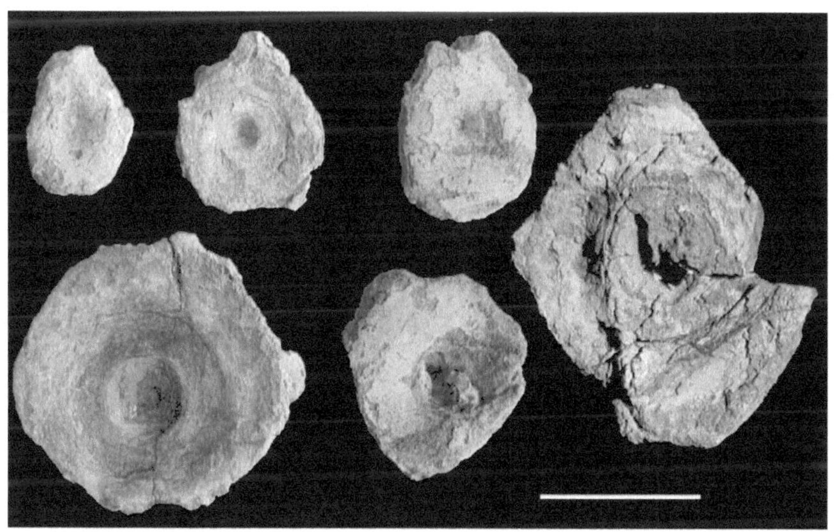

Conjunto de vértebras de ictiosaurios de un mismo individuo. Parque Nacional Pan de Azúcar.
Escala = 50 mm

El estudio estuvo a cargo de los investigadores Michael Shultz y Andrea Fildani, del Departamento de Geología de la Universidad de Stanford (California, EE. UU.), junto a Mario Suárez en representación del Museo Nacional de Historia Natural de Santiago. Este registro es importante porque amplía la distribución geográfica de estos especímenes. El material no permite una asignación específica.

También han encontrado restos en el sector de Tres Cruces, cercano a Coquimbo, así como en la quebrada La Iglesia (sector de Manflas), donde hallaron restos de ictiosaurios, como bloques con restos de costillas, vértebras y una sección rostral proximal.

Ichthyosauria indeterminado hallado en Formación Lautaro (Manflas, Región de Atacama). Bajociano medio. Bloques con restos de costillas y vértebras. Escala = 10 mm

Ictiosaurios de Torres del Paine

Las primeras noticias sobre ictiosaurios en el extremo sur se referían al hallazgo de más de 17 cuerpos vertebrales, asociados a arcos neutrales y restos de costillas que fueron descubiertos en Última Esperanza, en el Parque Nacional Torres del Paine (XII Región, Patagonia de Chile), en el año 2004.

Posteriormente fueron encontrados restos de dos columnas vertebrales y una aleta natatoria trasera pertenecientes a ictiosaurios, los que fueron descubiertos por investigadores de la Universidad de Magallanes mientras exploraban el graciar Tyndall. María Angélica Godoy, ingeniero químico y magister en estudios polares de la Universidad de Magallanes fotografió los restos junto con otros investigadores y guardaron reserva del sitio, hasta que especialistas en el tema puedan extraerlos e identificarlos.

Hoy en día se han encontrado decenas de esqueletos en este lugar, los cuales alcanzarían los 46 esqueletos, tanto completos y articulados como fragmentos aislados; también los descubrimientos incluyen contenidos estomacales, así como muestra la existencia de ejemplares juveniles y bebés.

La responsable de estas tareas es Judit Pardo (que actualmente se encuentra realizando un doctorado de paleontología en Alemania), quien en el año 2007 expuso en un congreso en Concepción el hallazgo, y en el año 2009 se realizó una expedición conjunta, alemana-chilena, con la finalidad de buscar y estudiar el sitio. En estos trabajos está involucrada la Universidad de Heidelberg, donde se encuentran algunos ejemplares para su análisis e identificación.

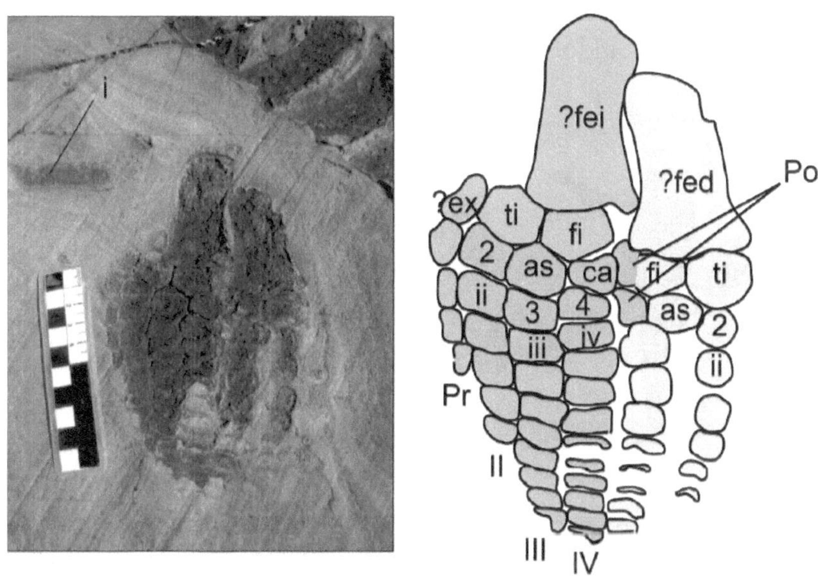

Foto de la aleta posterior derecha e izquierda, y esquema de las aletas TY 17 (pieza *in situ* N° 17)

En este sitio también se ha hallado, por lo menos, dos especies diferentes coexistiendo en el ambiente marino, cuya edad está en el rango de los 120 a 140 millones de años (Jurásico superior-Cretácico inferior), de la Formación Zapata.

Las rocas sedimentarias fueron parte de la cuenca de Rocas Verdes, formada a partir del Jurásico medio. Las rocas de esta localidad están compuestas principalmente por turbiditas silíceas y areniscas, lo que indicaría un ambiente marino profundo.

El registro hasta ahora conocido en el extremo sur del país, provenientes del glaciar Tyndall, ha permitido reconocer la presencia de *Platypterygius hauthali*, y ophthalmosauridos indeterminados.

El proyecto está siendo financiado por el gobierno alemán, a través de la Universidad de Heidelberg, quienes además están prestando las infraestructuras para el estudio de los mismos, a través del paleontólogo Wolfgan Stinnesbeck; también por la Universidad de Magallanes y por el Instituto Antártico Chileno.

Según el estudio tafonómico, la hipótesis de cómo habrían muerto indica que estos animales nadaban en grupos de muchos individuos y al momento de pasar por una garganta que formaba una especie de cuenca, quizás se produjo un movimiento telúrico que hizo que las paredes se desplomaran, sepultando a gran profundidad a muchos ictiosaurios.

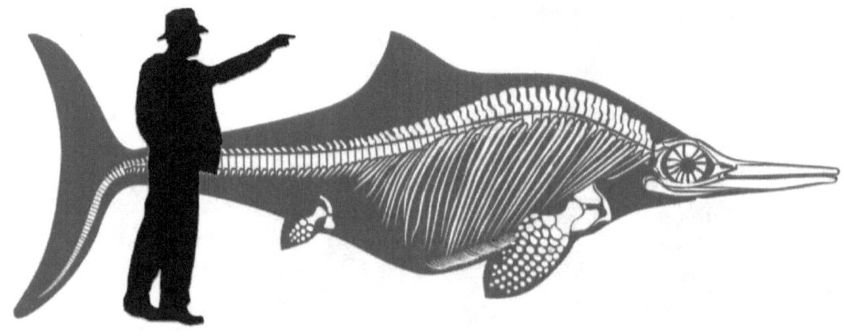

Arriba: ictiosaurio del glaciar Tyndall comparado con una figura humana (Midió unos cinco metros); abajo: reconstrucción paleobiológica

EN ATACAMA

En octubre del año 2002, en pleno desierto de Atacama (a 180 kilómetros de Antofagasta), cercano a la localidad de Caracoles y en la denominada quebrada Doralisa fueron encontrados restos óseos de ictiosaurios, que corresponden a fragmentos de una columna vertebral y restos de costillas, asociados a invertebrados de cefalópodos, que han sido situados en el Jurásico superior.

El descubrimiento lo hicieron estudiantes de geología que se encontraban en práctica de terreno, dirigidas por el geólogo Arturo Jensen, académico de la Universidad Católica del Norte. Los restos fueron depositados en la misma universidad, donde se procedió a su estudio.

En la extracción de los restos colaboraron los estudiantes Julieta Zamora y Nicolás Reyes, junto a sus 24 compañeros de la carrera de geología. Según ellos, los restos permiten extrapolar una medida de 3 a 4 metros para el animal.

Reconstrucción paleobiológica de ictiosaurio del glaciar Tyndall pariendo a sus crías (Ilustración: José Lemos Caro)

CAPÍTULO XI

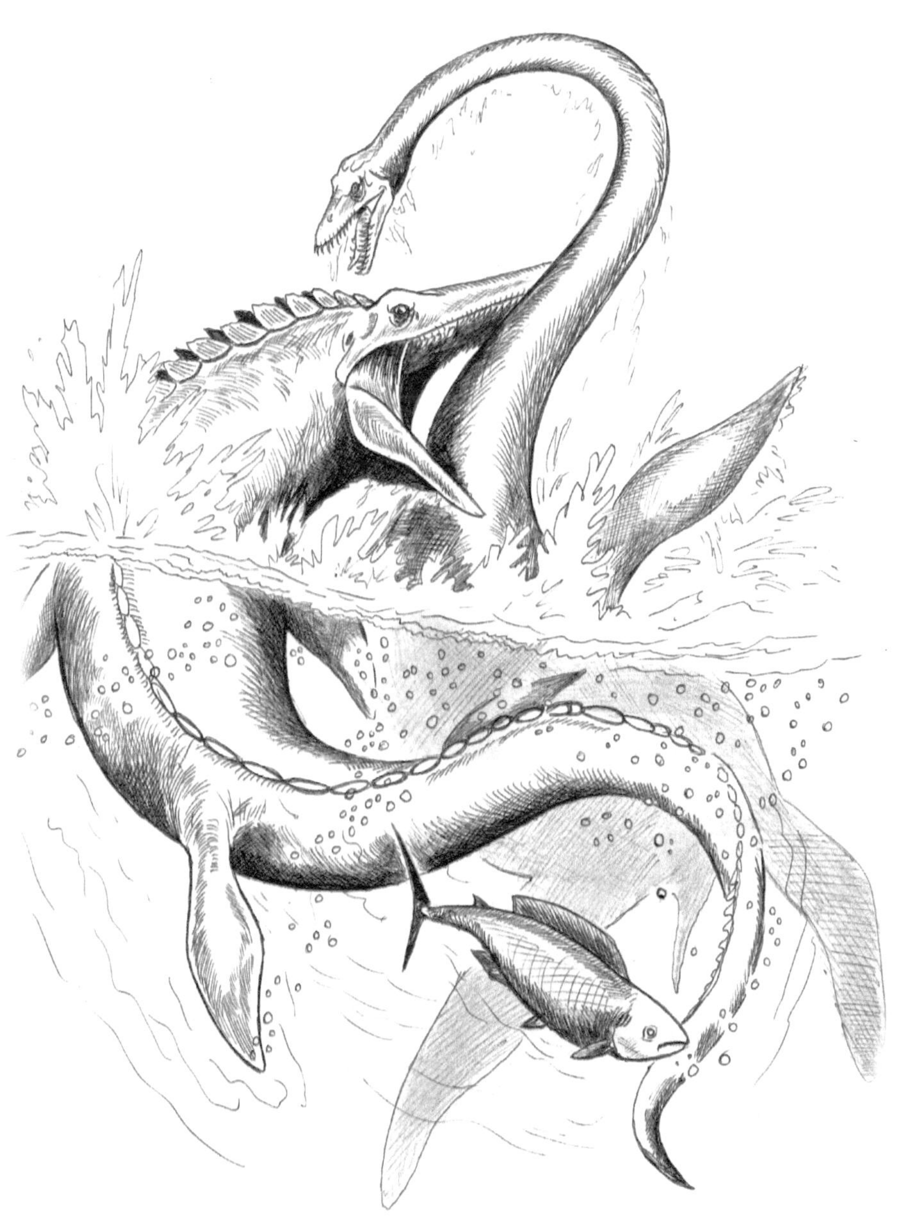

MOSASAURIOS EN CHILE

MOSASAURIOS

Otro acontecimiento está ocurriendo bajo el mar. Un animal lejanamente emparentado con las serpientes (varánidos), de por lo menos cinco metros, cuerpo corpulento, con grandes y poderosas mandíbulas, y dientes cónicos y gruesos se mueve sinuosamente, moviendo su cuerpo de lado a lado a gran velocidad.

Se dirige directamente en posición de ataque hacia una hermosa tortuga marina que se desplaza tranquilamente.

De pronto, todo se vuelve un torbellino y el caparazón de la infeliz tortuga es atravesado por los fuertes dientes de su atacante, lo cual le provoca una muerte inmediata. Luego, otros pequeños reptiles se acercan para devorar el resto del cuerpo.

Estos reptiles marinos conocidos como mosasaurios poseían una larga cola que se movía lateralmente para desplazarse en busca de su presa.

Sus pequeñas aletas son, más bien, elementos estabilizadores que elementos de nado.

Este es un animal terrible y fantasmagórico, pues al ver sus fauces abiertas podemos apreciar su hocico triangular, con poderosos dientes cónicos. Pero nuestra mayor sorpresa es ver que dentro de ese hocico, en la mandíbula superior, además de los dientes «normales» existían otros, como si fuera otra mandíbula, o una mandíbula dentro de otra. Tal elemento depredador es único entre los reptiles marinos. Tal vez se trataba de un elemento parar triturar las conchas de los grandes Ammonites o para romper el duro caparazón de su presa ocasional.

Su presa, otro reptil bastante grande pero cubierto de un caparazón, fue una tortuga marina. En particular, esta debió medir por lo menos unos 2 metros, pues solo su cabeza midió unos 35 centímetros. Este hermoso animal se desplazaba armoniosamente con los movimientos coordinados de sus aletas natatorias. Ella no posee dientes y su boca está formada por un elemento corneo que la rodea y le permite cortar las algas subacuáticas de las cuales se alimentaba.

Los mosasaurios son un conjunto de animales adaptados al medio marino. Son de cuerpo alargado que pudo llegar a medir de 8 a 10 mt, ya que su columna vertebral podía tener hasta 130 vértebras con altas apófisis espinosas, lo que le permitía nadar con movimientos ondulatorios. Estos reptiles marinos tenían aletas natatorias similares a la de los ictiosaurios, que eran un efectivo órgano estabilizador. Su cráneo era triangular y masivo, con dientes fuertes que le permitían alimentarse principalmente de cefalópodos (Ammonites), peces y tal vez de pequeños vertebrados, como ejemplares juveniles de plesiosaurios e ictiosaurios o tortugas.

Mosasaurio atacando a una tortuga marina (Ilustración: Jorge Aragón)

Los mosasaurios (Squamata: Mosasauroidea) fueron encontrados inicialmente en el Cretácico superior de Europa Occidental, pero se ha comprobado que tuvieron dispersión a escala mundial y que alcanzaron una gran diversidad. En realidad son varanoideos, sobre todo por la estructura del cráneo, aunque presentan algunos caracteres propios, como el cráneo triangular, alargado y deprimido. La columna vertebral llega a tener hasta 15 vértebras con el cuerpo vertebral cilíndrico o prismático, provistos de un gran cóndilo posterior.

La aleta caudal, bien desarrollada, constituye el principal órgano de propulsión en el agua, unido a un movimiento ondulatorio del cuerpo. En las extremidades, la escápula ha perdido contacto con la columna vertebral y ocupa una posición ventral; las clavículas e interclavículas están reducidas y pueden llegar a faltar. El húmero, el cúbito y el radio son muy cortos, y se observa una notable hiperfalangia, pero nunca hay más de cinco dedos en cada extremidad.

Esqueleto de mosasaurio

Mosasaurios en Chile

Región del Maule

Restos fragmentarios de dientes de mosasaurio correspondientes a dos formas diferentes han sido recuperados en la localidad de Loanco, pertenecientes a la Formación Chanco, de edad Campaniano, y que está correlacionada con la base de la Formación Quiriquina. La presencia de los bivalvos *Cardium acuticostatum*, *Pacitrigonia hanetiana*; y los ammonoideos *Pachydiscus* sp., *Kossmaticeras* sp., *Gunnarites* sp., *Pseudophyllites indra* y *Lytoceras kayei* muestran que esta fauna presenta una directa afinidad con aquella descrita para la Formación Quiriquina.

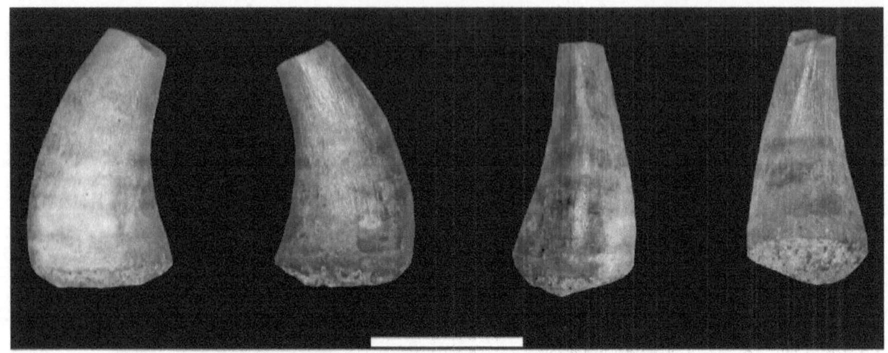

Diente de mosasaurio en varias vistas. Loanco, Región del Maule,
Formación Quiriquina del Maastrichtiano tardío. Escala = 10 mm

Región de Valparaíso

En este lugar afloran rocas fosilíferas de origen marino, con fragmentos de mosasaurios. Los materiales encontrados corresponden a un diente completo (SGO.PV.6570) y tres coronas dentales (SGO.PV.6571) depositadas en el Museo Nacional de Historia Natural, provenientes de Algarrobo (Región de Valparaíso), de la unidad de estratos de la quebrada Municipalidad; asociados a ammonoideos, bivalvos, gastrópodos y decápodos. La fauna indicaría una edad Campaniano tardío - Maastrichtiano temprano.

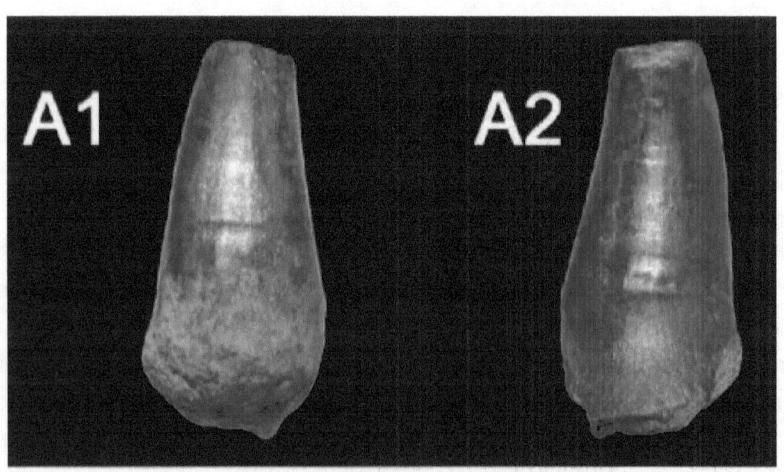

Mosasauridae indeterminado (SGO.PV.6570). Diente completo:
A1.- vista labial; A2.- vista lingual

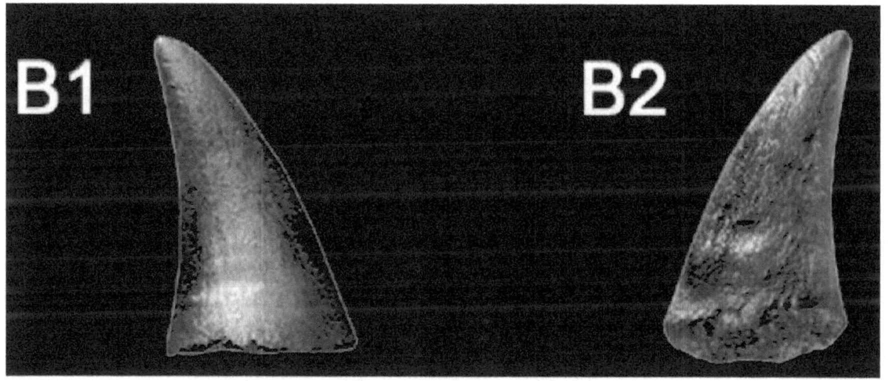

Mosasauridae indeterminado (SGO.PV.6571) Corona aislada:
B1.- vista labial; B2.- vista lingual

Región del Bío-Bío

Los mosasaurios en Quiriquina están representados por dientes aislados una vértebra dorsal y una rama mandibular.

La vertebra de carácter masiva y muy erosionada es procélica, con su cara articular anterior de forma circular, en tanto que la posterior es de tendencia ovalada.

Cocholgue

El material más completo hasta ahora recolectado en Chile proviene desde caleta Cocholgue, perteneciente a la Formación Quiriquina, cuya edad fue asignada al Campaniano-Maastrichtiano.

De acuerdo a las correlaciones bioestratigráficas basadas en ammonoideos. Diente completo, de forma esbelta y retrocurvado. El esmalte muestra profusas y finas estriaciones que no se profundizan en la base. Presenta una carena anterior completa (mal preservada), sin aserramiento y una carena posterior que desaparece cerca del ápice, no alcanzando a la base.

En base a su morfología se puede asignar al grupo de los *Tylosaurus*, distribuidos también en la Antártica y Nueva Zelanda. Los materiales se encuentran depositados en el Museo Paleontológico de Caldera, bajo el acrónimo MPC.11000.

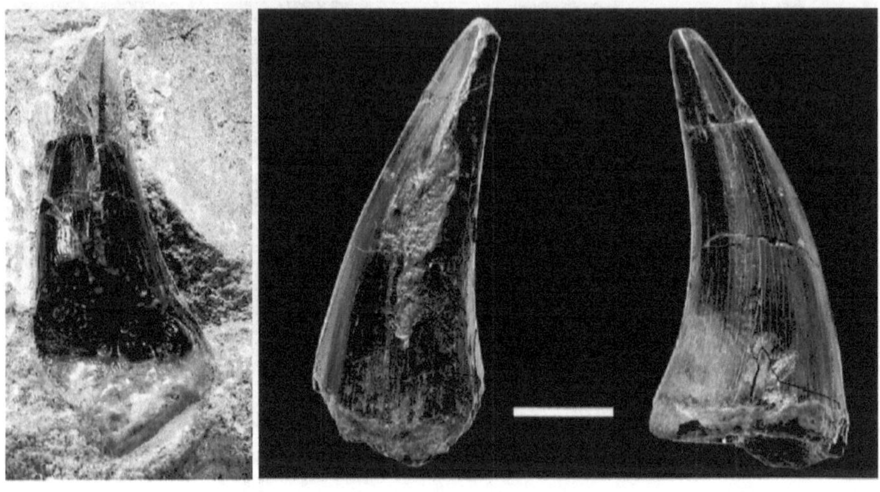

Dientes completos hallados en caleta Cocholgue. Escala = 10 mm

La rama mandibular fue asignada en un principio al género *Clidastes*, aunque siempre tuve mis dudas sobre este género. El mosasaurio de Quiriquina, *Clidastes gutierrezsi*, aún no había sido publicado formalmente, sin embargo, constituye parte importante ya que representa a los Squamata en el material faunístico del Cretácico. Posteriormente, la rama fue reasignado a Halisaurinae.

El dentario izquierdo se encuentra incompleto, estando ausente su porción sínfisial y distal. Esta última además tiene mal preservada su superficie externa. La porción mejor preservada muestra dos surcos de forma alargada en sentido antero-posterior. La morfología de los dientes conservados en el dentario, los cuales presentan una forma redondeada en la base de la corona, sugieren una asignación a cf. Halisaurinae, donde es posible contar 14 dientes, incluyendo aquellos conservados en la rama mandibular, así como los espacios de dientes faltantes.

Halisaurinae indeterminado: ramas mandibulares. Cocholgüe (Región del Biobío), Formación Quiriquina, del Maastrichtiano tardío. Vista oclusal de ambos dentarios.

Reconstrucción paleobiológica de Halisaurinae, de Cocholgue (Ilustración: José Lemos Caro)

Región de Magallanes

En la localidad del cerro Dorotea se encontraron restos fósiles de un mosasaurio, constituidos por cuatro vértebras caudales articuladas y en posición anatómica, y que fueron depositados en el Museo Nacional de Historia Natural, bajo el acrónimo SGO.PV.6566. En el sector aflora una importante sección de la Formación Dorotea, que corresponde a depósitos marinos transicionales, desde facies profundas a condiciones someras. La edad ha sido referida al Maastrichtiano tardío, sobre la base de correlaciones bioestratigráficas.

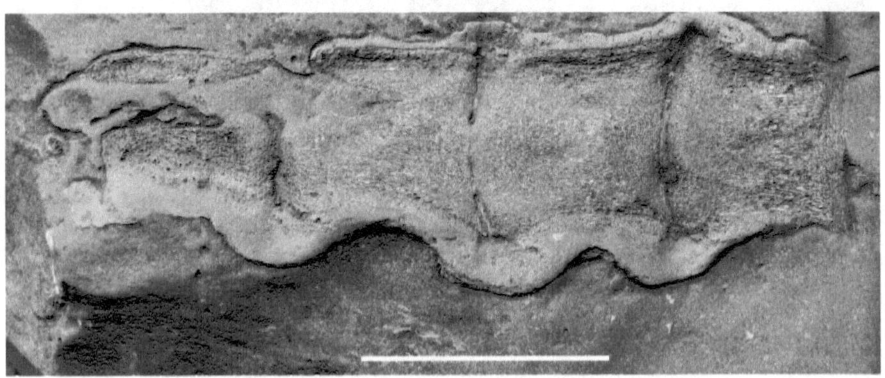

Mosasaurido indeterminado: cuatro vértebras caudales articuladas.
Formación Dorotea del Maastrichtiano tardío. Escala = 50 mm

Mosasaurios en la Antártica

Restos de mosasaurios (dientes, vértebras y falanges de sus aletas) fueron descubiertos por una expedición en enero de 2012, conformada por diversos investigadores del Museo Nacional de Historia Natural, la Universidad de Chile y la Universidad de Magallanes, entre ellos: David Rubilar y Alexander Vargas; quienes investigaron y recolectaron los restos hallados en la Antártica, específicamente en la isla James Ross y en la isla Seymour, con una edad del Cretácico superior, unos 70 millones de años.

Los restos dentales permiten saber que estos reptiles marinos depredaban a los plesiosaurios y a otros invertebrados, entre ellos a los Ammonites, y están asociados a crustáceos, equinodermos y corales.

Mosasaurio cazando un Ammonites (Ilustración: Jorge Aragón)

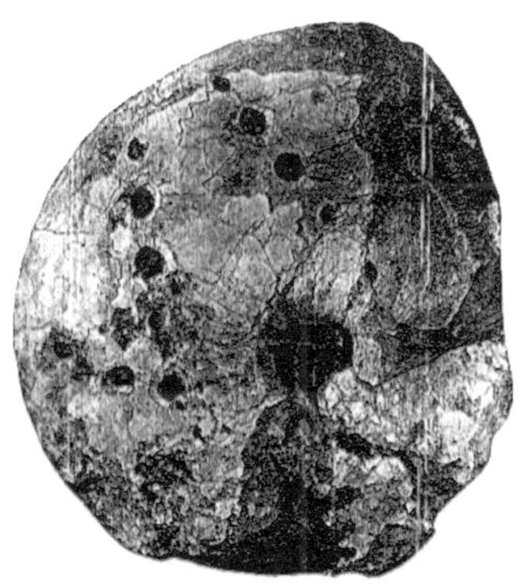

Ammonite con perforaciones producto de las mordeduras de un mosasaurio

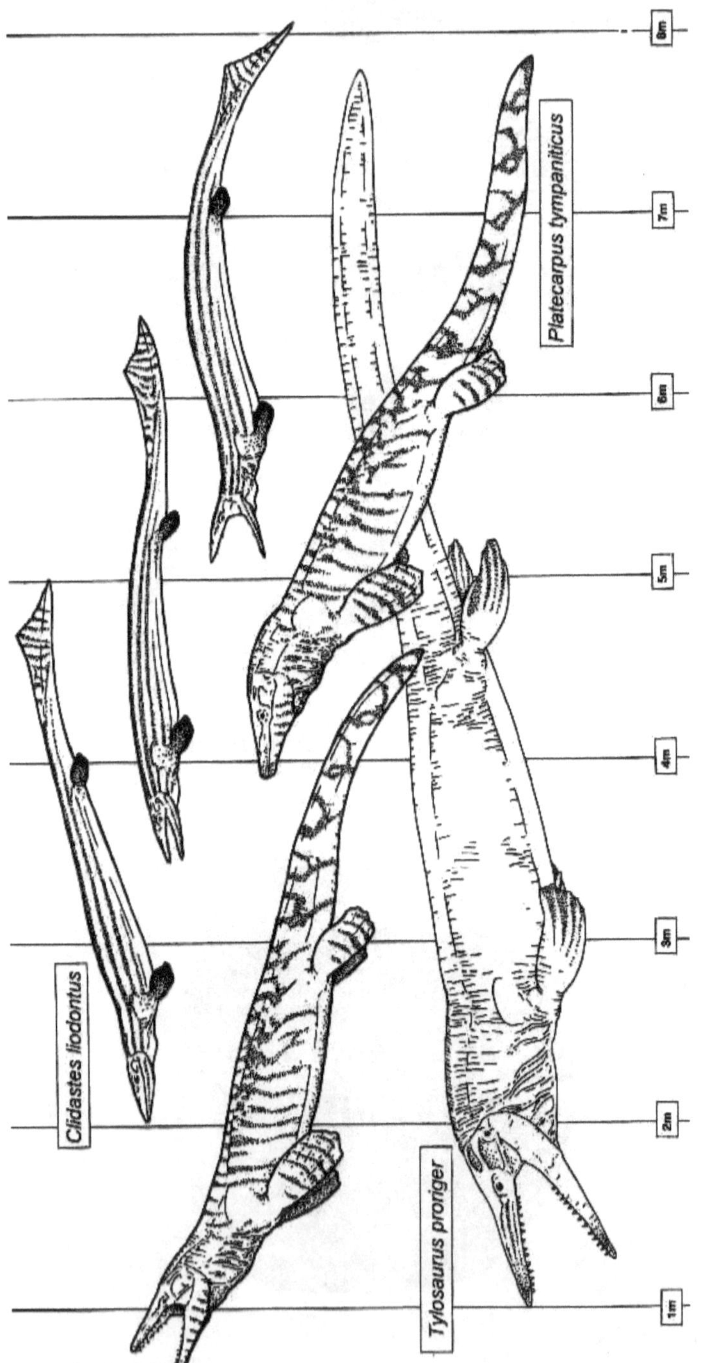

Esquema de los mosasaurios y su escala de medidas, *Clidastes* en la parte superior

Mosasaurio Halisaurinae indeterminado atacando a una tortuga marina (Ilustración: José Lemos Caro)

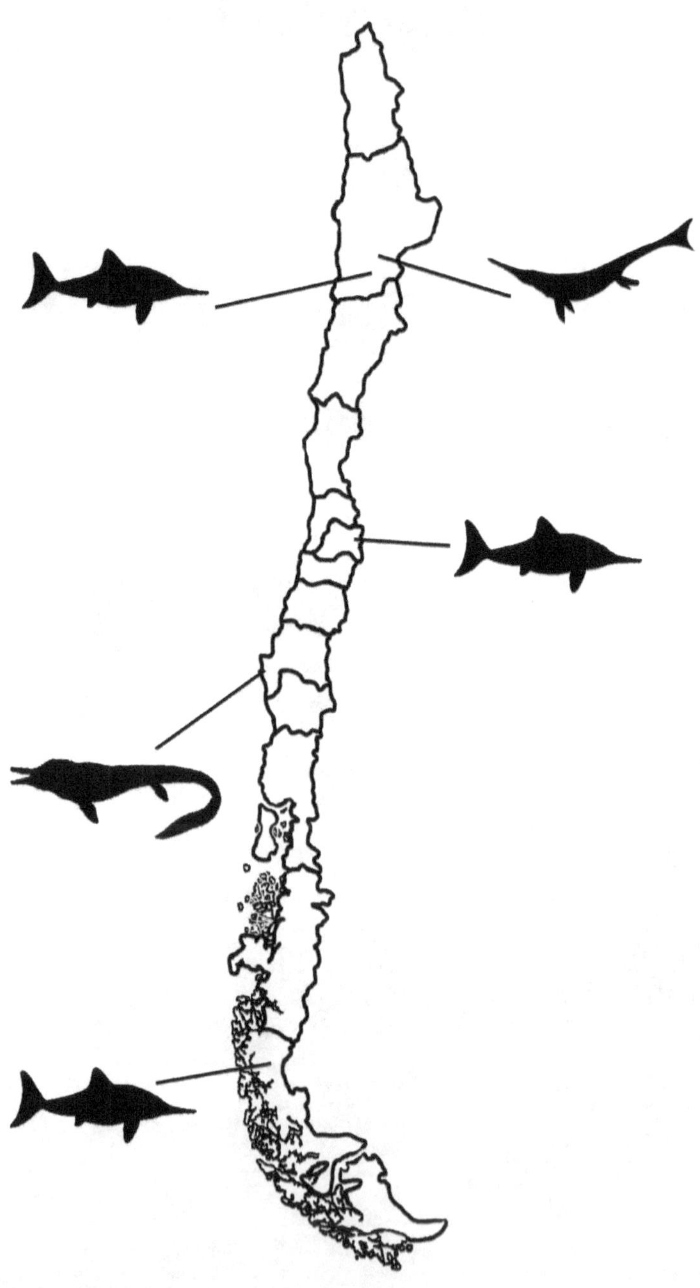

Mapa de distribución sobre hallazgos de restos de ictiosaurios, mosasaurios y cocodrilos en Chile
(Ilustración del autor)

Capítulo XII

Cocodrilos marinos en Chile

COCODRILOS

Los reptiles conocidos como cocodrilos han tenido un largo proceso de cambio que abarca más de 200 millones de años, desde el Triásico inferior hasta nuestros días. Si bien pensamos que los cocodrilos actuales tienen un largo proceso de evolución, esto es relativo puesto que los especímenes que existen en estos momentos están lejanamente emparentados con los que existieron en el Mesozoico. Esto queda como manifiesto en las diferencias morfológicas de los distintos subórdenes.

Los cocodrilos pertenecen a la clase de los arcosaurios (reptiles dominantes) al que también pertenecen los dinosaurios y los pterosaurios. A su vez, pertenecen al orden Crocodilia, de una condición diápsida, los que están representados por tres subórdenes: los más antiguos, como protosuquios que vivieron y se desarrollaron en el Triásico; el suborden de los mesosuquios (teleosauridos y metriorhynchidos) que ocuparon nichos ecológicos durante el Jurásico, Cretácico, hasta el Mioceno; y finalmente los eusuquios, que comprende a los cocodrilos más modernos y que se desarrollaron desde el Cretácico hasta la actualidad.

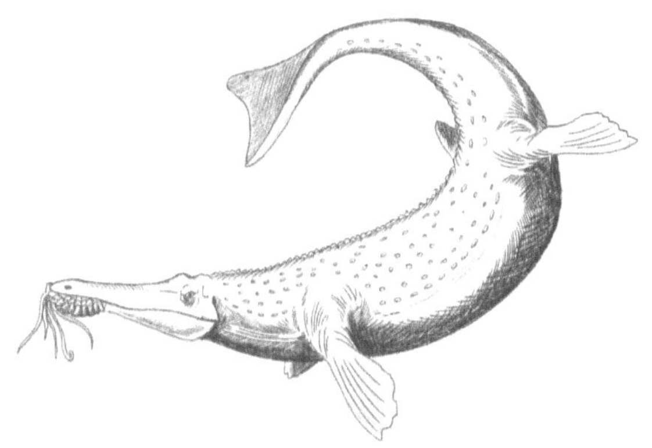

Reconstrucción paleobiológica de *Metriorhynchus casamiquelai* (Ilustración: Jorge Aragón)

PROTOSUQUIOS

Son los cocodrilos más primitivos, exclusivamente del Triásico, de talla pequeña ya que raramente sobrepasan el metro de longitud. Son cuadrúpedos, esbeltos y ligeros, con unas patas bastantes largas que les permitían desplazarse en las zonas continentales, haciéndolos buenos corredores. Sus vértebras son del tipo anficélicas (con una pequeña concavidad en la cara articular), tienen un cráneo poco esculpido, con un hocico estrecho y corto, siendo esencialmente carnívoros terrestres.

Conservan muchos carácteres propios de los tecodontos. Su cuerpo estaba cubierto por una fuerte armadura de placas óseas que cubría el dorso y la parte ventral. Todo lo anterior nos señala una serie de rasgos anatómicos que recuerdan a los reptiles más primitivos, sobre todo en los orificios nasales que en este grupo estaban situados en el extremo del hocico, considerado por los paleontólogos como un rasgo ancestral.

Reconstrucción paleobiológica de protosuquios

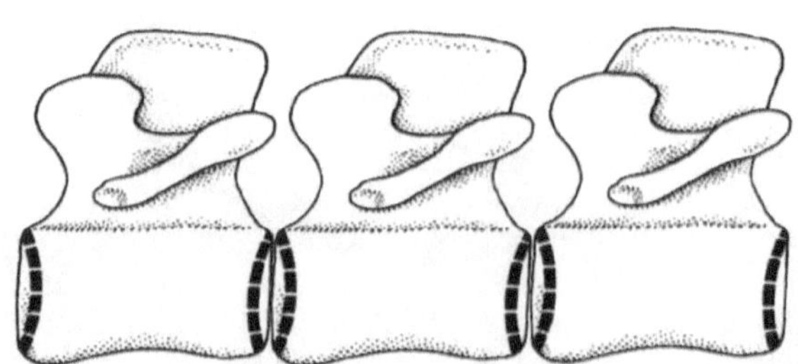

Vértebras anficélicas típica de protosuquios

Protosuquios en Chile

Si bien es cierto que esta clase de cocodrilos aparentemente no estaba presente en nuestro territorio, es posible que el espécimen encontrado en el cerro Quimal (al sureste de Calama) pudiera tratarse de restos de este cocodrilo, ya que además del silesaurio encontrado, aparecieron huellas o marcas de placas similares a la de este cocodrilo, además de un húmero izquierdo, asunto que afirmé en la primera edición de este libro.

Estos restos estaban incluidos en una placa fosilífera que estaba depositada en el Museo Nacional de Historia Natural en Quinta Normal, fue descubierto en 1980 y está siendo reestudiado por investigadores chilenos. Es un trozo de sedimento que contiene diversos huesos, entre los que se encuentran los ya nombrados, y cuya edad corresponde al Triásico (238 a 240 millones de años). Su denominación es *Chilenosuchus forttae*, del cual por ahora no hay muchos antecedentes

Reconstrucción paleobiológica de *Metriorhynchus casamiquelai* (Ilustración: Jorge Aragón)

MESOSUQUIOS

Teleosauridos

Son cocodrilos mesozoicos que conservan algunos caracteres primitivos, especialmente las vértebras anficélicas. Sin embargo, los orificios nasales internos están mucho más cerca de la posición posterior del cráneo, por lo que ocupan un lugar intermedio en la evolución de estos animales.

Los cocodrilos Jurásicos más antiguos, miembros del suborden Mesosuquio eran representantes de la familia Teleosauridae, que fueron abundantes en formaciones rocosas de Francia, Alemania y también los encontramos en Chile.

Estos animales fueron relativamente pequeños, aunque excepcionalmente alcanzaban los cuatro metros de longitud.

Superficialmente eran muy parecidos a los gaviales actuales, por lo que tenían una mandíbula larga y estrecha con numerosos dientes finos, lo que denota su carácter piscívoro.

Teleosauridos en Chile

Los cocodrilos marinos son los de la familia Teleosauridae y podría especularse que estos dieron origen a los Metriorhynchidae; sin embargo, lo más probable es que las dos familias hubieran tenido un antepasado común protosuquio desconocido.

El primer registro de esta familia en Chile lo dio a conocer Rudolfo A. Philippi, quien asignó una vértebra encontrada en la localidad de Caracoles, Antofagasta (II Región) a *Teleosaurus neogaeus*. Este autor figuró la pieza, pero nunca fue publicada. Posteriormente, Humberto Fuenzalida la reasignó a *Macrospondilus*, sinónimo de *Steneosaurus* que, de ser correcto, quedaría como *Stenosaurus neogaeus*. Esta reasignación fue respaldada por Casamiquela en 1970. El cuerpo vertebral se encuentra depositado en la colección del Museo Nacional de Historia Natural de Santiago.

Otro teleosáurido fue citado por Viese en 1961, encontrado en Cerritos Bayos. Este dato de la localidad, así como los materiales que usó para la determinación, son imprecisos.

Otro registro se produjo en la quebrada Punta El Viento, Antofagasta (II Región), en donde se recolectaron restos óseos de cocodrilo que corresponden a huesos largos, vértebras y un basioccipital.

Este material fue identificado por Casamiquela. Los restos son de edad Jurásico temprano (Sinemuriano) y fueron dados a conocer por Guillermo Chong y Rodolfo Casamiquela, en el año 1969.

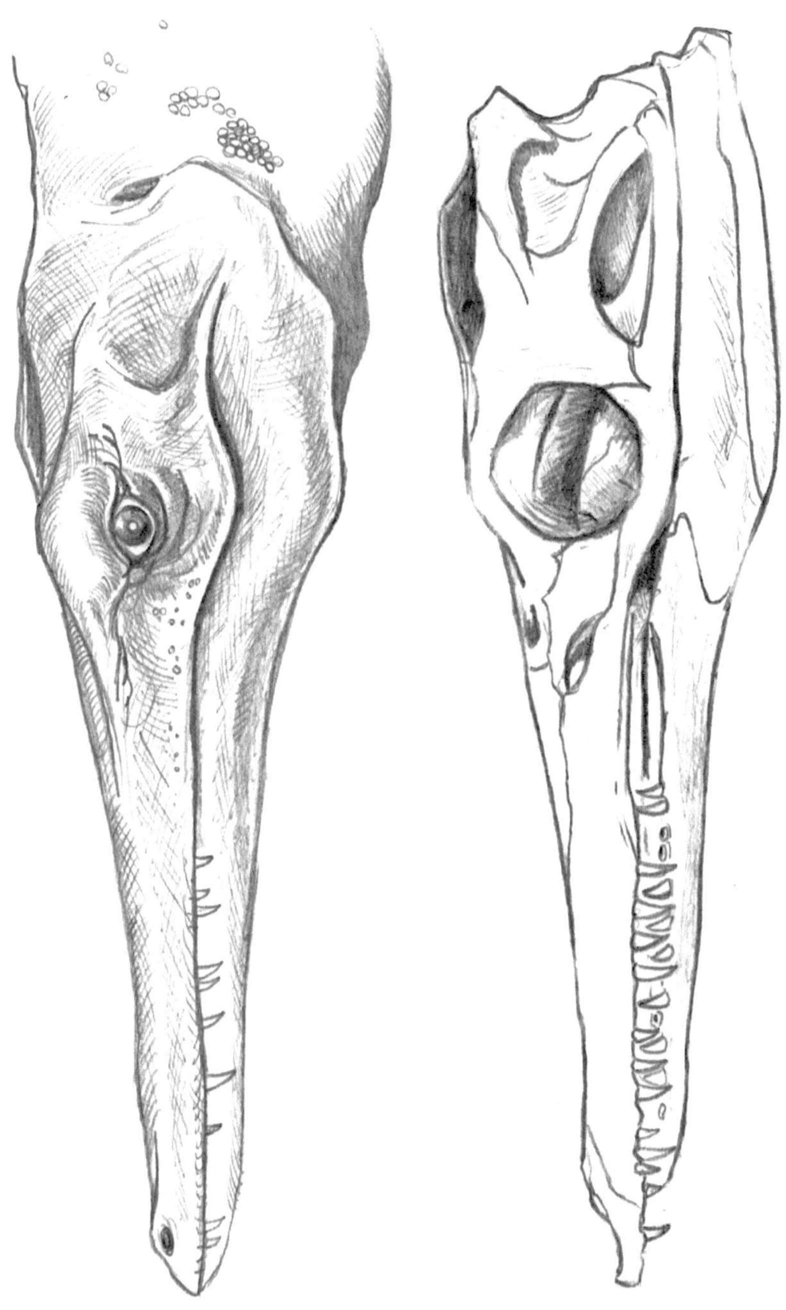

Cráneo y reconstrucción de la cabeza de *Metriorhynchus casamiquela* (Ilustración: Jorge Aragón)

También en la localidad de Alto de Varas, Antofagasta, fueron identificados cuatro huesos que corresponden metatarsales, reconocidos por Guillermo Chong y Zulma Gasparini en el año 1972. La edad es del Jurásico temprano.

Estos dos registros fueron atribuidos a Mesosuquios, no asignados a nivel de familia; sin embargo, dada la antigüedad de los restos y los sedimentos portadores se puede asignar provisoriamente a la familia *Teleosauridae*.

Metriorhynchidos: generalidades

Los metriorhynchidos fueron cocodrilos de cabeza masiva y alargada, su cráneo posee dos aberturas o fenestras supratemporales, de cuello corto, rostro alargado con dientes cónicos, gruesos y continuos, ideales para una caza de peces y cefalópodos (Ammonites y *Nautilus*). Sus ojos están situados a los costados y protegidos por una expansión a modo de arco superciliar sobresaliente, que es un carácter distintivo del grupo. El ojo en sí estaba protegido por un anillo de placas dérmicas articuladas, denominado anillo esclerótico que permite un avance veloz en el agua.

Su adaptación al medio marino modificó sus miembros, de tal modo que las extremidades anteriores o delanteras se transformaron en elementos de estabilización, siendo estos más cortos y con los huesos que conforman la extremidad redondeados. En cambio, en los miembros posteriores o traseros, lo huesos se han alargado un poco más, para transformarse en elementos propulsores que habían tenido un membrana interdigital.

También su cola fue un propulsor, puesto que está constituida por una membrana heterocerca que le otorgaba gran impulso a estos animales, lo cual les permitía adentrarse en el mar en busca de alimentos.

La existencia de la membrana heterocerca con el extremo de la columna vertebral inclinada hacia abajo pudo ser conocida porque se han conservado impresiones de la piel en algunos yacimientos fósiles del Jurásico superior de Alemania. Ese tipo de cola les otorgaba un gran impulso.

Otra peculiaridad del grupo fue la falta de placas dérmicas en el cuerpo, como los demás cocodrilos, lo que es usado como carácter diagnóstico. Esta característica fue también una adaptación, puesto que el cuerpo sin placas habría permitido un mejor desplazamiento en el mar y disminuir la fricción para su natación en los mares someros o bajos y de poca energía, como cuencas marinas o mares cerrados.

Como todos los reptiles marinos, ellos debieron reproducirse por huevos, pero habrían tenido un sistema similar al de los ictiosaurios, expulsando las crías vivas al agua desde su interior.

Los Metriorhynchidae tuvieron una amplia distribución geográfica durante el Mesozoico, más precisamente en el Jurásico temprano, medio y tardío, donde evolucionó una serie de cocodrilos que se diversificó morfológicamente e invadió el nicho ecológico marino de varias partes del mundo, sobre todo de Europa.

Durante el período Jurásico temprano o inferior, en América del Sur existieron varios de estos cocodrilos, tales como *Metriorhynchus pótens*, *Geosaurus araucanensis* y *Metriorhynchus casamiquelai*.

En Chile tenemos uno de los más antiguos cocodrilos marinos de la familia Metriorhynchidae, que fue encontrado en rocas del Jurásico medio, procedente del interior de Antofagasta.

Metriorhynchus casamiquelai (Ilustración: José Lemos Caro)

Metriorhynchidos en Chile

En 1977, Zulma Gasparini y Guillermo Chong dieron a conocer un cráneo de cocodrilo marino que es uno de los mejores preservados del mundo, puesto que su deformación *post mortem* es casi nula y, por lo tanto, ha conservado todas sus estructuras, la cuales sirvieron para designar una nueva especie denominada *Metriorhynchus casamiquelai*, en honor al paleontólogo argentino Rodolfo Casamiquela.

Este es el cocodrilo más antiguo de Sudamérica. El hallazgo de los restos fue hecho en el cerro Jaspe, a unos 40 kilómetros al norte de Chuquicamata, Antofagasta (II Región) y su edad ha sido asignada al Jurásico medio (Caloviano medio), unos 160 millones de años. El espécimen está depositado en el Museo Profesor Humberto Fuenzalida de la Universidad Católica del Norte. El ejemplar fue procesado y estudiado en el Departamento de Paleontología de Vertebrados de la Universidad de La Plata, en Argentina. El fósil estaba asociado a cefalópodos Ammonoideos y bivalvos, aunque en la zona también han sido encontrados esponjas, corales e ictiosaurios.

El ambiente en que vivió Metriorhynchus, en la cuenca norte, es tropical, con mares cálidos, poco profundos y arenas blancas, condiciones indicadas por la presencia de corales y esponjas.

Posteriormente en 1980, Zulma Gasparini dio a conocer una nueva especie de Metriorhynchidos, sobre la base de un cráneo incompleto que carece de la parte rostral, pero bien conservado, salvo en algunos detalles. Se trataba de tres restos vertebrales y algunas costillas que se encontraban asociadas a cefalópodos y otros invertebrados. El nuevo cocodrilo marino, que presenta diferencias morfológicas con la especie de *Metriorhynchus casamiquelai*, fue nominado como *Metriorhynchus westermanni*, en honor a su descubridor. Fue encontrado y exhumado en Placilla de Caracoles, Antofagasta (II Región), perteneciente a la Formación Mina Chica, por el Profesor Gerd Westermann, del Departamento de Geología de la Universidad Mc. Master de Hamilton (Canadá), quien asignó los restos al Jurásico medio (Caloviano temprano). Estos se encuentran ingresados en la colección del Departamento de Geología de la Universidad Mc. Master, bajo el acrónimo Mc.M J1151r.

Reconstrucción paleobiológica de *Metriorhynchus casamiquelai* (Ilustración: Jorge Aragón)

Geosaurus es otro cocodrilo marino proveniente de Neuquén, Argentina, y fue descrito por Zulma Gasparini, nominado como *Geosaurus araucanensis*. Lajos Biró, investigador del Departamento de Ciencias de la Tierra de la Universidad de Concepción, descubrió una vértebra en la localidad de Lo Valdés, a unos 70 kilómetros al este de Santiago, en la cordillera de los Andes, que atribuyó a *Geosaurus*. El hallazgo pertenece a la Formación Lo Valdés, cuya edad es Jurásico superior - Cretácico temprano.

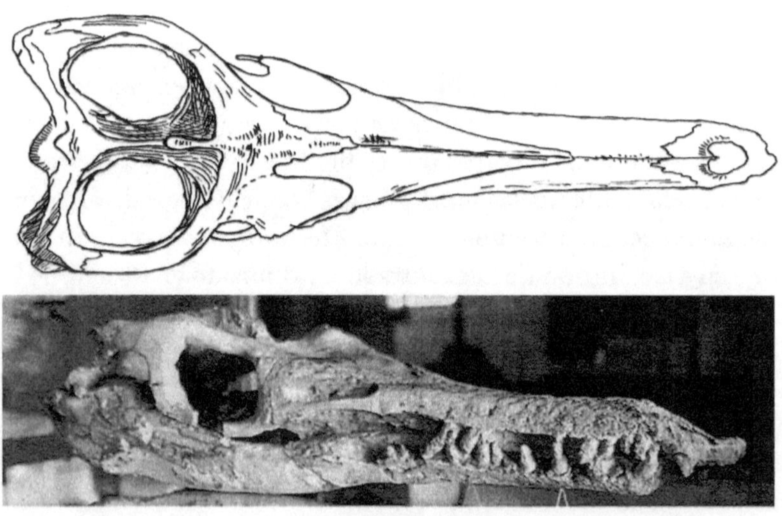

Esquema del cráneo en vista superior y fotografía del cráneo de *Metriorhynchus casamiquelai*

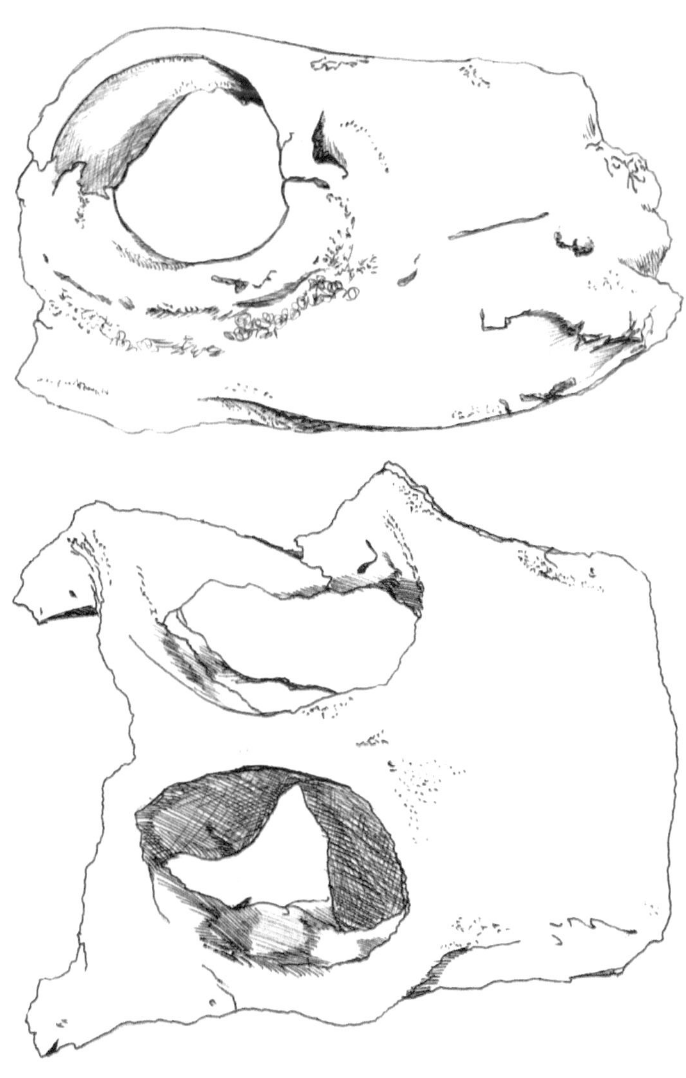

Esquemas de las porciones del cráneo de *Metriorhynchus westermanni*
en vista superior y lateral (Ilustración: Jorge Aragón)

EUSUQUIOS

Los Eusuquios son los cocodrilos modernos, los más evolucionados principalmente en lo que respecta a la estructura de las fosas nasales, que están bastante retrasadas, así como también la articulación de las vértebras del tipo procélicas, siendo estas cóncavo-convexas lo que significa la evolución más moderna del grupo.

El cráneo es variablemente alargado y los resaltes posorbitarios están profundamente desplazados hacia el interior. Comprende cuatro familias con representantes desde el Cretácico, principalmente los cocodrílidos, los gaviálidos y los oligatóridos.

De este tipo de cocodrilos se han encontrado dientes y algunos restos óseos en la zona de Bahía Inglesa, pero son del Miocénico.

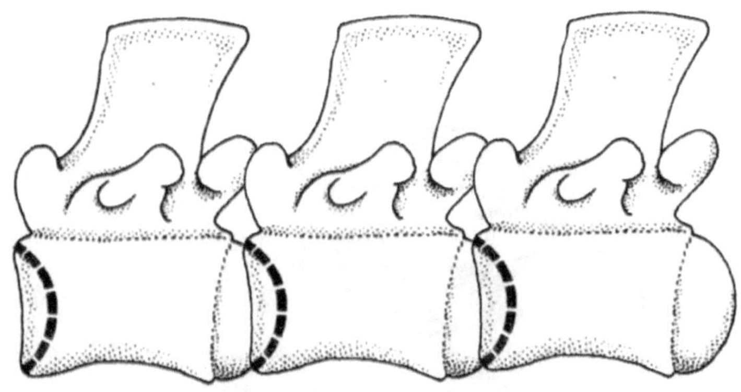

Vértebras procélicas típica de los eusuquios

CAPÍTULO XIII

TORTUGAS EN CHILE

Tortugas
Generalidades

Las tortugas son reptiles anapsidos (sin aberturas en el cráneo), adaptados al medio terrestre y acuático, cuya especialización los llevó a desarrollar un caparazón protector formado por dos cubiertas superpuestas, la interna constituida por elementos dérmicos y unida por suturas; y su cubierta externa formada por escudos que dibujan un mosaico de escamas que se unen en surcos.

La evolución de las tortugas aún no está clara, sin embargo, se ha propuesto a un grupo de reptiles denominado eunotosaurios, cuyas característica fundamental es la posesión de anchas costillas. De este grupo se conoce solo un fósil encontrado en África, del Pérmico medio de Sudáfrica. El fósil aparece en su posición ventral, donde se pueden apreciar diez vértebras de las cuales en ocho nacen anchas costillas.

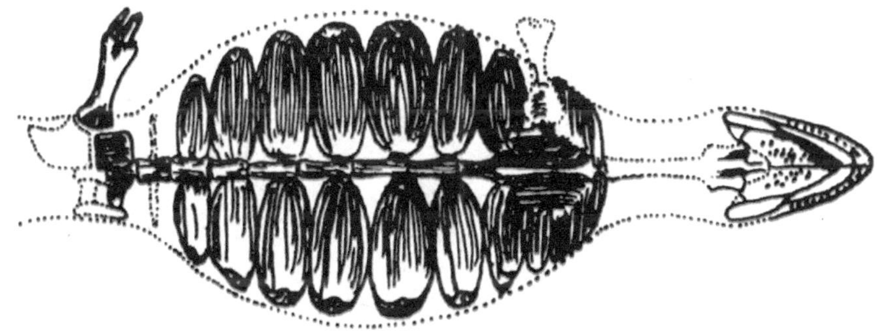

Eunotosaurus

A lo largo del tiempo, las tortugas han habitado mares, ríos y tierra firme hasta la actualidad.

Son animales cubiertos de un caparazón protector que está constituido por una serie de placas fusionadas que dan al caparazón forma de rompecabezas. Este caparazón está formado por dos partes principales: una
dorsal llamada «espaldar» y otra ventral llamada «plastrón». En algunos
ejemplares, esta cubierta dérmica es correosa (cubierta con una especie de
cuero). Su cráneo presenta órbitas oculares grandes.

Su hocico carece de dientes y en reemplazo posee un pico corneo para
alimentarse. La columna vertebral y las costillas están soldadas a las placas costales y dorsales del caparazón superior. Posee cuatro aletas natatorias que presentan una notable hiperfalangia.

Reconstrucción de una tortuga marina rodeada de cefalópodos Ammonoideos (Ilustración: Jorge Aragón)

Tortugas en Chile

San Pedro de Pichasca (Coquimbo)

Los primeros restos de tortugas encontrados en Chile corresponden a fragmentos del caparazón de una tortuga terrestre, asociada a restos de dinosaurios de la familia Titanosauridae y hallados en la Formación Viñita, al interior de Ovalle, hacia la zona de Pichasca. A pesar de la existencia de estos, los restos no permiten una identificación detallada ni tampoco una clara interpretación del ambiente al que corresponden estas tortugas.

La primera indicación de tortugas fósiles en Chile se debe a Casamiquela, quien encontró el material en la Región de Coquimbo, en el área de San Pedro de Pichasca. Los estratos portadores de estos restos pertenecen a la Formación Viñita, considerada Santoniano-Maastrichtiano sobre la base de dataciones radiométricas.

Testudines indet (SGO.PV.240) Placa periférica: A1.- vista dorsal; A2.- vista ventral. Placa periférica indeterminada: B.- vista dorsal. Fragmento de plastrón: C1.- vista ventral; C2.- vista dorsal. Pichasca, Región de Coquimbo. Formación Viñita, Santoniano-Maastrichtiano. Barra de escala = 1 cm

Sierra Dorotea (Magallanes)

Durante enero de 2008, investigadores del Proyecto Anillo Antártico recolectaron restos de tortugas provenientes de la localidad de sierra Dorotea, a unos 20 km al noreste de Puerto Natales, Región de Magallanes. Otros restos provenientes de la misma localidad fueron donados por el sr. José Luis Oyarzún (Puerto Natales). La unidad de procedencia de estos materiales corresponde a niveles ubicados en Chile, que son equivalentes a la Formación Río Turbio correspondiente al Eoceno medio-tardío, en base a correlaciones estratigráficas y a su contenido de microfósiles.

Isla Quiriquina y Lirquén

El orden de los quelonios está representado por un trozo mandibular inferior de una tortuga marina, atribuida al género *Osteopygis* por el investigador Lajos Biró, en la década del 80 (1982). Fue él quien, además, formalizó por primera vez la situación estratigráfica de la Formación Quiriquina, incluyendo una breve síntesis de la fauna contenida en ella y mencionando (también por primera vez) la presencia de tortugas en el lugar. Posteriormente, Lajos Biró y Zulma Gasparini (1986) estudiaron de manera sistemática dichos restos, especificando su procedencia desde la localidad de Lirquén, a unos 10 km al norte de Concepción. Los autores indican la ubicación del material en la parte superior de la formación, sin explicitar el nivel exacto. La edad de la Formación Quiriquina y de los afloramientos de Lirquén corresponde al Maastrichtiano tardío.

Este material fue previamente estudiado en 1998, y determinado como *Osteopygis*, sin embargo, el material tipo de dicha especie correspondía a un pleurodiro. Posteriormente fue reasignado en el 2002 a un nuevo género; la presencia de un extenso paladar secundario, un cráneo ancho y una sutura gruesa entre el vómer y las premaxilas son caracteres diagnósticos del género *Euclastes*.

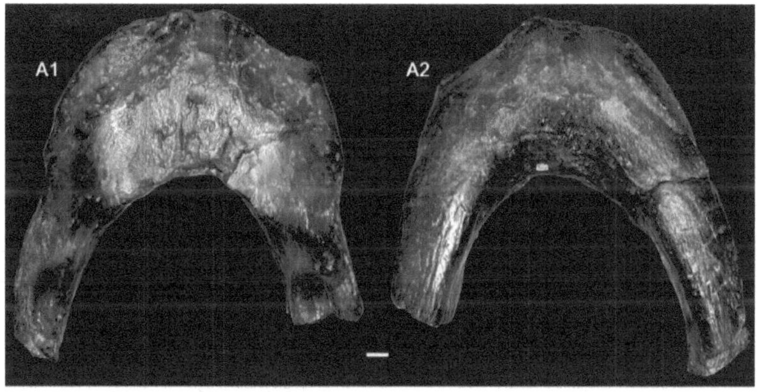

Euclastes sp. Q-377: Mandíbula incompleta. A1.- vista oclusal; A2.- vista ventral. Lirquén, Región del Biobío. Formación Quiriquina del Maastrichtiano tardío. Barra de escala = 1 cm

Posteriormente se encontró un cráneo de un quelónido (una tortuga marina) en la zona de Cocholgue, a 25 km al norte de Concepción (Región del Bio-Bio), con una edad Cretácico superior (Maastrichtiano). El fósil que fue depositado en el Museo Nacional de Historia Natural, bajo el acrónimo (SGO.PV.6504), fue encontrado con la superficie ventral hacia arriba. La porción ventral del cráneo, por detrás de la superficie de trituración está altamente erosionada, por lo que saber los contactos y las formas de la mayor parte de la base del cráneo es incierta; en tanto que el techo del cráneo está bastante completo, pero aplastado. La longitud total del cráneo conservado, incluyendo las extensiones posteriores dañadas del supraoccipital, es de 148 mm. La anchura máxima del cráneo, medida a nivel de los postorbitales, es de 125 mm.

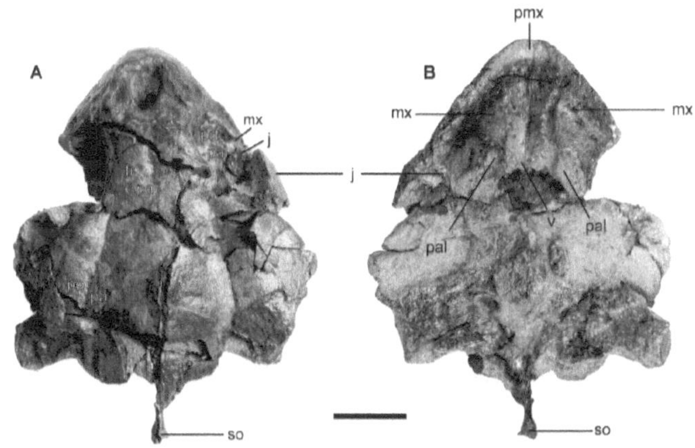

Fotografías del cráneo de tortuga en vista dorsal (A) y ventral (B)

Es un cráneo de tortuga que se identifica fácilmente como una pancheloniid (Pancheloniidae es un clado de tortugas marinas que pertenecen a la superfamilia Chelonioidea. Se define como la más estrechamente relacionada con las tortugas marinas, tortugas Cheloniidae a tortugas Dermochelydo), basado en su paladar secundario que incluye un vómer, maxilar y premaxilar. El cráneo de tortuga marina chilena presenta caracteres similares a la tortuga encontrada en México, en el desierto de Coahuila, *Mexichelys coahuilaensis*, por su hocico menos redondeado, y menos frente en la parte anterior a las órbitas entre otros. *Euclastes coahuilaensis*, nombrada en 2009, fue reasignada a *Mexichelys coahuilaensis* 2010. *Mexichelys* es un género extinto de tortuga marina que vivió en México durante el Cretácico superior, siendo la única especie conocida *Mexichelys coahuilaensis*.

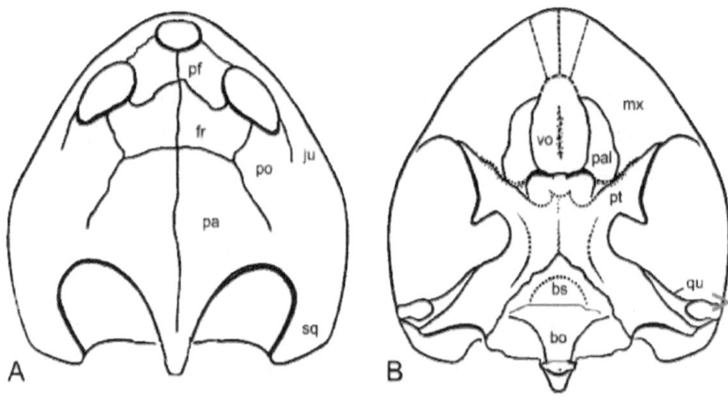

Cráneo de *Euclastes coahuilaensis* en vista dorsal (A) y vista ventral (B). Abreviaturas: frontal (fr), jugal (ju), maxilares (mx), palatinos (PAL), parietal (pa), postorbital (po), prefrontal (PRF), premaxilares (pmx), pterigoideo (pt), supraoccipital (so) y vómer (v).

Por su morfología, el cráneo (SGO.PV.6504) coincide con la de Euclastes, por lo que se refiere a ese género. Se siguió el reconocimiento de solo tres especies válidas dentro del género: *Euclastes platyops* (Cope, 1867), *Euclastes acutirostris* (Jalil, 2009) y *Euclastes wielandi* (Heno, 1908). De estos tres, el cráneo chileno tiene más afinidad con *Euclastes platyops* por su hocico más romo, premaxilares relativamente más grandes y una sutura transversal entre la porción más anterior de los Palatinos y maxilares. En términos generales, el género *Euclastes* puede ser distinguido entre las tortugas marinas posteriores por su cráneo ancho y bajo, su paladar ancho y aplanado, un hueso dentario también plano y ancho con una alargada sínfisis, y un borde bajo en el pico.

Por lo cual la tortuga chilena ha sido incluida en el género *Euclastes,* en espera de datos adicionales, que pueda proporcionar otro cráneo tortuga conocida y encontrada en la Formación Quiriquina (Australobaena chilensis). *Euclastes* es un género extinto de tortuga marina que fue nombrada originalmente por Edward Drinker Cope en 1867, y abarca a tres especies.

Sistemática

Testudines Batsch, 1788
Cryptodira Cope, 1868
Chelonioidea Baur, 1893
Pancheloniidae Joyce, Parham, and Gauthier, 2004
Euclastes Cope, 1867
Euclastes sp.

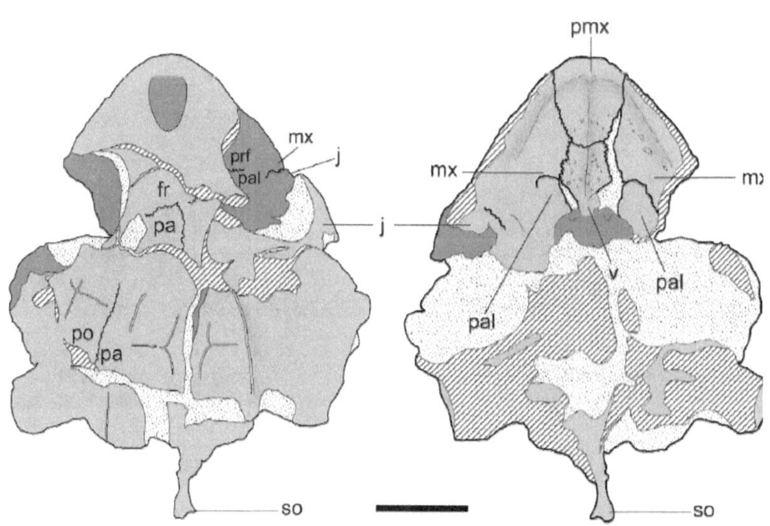

Esquema del cráneo (SGO.PV.6504) en vista dorsal (izquierda) y vista ventral (derecha). Abreviaturas: frontal (fr), jugal (j), maxilares (mx), palatinos (PAL), parietal (pa), postorbital (po), prefrontal (PRF), premaxilares (pmx), pterigoideo (pt), supraoccipital (so), y vómer (v). Escala = 50 mm

Algarrobo (Valparaíso)

Mario Suárez y su equipo en el año 2003 dan a conocer placas y un húmero de tortuga provenientes de la localidad de Algarrobo, Región de Valparaíso. Restos postcraneales adicionales fueron presentados por Otero en el año 2012, que incluían dermoquélidos indeterminados. La unidad portadora de dichos restos corresponde a los estratos de la quebrada Municipalidad, conformados por una discreta sucesión de origen marino transgresivo, la cual alcanza unos 40 metros en su exposición. Los niveles poseen conglomerados con abundante fauna de invertebrados y vertebrados fósiles, y en menor frecuencia madera carbonizada, los cuales indican en conjunto una edad Campaniano-Maastrichtiano.

Testudines indet. Fragmento medial de plastrón (SGO.PV.6576a): A1.- vista dorsal (interna); A2.- vista ventral; A3.- vista anterior; A4.- vista lateral. Fragmento distal de plastrón (SGO.PV.6576b): B1.- vista ventral; B2.- vista lateral. (SGO.PV.6576c) Fragmento de xifiplastrón. Algarrobo, Región de Valparaíso. Maastrichtiano temprano. Escala = 1 cm

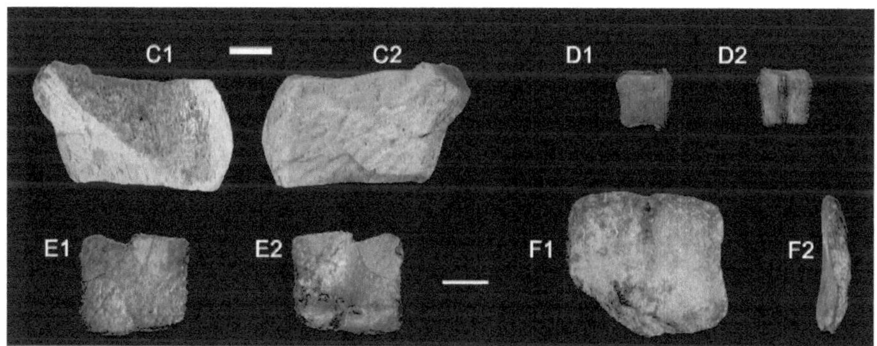

Testudines indet. C1.- vista dorsal (interna); C2.- vista ventral. Sierra Dorotea, Región de Magallanes. Formación Río Turbio, Eoceno medio-tardío. (SGO.PV.6503) Placa periférica. D1.- vista dorsal; D2.- vista axial. Loanco, Región del Maule. Formación Chanco (equivalente a Formación Quiriquina), Maastrichtiano indiferenciado. MPC.11003: Placa neural. D1.- vista dorsal; D2.- vista ventral. MPC.11002: Placa periférica. E1.- vista dorsal. E2.- vista ventral.Algarrobo, Región de Valparaíso. Estratos de la quebrada Municipalidad, Maastrichtiano temprano. Barra de escala = 1 cm

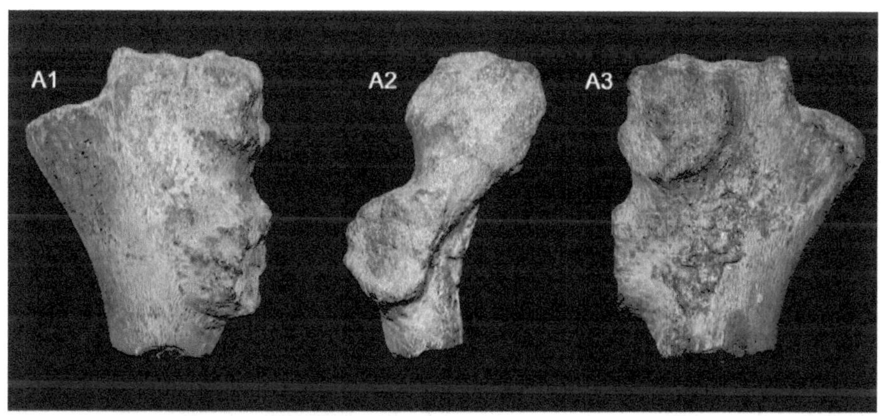

Chelonioidea indet. MPC.11001: Porción proximal de húmero izquierdo A1.- vista ventral; A2.- vista anterior; A3.- vista dorsal. Algarrobo, Región de Valparaíso. Estratos de la quebrada Municipalidad, Maastrichtiano temprano. Barra de escala = 1 cm

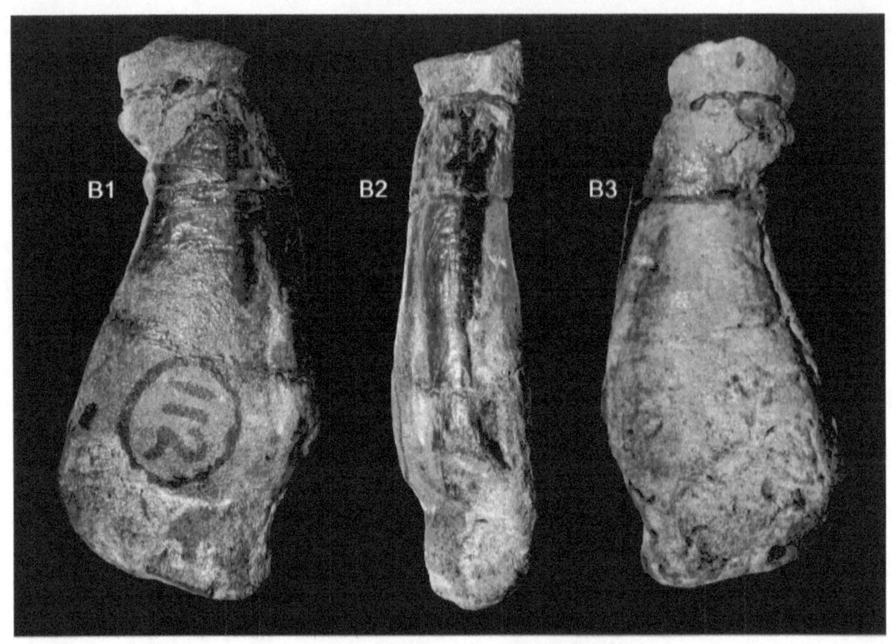

Chelonioidea indet. SGO.PV.112: Porción distal de húmero derecho.
B1.- vista ventral; B2.- vista anterior; B3.- vista dorsal. Barra de escala = 1 cm

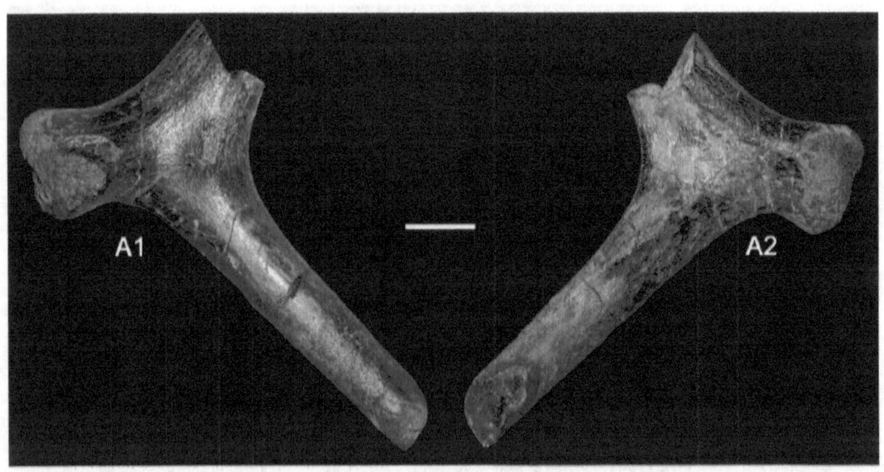

Dermochelyidae indet. SGO.PV.6573: A1.- Escápula izquierda incompleta en vista posterior; A2.- vista anterior. Algarrobo, Región de Valparaíso. Estratos de la quebrada Municipalidad, Maastrichtiano temprano. Barra de escala = 1 cm

Loanco

Restos fragmentarios de tortugas correspondientes a placas aisladas han sido recolectadas desde la localidad Loanco, perteneciente a la Formación Quiriquina, del Maastrichtiano tardío.

Reconstrucción paleoambiental de tortuga marina en su ambiente (Ilustración: José Lemos Caro)

Mapa de distribución sobre hallazgos de restos fósiles de tortugas en Chile (Ilustración del autor)

Capítulo XIV

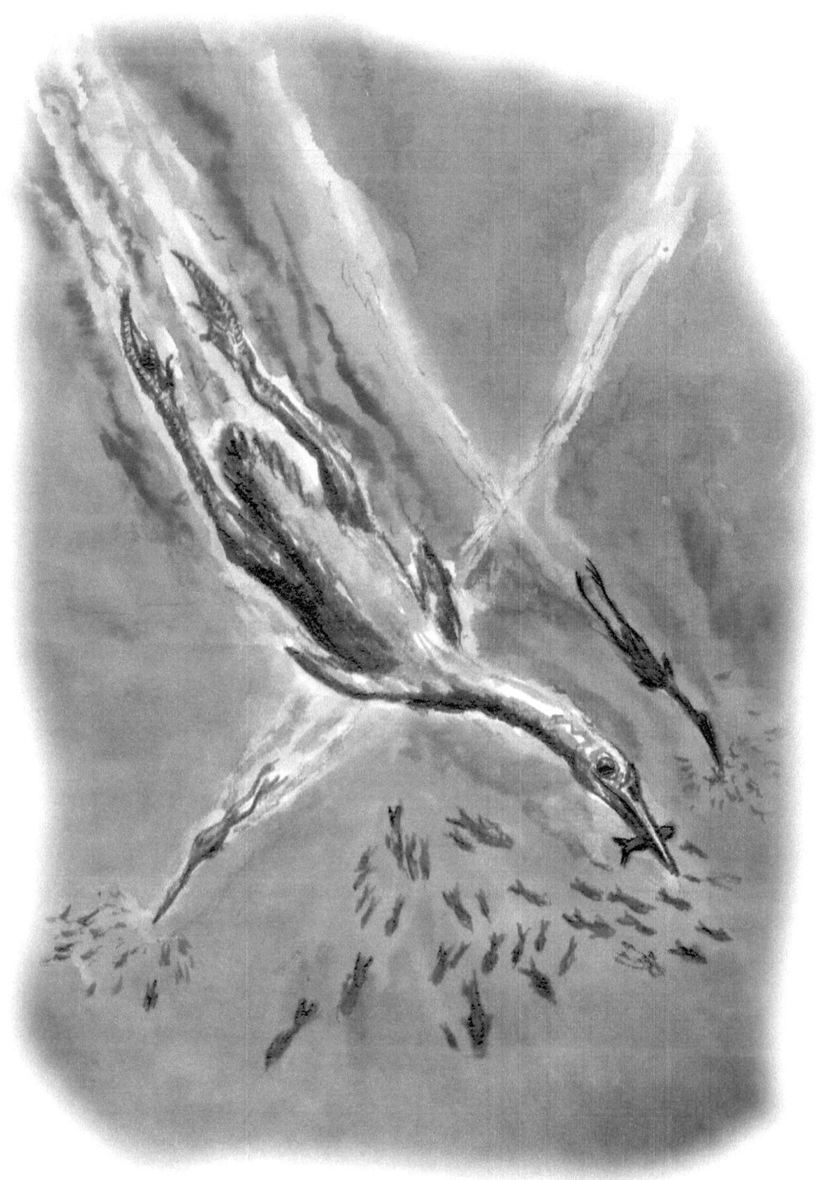

Aves en Chile

AVES

Las investigaciones han arrojado algo de luz sobre un ave fósil de la familia Gaviidae, presente en la Formación Quirina y encontrada en la bahía de San Vicente, en la VIII Región. Del ave denominada *Neogaeornis wetseli*, acuática y de patas palmeadas, se encontró un hueso perteneciente al tarso-metatarso de casi 6 centímetros.

Este hallazgo fue el primer registro de un ave mesozoica para América del Sur. El resto fue dado a conocer por Lambrecht en el año 1929 y es el único registro óseo en Chile. El material se encuentra depositado en el Museo de Kiel, bajo el acrónimo GPMK-123. También existe mención de otro resto óseo que habría sido reportado, sin embargo, no existe confirmación.

Covacevich dio a conocer improntas de ave encontradas en la Antártica. También han aparecido aves marinas en la Formación Bahía Inglesa, sobre todo de pingüinos, pero corresponden al Mioceno medio a superior.

Reconstrucción paleoambiental de *Neogaeornis wetseli* (Ilustración: Jorge Aragón)

Reconstrucción paleoambiental de *Neogaeornis wetzeli* (Ilustración: José Lemos Caro)

Capítulo XV

Aetosaurios en Chile

Aetosaurios

Fragmentos óseos y placas dérmicas (cintura pélvica, huesos apendiculares y pectorales) son parte de un esqueleto postcraneal desarticulado de dos reptiles aetosauridos y constituyen los restos óseos triásicos de Chile más seguros e importantes. Estos restos se encuentran empotrados en tres placas de sedimento.

Estos provienen del cerro Quimal, sector centro oeste de Antofagasta (70 kilómetros de San Pedro de Atacama), cuya edad ha sido asignada al Triásico medio, de 200 a 240 millones de años, de acuerdo al trabajo geológico realizado en los estratos portadores (conocidos geológicamente como «Estratos El Bordo») por investigadores de la Universidad de la Plata, señor Stipanicic y su equipo, quienes estudiaron los vegetales asociados al espécimen. También de acuerdo con Desojo, quien en el año 2003 reafirmó la edad triásica para los estratos portadores, la cual ha sido respaldada con dataciones de uranio-plomo (U-Pb) que entregan la edad antes citada para los niveles inferiores de la unidad portadora.

Los restos de huesos y placas dérmicas habían sido estudiados por Rodolfo Casamiquela, quien reconoció en ellos a un reptil terrestre thecodonte aetosaurido, bautizado como *Chilenosuchus forttae* (*Chilenosuchus* = cocodrilo de Chile y *Forttae* en honor a su descubridora, la geóloga María Angélica Fortt). Posteriormente, la paleontóloga argentina Julia Desojo reestudió los restos y ratificó lo dicho en parte por Casamiquela y se reconoció la especie chilena como válida.

Su cuerpo era macizo, alargado y alcanzaba de 1,5 a 2 metros de largo, de patas cortas situadas bajo el cuerpo con las que alcanzaban los 60 centímetros de altura. Poseía una cola larga y comprimida. Era de hábitos terrestres, caminando cerca de lugares húmedos en busca de alimentación; de cuello corto y coronado con una cabeza masiva, pero de rostro corto y puntiagudo. Además, los restos depositados en la sección de geología del Museo Nacional de Historia Natural de Santiago permiten darse cuenta de que este animal poseía una coraza de placas dérmicas de carácter óseo que cubría su espinazo desde la cola a la cabeza, llamados «osteodermos», que actuaban como un elemento de protección contra otros depredadores. La morfología de estos osteodermos paramediales, laterales y ventrales sugiere una afinidad con aetosaurios de la subfamilia Typothoracisinae.

SISTEMÁTICA

Reptilia Linnaeus, 1758
    Diapsida Osborn, 1903
        Archosauria Cope, 1869
            Pseudosuchia Zittel, 1887 (*sensu* Nesbitt, 2011)
            Suchia Krebs, 1974
                Aetosauria Lydekker, 1889

        Chilenosuchus Casamiquela, 1980
        Chilenosuchus forttae Casamiquela, 1980

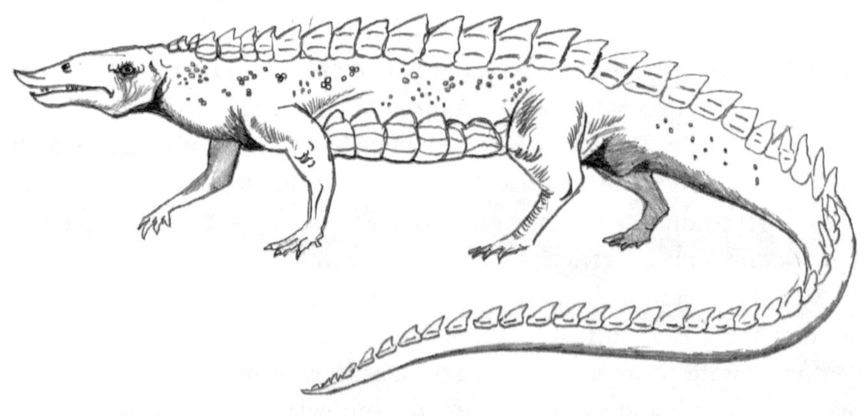

Reconstrucción de un reptil aetosaurido: *Chilenosuchus forttae* (Ilustración: Jorge Aragón)

Aunque los restos no son muy completos, sí permiten reconocer a dicho animal por comparaciones realizadas con especímenes trasandinos.

Este grupo tiene una amplia distribución geográfica ya que se han encontrado aetosaurios en muchas partes del mundo. Solo en Norteamérica encontramos a *Stagonolepis*, *Desmatosuchus* y *Tipotorax*, teniendo una medida similar de tres metros.

La dieta de los aetosaurios era omnívora debido al tipo de diente que poseía. Tenía como preferencia los vegetales, alimentándose de tallos y hojas; la forma de su hocico corto y rechoncho también le permitiría comer raíces e insectos. Por otra parte, Bonaparte decía que eran necrófagos (carroñeros), por lo que esta aseveración indicaría la presencia de otros vertebrados.

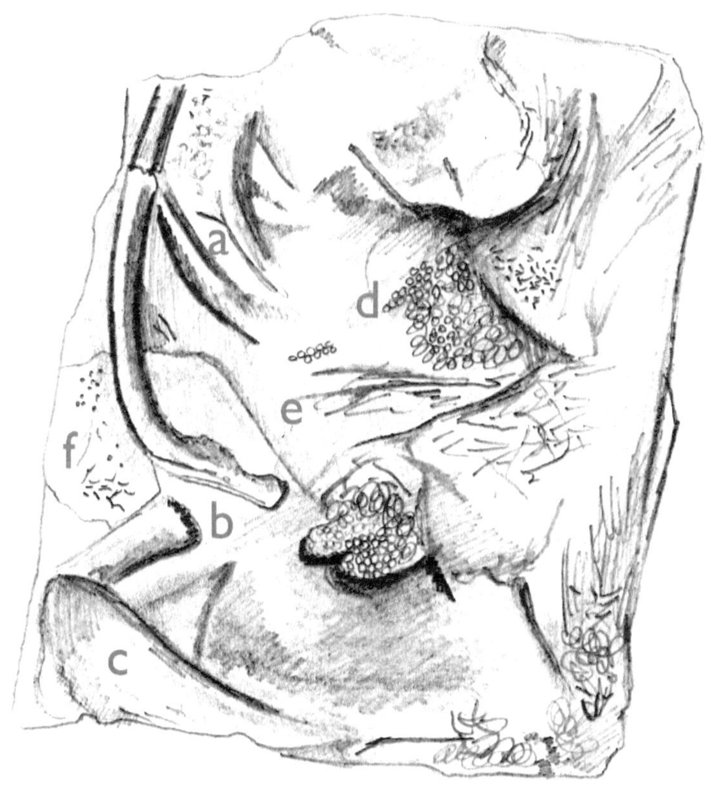

Dibujo de la placa con huesos de aetosaurio en la sierra Quimal:
A.- costillas; B.- pubis; C.- escápula; d.- placas ventrales; e.- gastralias; f.- placas dorsales (Ilustración: Jorge Aragón)

Reconstrucción paleobiológica de un reptil aetosaurido (Ilustración: José Lemos Caro)

Capítulo XVI

Peces en Chile

Peces

Los peces óseos se originaron a partir de los placodermos y constituyen la mayoría de los peces que habitan hoy nuestros mares, lagos y ríos. A diferencia de los seláceos, de ellos se cuenta con una buena documentación fósil, como consecuencia de su esqueleto interno osificado, lo que permite una mejor preservación.

Existe consenso en que los peces óseos poblaron en sus comienzos hábitats dulceacuícolas (lagos y ríos) y que hacia finales del Paleozoico habrían invadido el entorno marino.

Estos peces se reúnen en la clase Osteichthyes, los cuales poseen una característica común: la presencia de sacos aéreos o vejiga natatoria, que es una especie de bolsa gaseosa que facilita el ajuste de flotabilidad, para compensar el aumento de presión a mayor profundidad.

La clase de los osteíctios se divide a su vez en dos subclases: los sarcopterigios y los actinopterigios.

Subclase sarcopterigios (Devónico hasta la actualidad)

Los sarcopterigios presentan dos aletas dorsales, pero lo más importante es que poseen aletas ventrales pares lobuladas, lo que significa que estos peces tienen aletas sostenidas por una base ósea, es decir, que esta aleta posee un esqueleto óseo interno que es accionado por los músculos que están insertados en la aleta.

Este es tal vez el hecho más trascendental, ya que peces de estas características fueron los iniciadores de las primeras incursiones a tierra firme, lo que permitió el inicio de la colonización de los vertebrados en tierra. Tuvieron un gran desarrollo en el pasado, quedando hoy en día como fauna residual, representada por los dipnoos y los coelacantidos (*Latimeria chalumnae*).

Coelacantido, pez con aletas lobuladas. *Latimeria chalumnae* (Ilustración: José Lemos Caro)

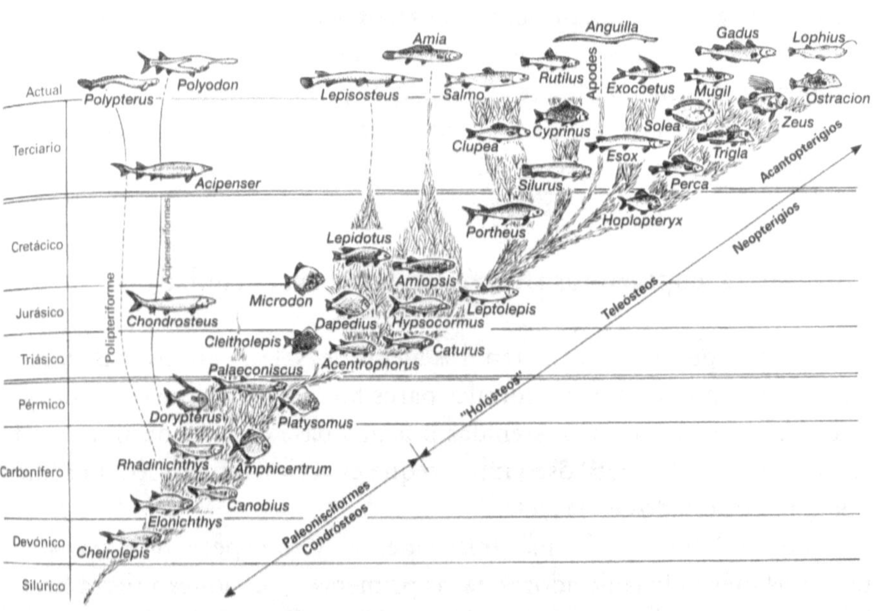

Cuadro filogenético de los actinopterigios (tomado de Z. Yung)

Subclase actinopterigios (Devónico hasta la actualidad)

En su mayoría, estos son los peces que existen en la actualidad. Poseen aletas pares radiadas, estructuradas de tal forma que se sustentan por finos rayos llamados «lepidotriquias», y no como en la subclase sarcopterigia, en donde la sustentación de la aleta es ósea. El control de esta aleta la realizan músculos que están situados dentro de la pared corporal y tienen una sola aleta dorsal.

Los actinopterigios a su vez se dividieron hasta hace algunos años en cuatro grupos: condrósteos, subholeósteos, holósteos y teleósteos. Esta división, a pesar de haber sido reemplazada, la siguen utilizando muchos investigadores.

Hoy en día, los actinopterigios se dividen en solo dos grupos: los condrósteos, que comprende a los peces más primitivos de aletas radiadas, y los neopterigios, que abarcan los peces más avanzados. Sin embargo, aquí ocuparemos la división de los grupos más tradicional.

Condrósteos

Grupo que comprende las formas primitivas del Paleozoico, de aleta caudal heterocerca. En la actualidad solo persisten dos formas, el *Esturión* y el *Polypterus*.

Subholeósteos

Abundantes en el Triásico y son considerados como formas de transición. Tienen características primitivas y más evolucionadas.

Holósteos

Comprende la mayoría de los peces del Jurásico y Cretácico. Están casi extinguidos, quedando un par de formas residuales, como *Lepisosteus* y *Amia*.

Teleósteos

Tienen un esqueleto completamente osificado. Se desarrollaron durante el Jurásico y son los peces más abundantes y los que se encuentran hoy en expansión.

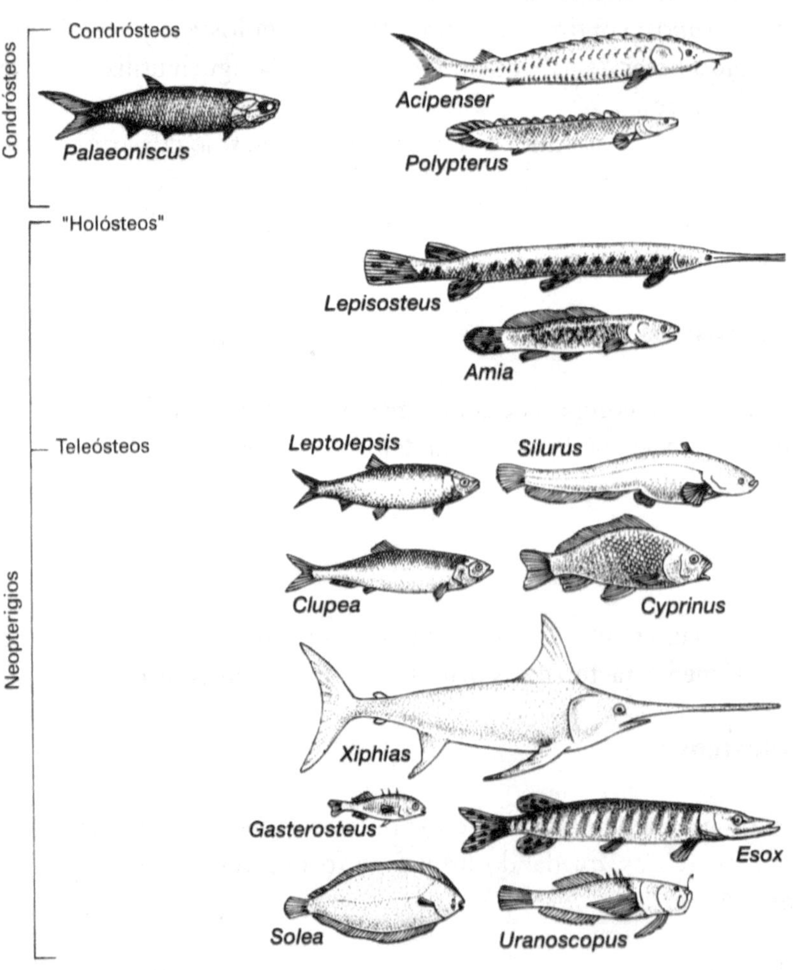

Cuadro de actinopterigios más representativos (tomado de Z. Yung)

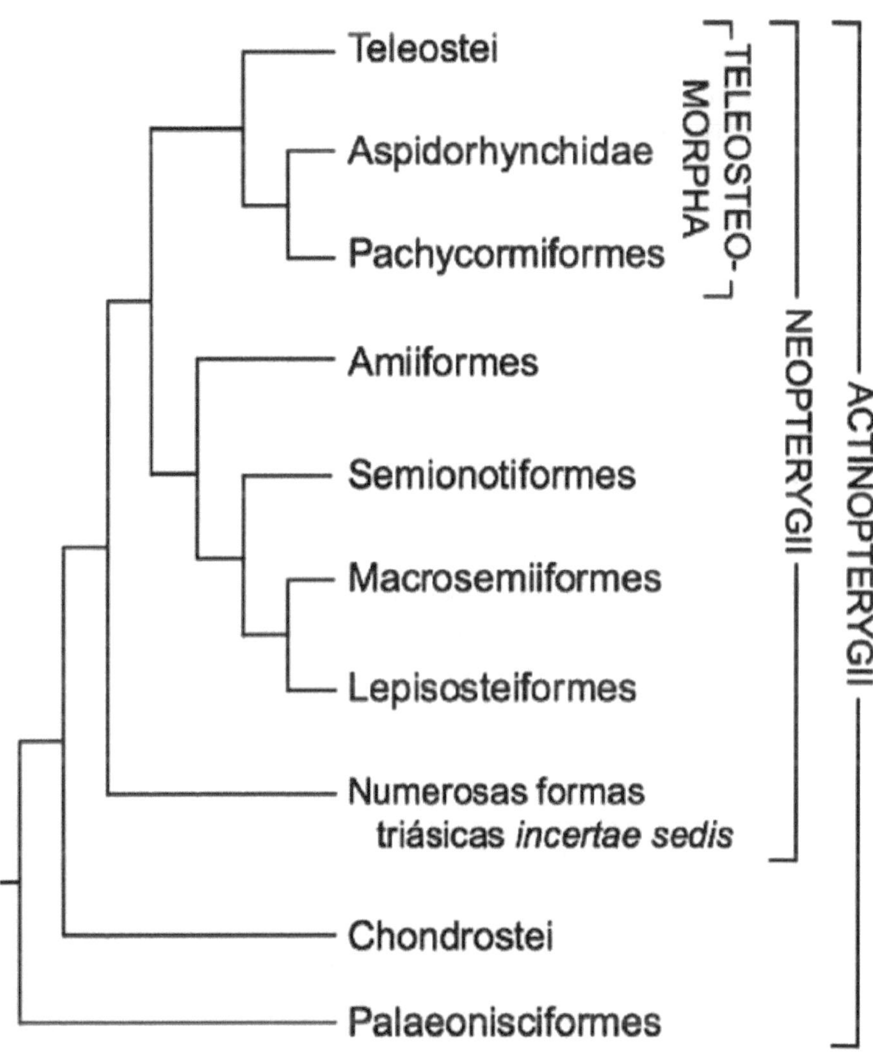

Clado que muestra las relaciones filogenéticas de los actinopterigios (Arratia)

Peces en Chile

En Chile ha habido una gran abundancia de peces fósiles en el Mesozoico y han sido encontrados en diversas localidades, sobre todo en el norte de nuestro territorio, tal vez como consecuencia de una mayor investigación en esta zona.

Las primeras investigaciones acerca de los peces fósiles en Chile fueron realizadas por el naturalista Rudolfo A. Philippi, en 1887, y fue el primero en mencionarlos, refiriéndose a estos como condrictios de depósitos cenozoicos; en tanto que la primera publicación acerca de peces óseos (teleósteos) es de Oliver-Schneider en 1936, quien describió en forma breve restos desarticulados de peces de la isla Quiriquina y costas cercanas de la VIII Región, pertenecientes al Cretácico superior.

El registro de peces más antiguo del Mesozoico es el encontrado por A. von Hillenbrandt, del Instituto de Geología y Paleontología de la Universidad Técnica de Berlín. Von Hillenbrandt recolectó un resto estudiado por H. P. Shult, quien lo determinó como un pez semionótido. Al parecer, los restos por su conservación parecen haber sido semidigeridos.

Otro dato importante es que las rocas portadoras de los fósiles indicarían que los sedimentos son de origen lacustres, lo cual está avalado por la presencia de Conchostraca. Los restos provienen de la quebrada San Pedrito, al oeste de Copiapó, y su edad fue atribuida al Triásico superior.

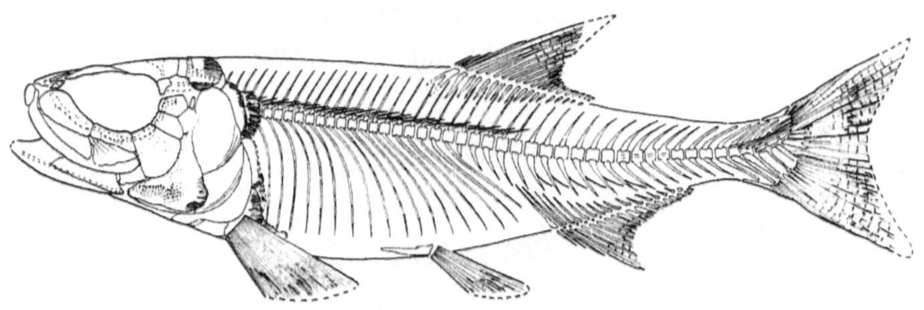

Pez fósil *Varasichthys ariasi*, encontrado en la quebrada El Profeta, cordillera de Domeyko, al norte de Chile. Aproximadamente 20 cm

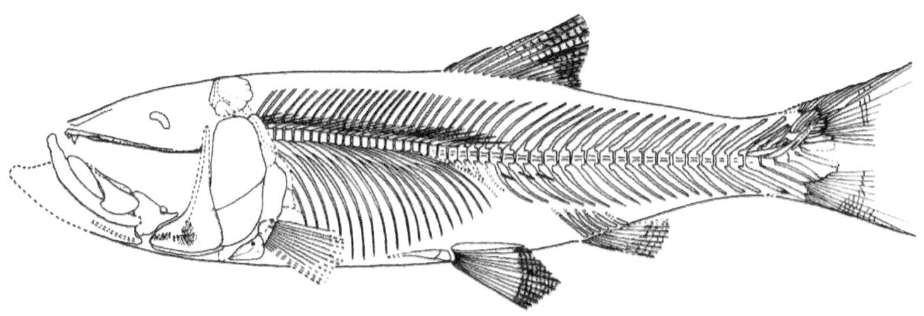

Pez fósil *Domeykos profetaensis*, encontrado en la quebrada El Profeta,
cordillera de Domeyko, al norte de Chile

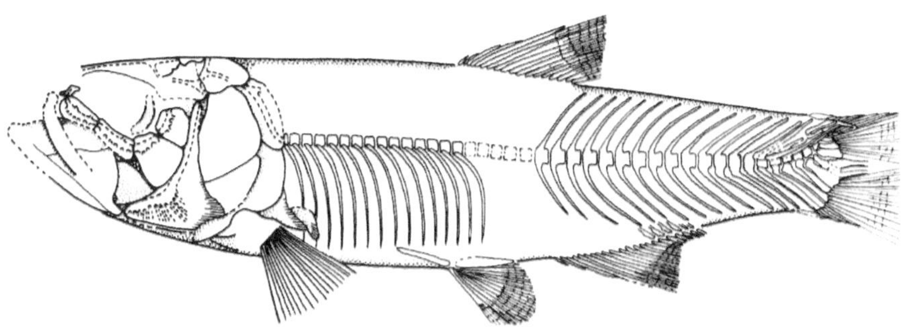

Pez fósil *Protoclupea chilensis*, encontrado en la quebrada El Profeta, cordillera de Domeyko, al norte de Chile

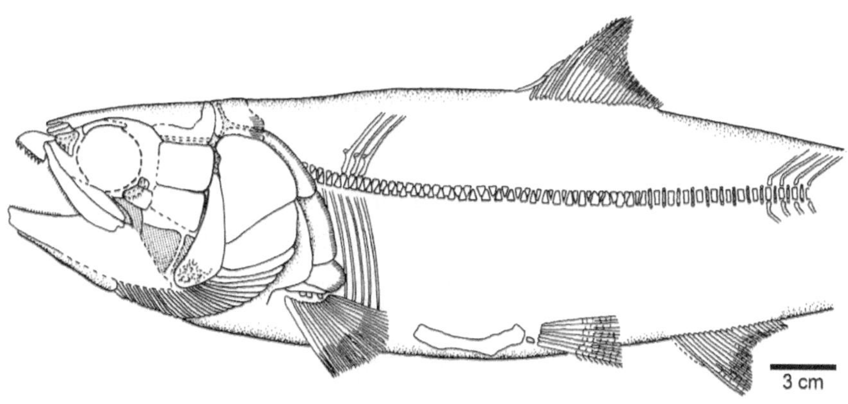

Pez fósil *Atacamichthys greeni*, encontrado en la quebrada El Profeta, cordillera de Domeyko, al norte de Chile

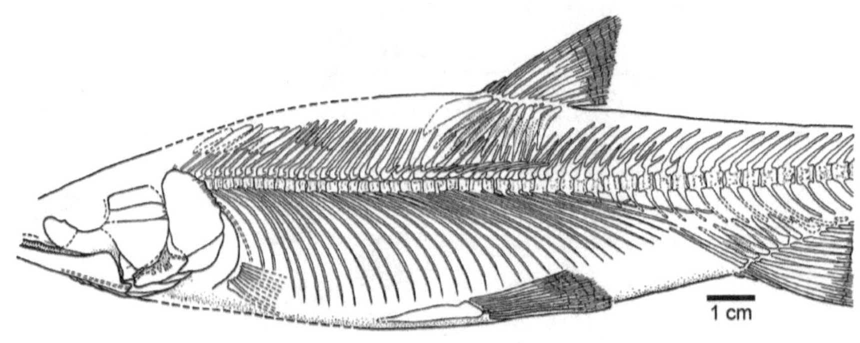

Pez fósil *Chongichthys dentatus*, encontrado en la quebrada El Profeta, cordillera de Domeyko, al norte de Chile

Los registros de peces, se hace más abundante con el paso del tiempo, ya que se han descubierto varios yacimientos en diversas localidades.

Biese registró peces holósteos del tipo *Lepidotes* y *Pachicormus* en la localidad de Cerritos Bayos, Antofagasta (II Región), que fueron fechados para el Jurásico medio a superior (Caloviano - Oxfordiano). También Biese menciona la presencia de otro pez denominado *Thrissops*, del Jurásico superior (Kimmeridgiano). Estos peces se encontraron asociados a invertebrados cefalópodos ammonoideos, lo que permitió determinar la edad.

Existe también un registro de pez agnato cyclostomado que fue mencionado por Biese, del cual no existen descripciones ni ilustraciones y, por tanto, no es posible verificar su autenticidad.

Gran cantidad de peces han sido registrados en la cordillera de Domeyko, como en la quebrada El Profeta, quebrada Aguada Chica, quebrada Sandón y quebrada La Carreta, en donde Guillermo Chong, Gloria Arratia y A. Chang, los han recolectado y estudiado.

Dentro de los peces fósiles, en Chile vivió una gran variedad de hósteos, como folidofóridos, semiotidos, amiiformes y pycnodontiformes; y teleósteos, como leptolépidos y clupeidos. Dentro de estos peces se han reconocido una serie de nuevas especies, como *Leptolepis opercularis*, *Pholidophorus domeykoanus*, *Protoclupea chilensis*, entre otros. El 90% de las especies han sido encontradas en la cordillera de Domeyko y casi todas son del Jurásico tardío (Oxfordiano). Estos grupos compartían una relación biogeográfica con especímenes de Europa, Centroamérica y Sudamérica a través del mar de Tetis, durante el Jurásico tardío.

Palaeonisciformes

Los palaeonisciformes pertenecerían a los condrósteos, lo que es discutible debido a las morfologías diferentes de dichos peces. Los condrósteos se caracterizan, en general, por la ausencia del interopérculo y la presencia de huesos premaxilares y maxilares suturados con el dermopalatino y ectopterigoides. Estudios recientes han corroborado que los palaeonisciformes son un grupo monofilético dentro de los actinopterigios basales. Los palaeonisciformes más primitivos presentan órbitas grandes situadas en una posición avanzada, el maxilar, preopérculo y suborbitales están firmemente unidos, el hiomandibular tiene una posición oblicua con respecto al techo craneano, y la aleta caudal es heterocerca.

Este grupo está representado en Chile por los especímenes *Arratiaichthys chilensis* y «perleidiformes» indeterminados.

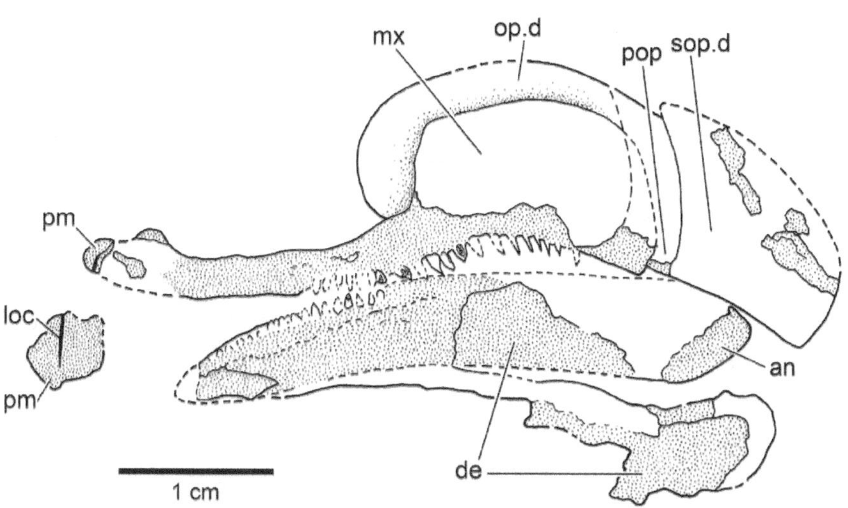

Huesos fósiles craneanos de *Arratiaichthys chilensis*, provenientes de la Formación Peine (quebrada Sipico), cerca del salar de Atacama. (an) angular; (de) dentario; (mx) maxilar; (op.d) opérculo desplazado; (pm) premaxilar; (pop) preopérculo; (sop.d) subopérculo desplazado. (Arratia)

Pez *Lepidotus* en el Área Metropolitana

La Formación Lo Valdés constituye un conjunto estratigráfico esencialmente marino, ubicado a unos 70 kilómetros al este de Santiago. Se caracteriza por la abundancia de fauna fósil invertebrada, en especial de cefalópodos, bivalvos y gastrópodos, lo que permite saber que el ambiente corresponde a un mar poco profundo, que llegaba hasta unos 200 metros. Es mucho más escaso el material paleofaunístico de vertebrados, restringido a restos de reptiles marinos (ictiosaurios) y algunos dientes de peces pycnodontidos. La edad de la formación ha sido situada en el Jurásico superior al Cretácico temprano, y está constituida por calizas, lavas submarinas, areniscas y lutitas.

El hallazgo de esta pieza fue hecho por el autor, como parte de trabajos de campo realizados por el Grupo de Investigaciones Paleontológicas de Chile (GRINPACH), en octubre de 2003.

Los peces semionotiformes son un antiguo grupo perteneciente a la familia Semionotidae, cuya presencia se remonta desde el Triásico hasta la actualidad; sin embargo, su presencia se hace más patente o más abundante durante el Jurásico y Cretácico, sobre todo del género *Lepidotus*. Este género está bien documentado en el registro fósil, mostrando una gran abundancia y diversidad. Entre los fósiles se considera sus restos óseos, escamas y dientes palatales.

La característica principal de este grupo es la posesión de dientes palatales trituradores en forma de botón de contorno circular, cuya finalidad es romper las conchas o caparazones de invertebrados para su alimentación. La boca de estos peces estaba coronada por pequeños dientes en los márgenes mandibulares, sin embargo, los dientes trituradores están situados en el paladar, lo que confería una mayor fuerza compresiva.

En cuanto a la forma general del pez, es de un cuerpo alto y comprimido lateralmente, cubierto por escamas romboidales gruesas y brillantes. También posee aletas dorsales y ventrales radiadas, además de una cola heterocerca, siendo su rostro y hocico cortos.

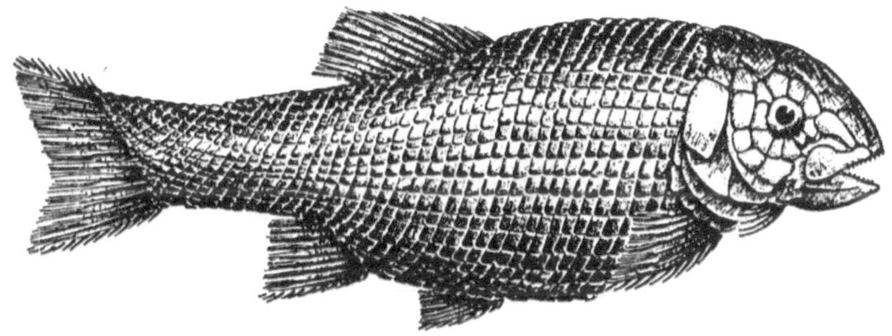

Pez *Lepidotus mantelli*

La pieza encontrada consiste en un diente palatal redondeado, con un diámetro de 18 mm y 9 mm de alto. En la corona hemisférica presenta un desgaste, producto de la masticación. La superficie del esmalte es de color negro brillante, presentando en la base del diente una banda aún más brillante que correspondería a la parte que va insertada en el paladar y que mide 1 mm.

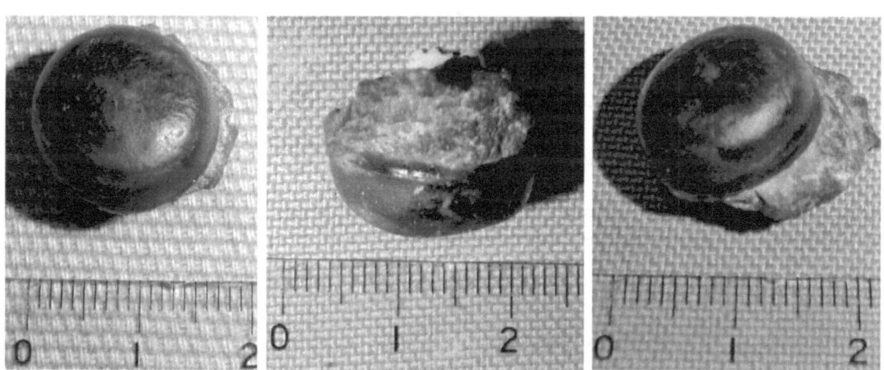

Foto en vista superior y en vista lateral (Fotografías del autor)

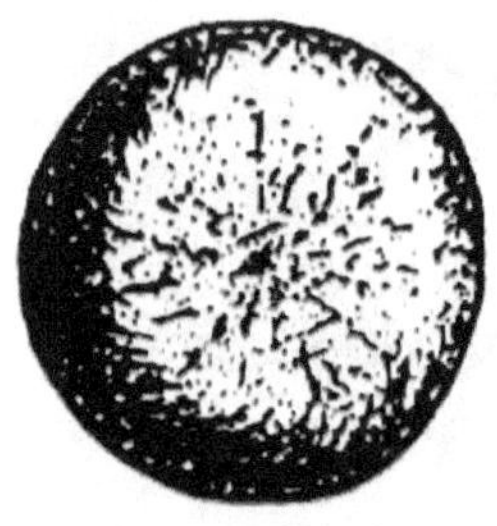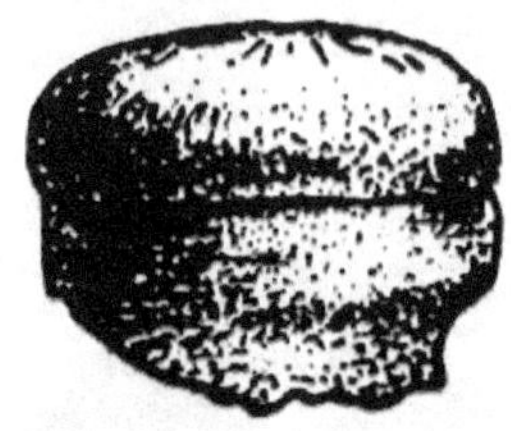

Diente de *Lepidotus gigas*, semejante a los encontrados en la Formación Lo Valdés (tomado de B. Meléndez)

Como el estudio de los peces es amplio y complejo, recomiendo, a quienes desean interiorizarse más profundamente, buscar la bibliografía adjunta de los trabajos y *papers* de la investigadora chilena Gloria Arratia, puestas en la lista bibliográfica al final de este libro.

TAXA	LOCALIDAD	EDAD GEOLÓGICA
Pycnodontiformes		
Pycnodontiformes indet.	Quebrada Vaquillas Altas	Sinemurian
	Quebrada del Profeta, Cordillera de Domeyko	Oxfordian
Halecostomi		
Atacamichthys greeni	Quebrada del Profeta, Cordillera de Domeyko	Oxfordian
Lepidotes indet.	Cerritos Bayos	Oxfordian ('formation 05' of Biese, 1961)
Pachycormiformes indet.	Quebrada del Profeta, Cordillera de Domeyko	Oxfordian
Pachycormus indet.	Cerritos Bayos	Oxfordian ('formation 05' of Biese, 1961)
?*Pholidophorus domeykanus*	Quebrada del Profeta, Cordillera de Domeyko	Oxfordian
Teleostei		
Antofagastaichthys mandibularis	Quebrada del Profeta, Cordillera de Domeyko	Oxfordian
Bobbichthys opercularis	Quebrada del Profeta, Cordillera de Domeyko	Oxfordian
Chongichthys dentatus	Quebrada del Profeta, Cordillera de Domeyko	Oxfordian
Domeykos profetaensis	Quebrada del Profeta, Cordillera de Domeyko	Oxfordian
Proleptolepids indet.	Quebrada Vaquillas Altas, Cordillera de Domeyko	Early Sinemurian
Protoclupea atacamensis	Quebrada del Profeta, Cordillera de Domeyko	Oxfordian
Protoclupea chilensis	Quebrada del Profeta, Cordillera de Domeyko	Oxfordian
Protoclupea sp.	Cerritos Bayos, Cerro Blanco	middle-late Oxfordian
Varasichthys ariasi	Quebrada del Profeta, Cordillera de Domeyko	Oxfordian
Teleost sp. 1	Quebrada del Profeta, Cordillera de Domeyko	Oxfordian
Teleost sp. 2	Cerritos Bayos	Oxfordian
Indeterminate teleosts (= *Thrissops* of Biese and others)	Cerritos Bayos	Kimmeridgian
Indeterminate teleosts	Sandón	Oxfordian

Tabla con la lista de peces jurásicos de Chile, su localidad y edad geológica

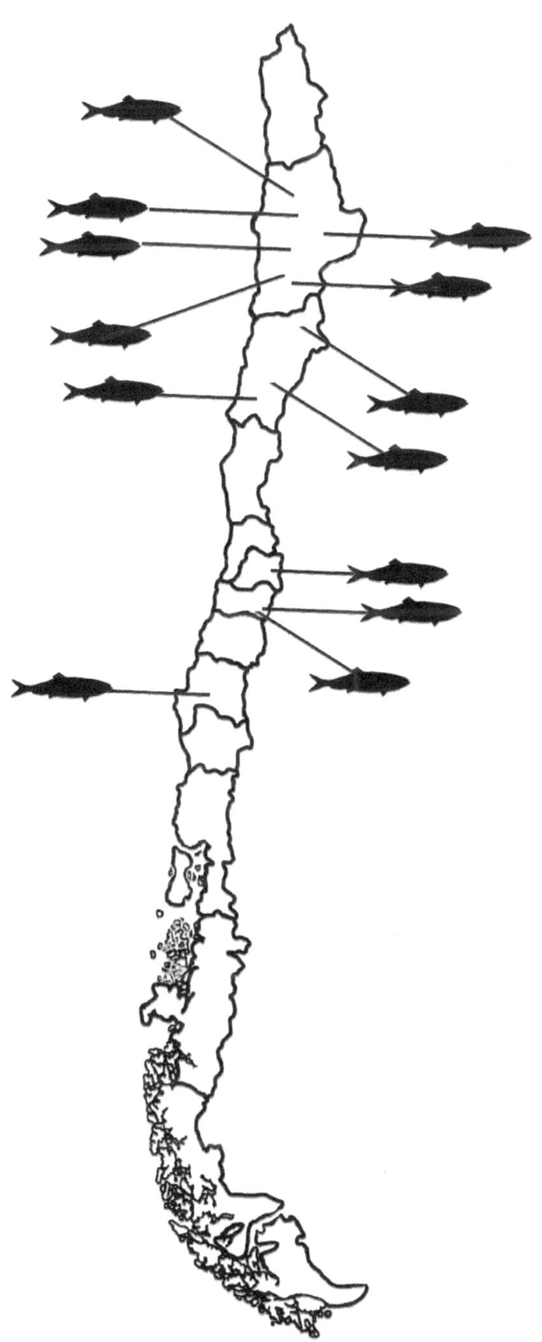

Mapa de distribución sobre hallazgos de restos fósiles de peces en Chile (Ilustración del autor)

CAPÍTULO XVII

EXTINCIÓN

TODO TERMINA CON UNA EXTINCION

En un día cualquiera, hacia finales del Cretácico superior, 65 millones de años...

El amanecer es fresco, los rayos del sol comienzan a calentar poco a poco. La fauna de dinosaurios disfruta de un día normal, los herbívoros se alimentan en las zonas de bosques y praderas, los carnívoros acechan a sus presas, pequeños y grandes dinosaurios se desplazan en «manadas» de un lugar a otro. En las playas cercanas, reptiles marinos retozan en la arena, en tanto que otros nadan en el mar junto a otra fauna de invertebrados, entre las que estaban sus presas favoritas, los Ammonites. Todos están en gran armonía; todo hacía pensar que sería un día como cualquiera... Sin embargo, el cielo amaneció distinto. En lo alto podía divisarse un cuerpo extraño, algo fuera de lo común. Los animales levantaban sus cabezas curioseando el cielo y parecían presentir algo que los asustaba.

El bólido se desplazaba velozmente hacia la tierra. Era una gran masa de por lo menos diez kilómetros de diámetro, acompañado de otros trozos más pequeños y un enjambre de micrometeoritos. La forma del cuerpo mayor era como una papa gigante conformada de diversos metales (hierro, níquel, iridio, entre otros) y se acercaba a la superficie del planeta a la admirable velocidad de veintiocho mil kilómetros por hora; una velocidad impresionante, si tenemos en cuenta que los aviones más veloces se desplazan a cinco mil kilómetros por hora. El sonido y la honda de desplazamiento debieron ser un espectáculo sobrecogedor.

Al presentir el peligro del acercamiento del meteorito, los dinosaurios salieron despavoridos en todas direcciones, tratando de huir de la amenaza venida del espacio. Pero fue imposible esconderse, ya la suerte estaba echada.

El gran cuerpo seguía desplazándose, el roce con la atmósfera comenzó a quemar y derretir su superficie y el bólido fue envuelto en fuego, produciendo una reacción química en su superficie que hizo desprender estroncio, el cual comienza a expandirse rápidamente por la atmósfera, para precipitarse posteriormente sobre la faz del planeta.

El espectáculo del desplazamiento es impresionante, pues el cuerpo se torna rojo intenso. En tierra, los animales siguen huyendo y el caos es total. Confundidos, tratan de esconderse en los bosques cercanos y las crías asustadas se colocan bajo sus madres, tratando de protegerse.

El cuerpo celeste continúa su camino y, ya cercano a la superficie, el ruido que hace en su desplazamiento es ensordecedor. La onda expansiva producida cerca de la superficie del mar provoca un movimiento vibratorio en el agua, percibido por los animales marinos, quienes inquietos ante el acontecimiento inusual se desplazan rápidamente hacia las rocas circundantes.

De pronto, todo se transformó en un infierno. El cuerpo finalmente ha hecho contacto con la superficie del planeta. El choque provocó una evaporación inmediata de millones de toneladas cúbicas de agua, y comenzó al instante a desplazarse por la atmósfera.

El impacto (que equivaldría a que hiciéramos explotar todas las bombas nucleares del planeta en un solo punto) provocó un calor de millones de grados, produciendo el derretimiento del fondo marino o capa basáltica, la cual se fundió como si fuera mantequilla, saltando hacia la atmósfera en forma líquida y transformándose en microcristales llamados «tectitas» que se precipitarían hacia la superficie.

La presión contra la faz planetaria hizo estallar cadenas de volcanes al unísono y la onda expansiva de calor provocó simultáneamente el incendio de miles de hectáreas de bosques.

Incendios globales (Ilustración: Jorge Aragón)

La catástrofe se deja sentir en todo el globo, millones y millones de animales mueren simultáneamente en el día del impacto. Todo está cubierto de fuego, el agua es calentada a nivel global y se producen tsunamis o maremotos, cuyas olas alcanzan los 500 metros y se desplazan hasta azotar las costas, ahogando a una infinidad de seres. Los temblores y terremotos se hacen sentir en todos lados y grandes grietas reptan por la superficie planetaria, dejando enormes fisuras en el terreno.

Las primeras horas de este suceso fueron realmente desastrosas ya que millones de individuos perecieron. Al pasar los primeros días, los efectos continuaron y una gran cantidad de individuos murieron asfixiados por el humo reinante, emanado de los incendios globales. Una lluvia de ceniza volcánica cubre grandes extensiones de territorio, haciendo irrespirable el aire y dejando sepultados a miles de animales.

Al pasar las semanas, el planeta comienza a enfriarse ya que la masa nubosa no deja pasar los rayos del sol. Capas de hielo se fueron acumulando en abundantes sectores y la temperatura cayó muchos grados bajo cero, lo cual terminó con la vida de muchos de animales. El proceso de fotosíntesis se interrumpió, provocando también la muerte de miles de plantas que habían sobrevivido al embate inicial, por lo que escaseó drásticamente la comida para los pocos herbívoros sobrevivientes.

La desolación era total. El hedor de los cadáveres invadía la atmósfera, no se podía respirar. La situación duró muchos meses, la atmósfera se contaminaba día a día de hollín, de partículas sólidas y se cargó de monóxido de carbono. La contaminación atmosférica aumentaba más y más, hasta que finalmente se produjo un fenómeno conocido como «efecto invernadero», en donde el calor penetró el planeta, pero se mantuvo encerrado en la atmósfera, produciendo un fenómeno inverso al imperante de hielo y frío.

La temperatura cayó muchos grados bajo cero (Ilustración: Jorge Aragón)

Ahora, por el contrario, se produjo un exceso de calor que achicharró a los pocos sobrevivientes. Después de mucho tiempo, el planeta estaba arrasado. Ninguna catástrofe que hayamos observado se puede comparar con este acontecimiento que terminó con el 75% de todas las especies.

Solo después de más de dos años desde ese día fatal empezaron a verse los sobrevivientes en tierra: cocodrilos, tortugas y pequeños reptiles que quedaron protegidos por el terreno y zonas pantanosas. Sin embargo, entre estos sobrevivientes se vio una extraña y pequeña criatura cubierta de pelo, que tan solo a tres años de lo ocurrido sobrevivía de noche, corriendo entre las patas de los dinosaurios. Esta insignificante criatura había logrado sobrevivir, ocultándose en profundas madrigueras subterráneas que actuaron como refugios. Estos pequeños seres conocidos como mamíferos fueron evolucionando poco a poco para repoblar la tierra, siendo nosotros también los representantes de ese gran linaje. Este acontecimiento fortuito fue trascendental para que nuevos grupos biológicos, como las grandes bestias del Cenozoico, se desarrollaran y nosotros llegáramos a existir.

El planeta estaba arrasado (Ilustración: José Lemos Caro)

CONCEPTO DE EXTINCIÓN

La extinción supone la desaparición de importantes grupos de organismos en distintas épocas y tiene relación directa con la continuidad del registro fósil. Los primeros paleontólogos que estudiaban restos de animales desconocidos hasta ese entonces, suponían que tales seres debían vivir en alguna zona alejada de la Tierra. Pero el célebre naturalista francés Georges Cuvier concluyó que organismos como los mamuts y los mastodontes estaban extintos. Cuvier supuso que la causa de la extinción sería por «catástrofes», grandes cambios paleoambientales que afectaban a regiones enteras del planeta.

Charles Darwin, por otro lado, escribió: «Ciertamente que no hay hecho en la Tierra más sorprendente que el extenso y repetido exterminio masivo de sus habitantes». Darwin supuso que la extinción sería el resultado de la mejor adaptación de ciertas especies que otras, sucumbiendo estas últimas durante la competencia por los limitados recursos del medio.

El especialista en dinosaurios Alan Charig afirma que la pregunta que le formulan con mayor frecuencia a un paleontólogo es «¿por qué se extinguieron los dinosaurios?» Desde el descubrimiento de los primeros fósiles de los grandes dinosaurios se buscaron explicaciones acerca de la existencia y de la extinción de estos animales en particular.

Algunas conjeturas caían en el terreno de la simple fantasía, pero otras se basaban en datos científicos, aunque incompletos y especulativos. Se elaboraron numerosas hipótesis para explicar su desaparición, algunas serias y razonables; otras disparatadas o cómicas; algunas sencillas, otras complejas o combinando diversos factores.

En la medida que la paleontología fue teniendo registros más completos y pudo determinarse con mayor precisión las fechas de aparición y extinción de diversos grupos, comenzó a hacerse evidente que en determinados momentos de la historia de la Tierra se han producido extinciones simultáneas de grupos biológicos muy diversos. Se reconoció que los fenómenos de extinción son de dos tipos: la extinción que afecta regularmente a pocas especies, y las extinciones masivas que esporádicamente afectan a un gran número de diversos organismos.

Los paleontólogos actualmente aceptan que estas crisis pudieron tener causas terrestres o extraplanetarias, con drásticas consecuencias sobre los ecosistemas de la Tierra en su conjunto, y que de no haberse producido esas grandes catástrofes, no habrían surgido y evolucionado nuevos grupos biológicos, como los mamíferos, por ejemplo. Por lo tanto, las extinciones son fenómenos evolutivos importantes para la renovación y aparición de innovaciones en los ecosistemas.

Los paleontólogos han definido cinco grandes extinciones masivas o crisis bióticas en las que en cada caso desapareció al menos el 65% de los organismos en un lapso geológico breve. La primera fue la ocurrida a finales del período Ordovícico, hace 438 millones de años, que terminó con muchas familias de braquiópodos y trilobites. La segunda extinción masiva ocurrió a finales del Devónico, hace 367 millones de años, durante la cual desaparecieron numerosos grupos de ammonoideos, trilobites, braquiópodos, corales tubulados, gasterópodos y peces.

La mayor extinción masiva fue la tercera, en el límite Pérmico-Triásico (formando el límite entre las eras Paleozoica y Mesozoica), hace 225 millones de años, y produjo la extinción del 90% de las especies marinas, desapareciendo la mayoría de los vertebrados terrestres dominantes, los trilobites y los corales primitivos. Sufrieron fuertes pérdidas los Ammonites, braquiópodos, equinodermos, briozoos, conodontos y peces.

Le siguió una extinción masiva al terminar el Triásico, hace 208 millones de años, que eliminó al 60% de las especies, entre las cuales se cuentan las pertenecientes a grupos de braquiópodos, moluscos, artrópodos y vertebrados terrestres.

La última fue la que acabó con los dinosaurios, al final del Cretáceo (transición Cretáceo-Terciario), hace 65 millones de años. Hacia finales del período Cretáceo, tras unos 150 millones de años de evolución proliferaban los dinosaurios, de los cuales existían numerosos tipos, variados y exitosos. Pero diez millones de años después desaparecieron como consecuencia de una crisis que se produjo a finales del Cretáceo; una catástrofe biológica de grandes proporciones que ocurrió hace 65 millones de años, dando término a la era Mesozoica.

¿Cómo pudo extinguirse un grupo como el de los dinosaurios, que había dominado la Tierra durante 165 millones de años?

Esta crisis no solamente afectó a los dinosaurios, también se extinguieron otros grupos importantes, como los reptiles voladores (pterosaurios), los reptiles marinos (plesiosaurios, mosasaurios, cocodrilos marinos e ictiosaurios), un gran número de organismos planctónicos, entre ellos la mayoría de los foraminíferos (protozoos marinos provistos de complejos exoesqueletos) y moluscos, como los ammonoideos, belemnites y bivalvos.

La extinción masiva de finales del Cretáceo se conoce como «el episodio K/T» (de Cretáceo y Terciario). Según David Raup y John Sepkoski, afectó a casi el 75% de las especies, entre ellos el 90% de los géneros de protozoos y algas acuáticos. Según Thierstein y Russell, desapareció entre el 44% y el 49% de las especies planctónicas, entre el 15% y el 25% de las del fondo marino, 14% de las de aguas continentales y 20% de las terrestres. Entre los grupos que sobrevivieron se encuentran los reptiles actuales (tortugas marinas y terrestres, tuatara, lagartos, serpientes y cocodrilos), peces, aves, insectos, moluscos y los mamíferos. No sobrevivió ningún vertebrado terrestre de más de 25 kg.

El efecto sobre la vegetación fue variado. Las más afectadas fueron las angiospermas, las coníferas algo menos, los musgos y helechos fueron poco afectados. A pesar de no haber sido la mayor crisis en la historia de la vida sobre la Tierra, este hecho ha fascinado a los investigadores.

Como decíamos anteriormente, existe una multitud de teorías que tratan de explicar la desaparición de los dinosaurios, muchas de ellas descabelladas. Entonces, uno se pregunta: ¿cuál de ellas es la más factible de ser cierta? Sin duda que la teoría de extinción no solo debe explicar la desaparición de los dinosaurios, sino que de la mayoría de las criaturas: dinosaurios, pterosaurios, reptiles marinos, más una serie de invertebrados que predominaban en los mares del Mesozoico. Diversos investigadores han llegado al consenso de que, de todas las teorías, solo tres son las más serias y constituyen una explicación lógica para este acontecimiento. Estas son:

- **Deriva continental.**

- **Vulcanismo.**

- **Caída de un cuerpo celeste.**

Extinción por la deriva continental

Dado que durante el Cretáceo se completó la separación de los continentes debido a la deriva continental, esta transformó áreas continentales en costeras y viceversa, y los continentes se trasladaron acercándose o alejándose de los polos, lo que produjo importantes cambios climáticos, ecológicos y bióticos que llevaron a la extinción de los dinosaurios.

El desplazamiento de las masas continentales separó los continentes más extensos y dividió las tierras en áreas menores, alterando las corrientes oceánicas, la circulación de los vientos y las pautas climáticas.

A finales del Cretáceo, el mar sufrió una gran retirada (regresión), abandonando las cuencas epicontinentales, lo cual produjo climas más extremos y estacionales, con inviernos más fríos y veranos más cálidos, con el consiguiente intercambio de enfermedades entre las diferentes especies.

Los dinosaurios habrían sido incapaces de resistir los cambios ambientales y el intercambio de enfermedades. Aunque esta hipótesis concuerda en parte con los hallazgos de paleontólogos que han observado el declive de los dinosaurios desde unos 10 millones de años antes del fin del Cretáceo, otros investigadores observan una brusca desaparición exactamente al final de este mismo período.

Esta hipótesis no explica claramente la extinción simultánea de otros grupos. Debemos agregar que la deriva continental se produce lentamente, por lo cual muchos grupos de dinosaurios se habrían adaptado a los nuevos cambios y habrían sobrevivido.

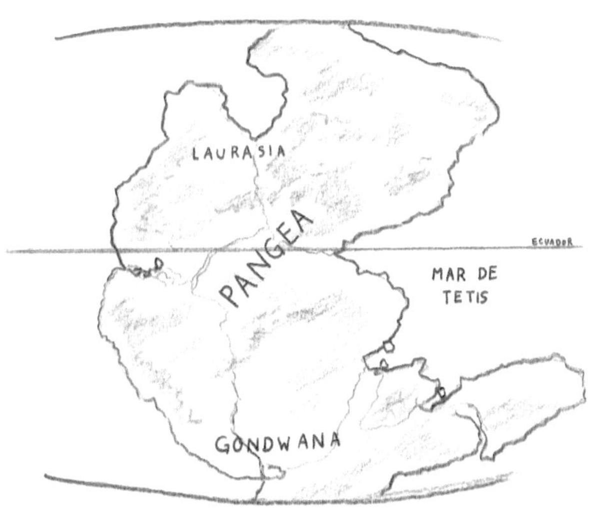

Deriva continental (Ilustración: José Lemos Caro)

Extinción por grandes erupciones volcánicas

Hacia finales del Cretáceo, un volcán gigante separó el lado occidental de la India, derramando casi 1.300 km cuadrados de lava en menos de 500.000 años, y se dispersó por todo el planeta. Una enorme erupción volcánica en la zona de Decán alteró la climatología, además de la ecología del planeta, y produjo una densa nube de polvo y cenizas que cubrió el sol y extinguió a los vegetales. Igualmente, provocó un fuerte descenso de la temperatura, llevando a la extinción a los dinosaurios y otros grupos.

Las nubes de anhídrido carbónico y las emisiones de gases sulfurosos y diversos ácidos pudieron envenenar la atmósfera y los mares, produciendo el recalentamiento de la superficie terrestre, lluvia ácida letal y destrucción de la capa de ozono. Las erupciones descargaron grandes cantidades de ácido clorhídrico a la atmósfera, que fue dividido por la luz solar desprendiéndose cloro y gas altamente reactivo que dañaría o destruiría a la capa de ozono.

La eliminación de la capa de ozono permitió que la radiación ultravioleta destruyese a los animales terrestres y al plancton marino. El polvo volcánico impregnado con selenio habría producido una fuerte disminución de la natalidad de dinosaurios herbívoros. Los mamíferos habrían estado protegidos por su pelaje y las aves por sus plumas, los animales del fondo marino también habrían tenido protección suficiente, pero no los dinosaurios.

Sin embargo, esta teoría es poco sólida debido a que el registro de sedimentos volcánicos de la época es escaso. El nivel negro con alto contenido en iridio puede tener también un origen extraterrestre y la cantidad encontrada se considera demasiado alta como para provenir de erupciones volcánicas. Según algunos estudios, la actividad volcánica de Decán se inició al menos 400.000 años antes y prosiguió unos 400.000 años después del depósito de iridio.

Uno de los principales partidarios de esta hipótesis es el geofísico francés Vincent Caurtillot. Para él, las erupciones volcánicas en la zona de Decán hacia el fin del período Cretáceo fueron de tal envergadura que las capas de lava cubren extensiones de 10.000 kilómetros cuadrados. Mediante mediciones paleomagnéticas, Courtillot pudo establecer que las lavas de Decán fueron lanzadas por cráteres volcánicos hace 64 o 68 millones de años, lo cual coincide con el paso del Cretáceo al Terciario.

En 1985, los geólogos Charles B. Officer y Charles L. Drake, del Collage Dartmouth, llegaron a la conclusión de que el iridio y otros elementos pesados podrían haberse depositado lentamente entre los 10.000 y 100.000 años, y sugieren un origen volcánico y no meteórico de los mismos.

Erupciones volcánicas múltiples (Ilustración: José Lemos Caro)

Extinción por el impacto de un meteorito

El iridio es un metal que podemos encontrar facilmente en cuerpos extraterrestres (como meteoritos y cometas), y poco común en la corteza terrestre. Sin embargo, en nuestro planeta existe una capa rica en iridio, dispersa por toda la superficie del planeta, en concentraciones 10 y 100 veces superiores a las habituales. Esta capa que además contiene contiene granos de cuarzo y otros minerales, con finas estrías cruzadas, presenta evidencias de haber sufrido una presión elevada, como las que se encuentran en rocas sometidas a una colisión violenta, y la presencia de microtectitas alteradas.

Aunado a este hecho se encontró un cráter de 180 km, fechado mediante métodos radiactivos en 64,98 millones de años, con un grado de incerteza de más menos 50.000 años y localizado en la península de Yucatán en México. La abertura corresponde a una cadena semicircular «casi perfecta» de agujeros que parecen corresponder con el piso de un cráter gigantesco que ha sido llamado «Chicxulub». Incluso hay evidencias de depósitos producidos por grandes tsunamis en la misma época, en Texas, México, Haití y otros sitios de la cuenca del Caribe. Por otro lado, el geólogo Alan Hildebrand encontró en Haití pequeñísimas estructuras de roca vitrificada denominadas «tectitas», en la capa arcillosa correspondiente al límite Cretáceo/Terciario.

Todas estas pruebas (que son indicios claros de que en las cercanías se produjo un impacto), además de un estudio de hojas fosilizadas en Wyoming en el cual se encontró que todas las plantas de tierra y mar murieron aproximadamente al mismo tiempo por congelamiento, demostraría que la tierra fue impactada hace 65 millones de años por un meteorito de unos 10 km de diámetro, a una velocidad de 28.000 kilómetros por hora, provocado una gran catástrofe ambiental que terminó con el 75% de las especies.

La explosión del meteorito fue tan violenta que parte de sus restos fueron lanzados a más de 1.600 kilómetros, hasta Haití, el norte de México y por todo el Caribe. La presión del impacto fue tan grande que hizo que cadenas de volcanes entraran en erupción simultáneamente. Sus restos incandescentes caídos sobre los bosques y pastizales provocaron incendios que abarcaron más del 70% de los continentes, y fueron capaces de interrumpir la fotosíntesis. Los incendios consumieron gran parte del oxígeno atmosférico, aportando monóxido de carbono y una gran cantidad de humo y hollín.

Posteriormente siguieron fuertes vientos, lluvias torrenciales, huracanes y terremotos. Luego ascendió una densa nube formada por una mezcla de vapor de agua, gases liberados, polvo, residuos rocosos y elementos metálicos, cuyos componentes volátiles suspendidos en el aire y mezclados con el humo provocado por la fricción del meteorito con la atmósfera envolvieron al planeta en un gigantesco cúmulo impenetrable que se extendió por toda la estratosfera, impidiendo el paso de los rayos solares.

En este instante se habrían producido lluvias ácidas a gran escala, destruyendo gran parte de la capa vegetal y el fitoplancton marino. Esto dio lugar a un fuerte descenso de la temperatura que se experimentó en todo el mundo, cayendo desde 19° C a 10° bajo cero, aproximadamente. Los lagos se congelaron y miles de especies de plantas perecieron.

La nube pudo mantenerse durante meses o años, produciendo la muerte de la vegetación, seguida por los herbívoros y carnívoros. Los más capacitados para sobrevivir fueron los animales de menores dimensiones; carroñeros y oportunistas, como mamíferos, lagartos, cocodrilos, ofidios. Los más perjudicados fueron los más corpulentos y especializados.

Es cierto que muchos grupos biológicos se venían extinguiendo, pero otros estaban en pleno apogeo, por lo que el meteorito les dio el golpe final. A medida que se depositó el polvo y comenzó a llover, subió la temperatura, dando lugar a una alta evaporación y produciendo un efecto invernadero. Este fenómeno hizo que la temperatura aumentara, afectando al plancton (que es muy sensible al calor) y produciendo el derrumbe de las comunidades marinas. Los organismos que forman el nanoplancton calcáreo emiten un compuesto de azufre que ayuda a la formación de nubes, y a su vez reflejan la luz solar evitando que parte de la radiación del sol alcance la superficie terrestre. La reducción de estas nubes, como consecuencia de la destrucción del nanoplancton, pudo haber causado una ola de calor extremo a nivel planetario, produciéndose el fenómeno invernadero, inverso al que imperaba en ese momento.

Impacto de un meteorito (Ilustración: Jorge Aragón)

Recientes investigaciones afirman que el meteorito de Yucatán habría sido el mayor de un enjambre que habría caído en otros lugares, como en el poblado de Manson, en el estado de Iowa, Estados Unidos, y que habría dejado un cráter de impacto de al menos 35 kilómetros (datos aportados por Ray Alexander, de la Supervisión Geológica de Iowa). También el gran cráter de Shiva, localizado en el mar de Arabia, cerca de Bombay (India), tendría la misma edad.

De estas tres hipótesis propuestas, la teoría del meteorito (que en un principio fue considerada como poco probable por la mayoría de los especialistas) ha ido ganando cada vez más adeptos, producto de la gran cantidad de pruebas a su favor.

Surgimiento de una teoría

La teoría surgió en 1978, mientras se realizaba un estudio geológico rutinario. Walter Álvarez, Frank Asaro y Helen V. Michel encontraron en la región de Gubbio, cerca de los Montes Apeninos de Italia, una cantidad inesperada de iridio, en el límite de los períodos Cretáceo y Terciario. Partiendo de la base de que el iridio es muy raro en la Tierra, pensaron que podían averiguar la velocidad de acumulación de la arcilla, detectando el iridio proveniente de la lluvia de micrometeoritos o polvo cósmico que bombardea continuamente el planeta.

Descartando diversas explicaciones posibles, llegaron a formular la idea de un gran impacto proveniente del espacio, y que propusieron formalmente, en 1980, el físico Luis Álvarez y su hijo Walter, geólogos de la Universidad de California. Todavía en 1990, Walter Álvarez y Frank Asaro decían que «la investigación tiene una espina: nadie ha hallado ese cráter de 150 kilómetros que el impacto de un objeto de tales kilómetros debía haber producido». En la misma época, Alan Hildebrand, que buscaba huellas del meteorito en el Caribe, decía que «fuera donde fuese que el cráter estuvo, la deriva continental pudo haberlo hecho desaparecer. Es posible que la teoría del impacto nunca pueda ser probada más que por evidencias indirectas». Sin embargo, en 1978, el geofísico Glen Penfield, empleado por la compañía petrolera Pemex para realizar estudios paleomagnéticos en Yucatán, encontró anomalías magnéticas que lo llevaron a concluir que en la zona de Puerto Chicxulub había hecho impacto, en tiempos prehistóricos, un meteorito gigante. Penfield no pudo informar acerca de su hallazgo porque la empresa Pemex se lo impidió hasta que se iniciara la explotación de petróleo en la zona.

Cuando en 1981 pudo hacerlo durante un congreso de geólogos, no estaban presentes los principales especialistas en cráteres prehistóricos que conocían la propuesta de Álvarez, porque habían concurrido a otra reunión científica, y nadie relacionó el informe de Penfield con la hipótesis sobre la extinción de los dinosaurios hasta varios años más tarde. Geólogos de todo el mundo hallaron numerosas pruebas de que el iridio y otros elementos raros en la Tierra abundaban en la capa intermedia entre el Cretáceo y el Terciario, y se fueron acumulando numerosas y diversas pruebas en favor de la hipótesis. En 1980, Richard P. Turco y Owen Brian Toon, con la ayuda de grandes computadoras demostraron que el polvo levantado por la caída de un cuerpo de 10 kilómetros oscurecería completamente la atmósfera durante varios meses, causando una catástrofe sin precedentes.

Cadáver después de la extinción (Ilustración: Jorge Aragón)

Oda al paleontólogo

No hacemos esto solo por ciencia, es parte de nuestras vidas.
Hemos nacido pensando en mundos pasados que callan silenciados por la piedra.
Nos detenemos un momento y nos sentamos,
observamos nuestro alrededor y nos dejamos llevar por el viento.
Imaginamos un mundo con animales sorprendentes
que nacen de nuestras manos en donde existe un fósil.
Con entusiasmo caminamos en lugares aislados, esquivando piedras.
Nuestros zapatos están plomos en contacto con la tierra.
El sol pega fuerte y el viento parte nuestros labios.
En nuestro pensamiento, el cansancio es cambiado por
espíritu de aventura y descubrimiento.
En nosotros vuelve a nacer aquel sitio aislado y aquella vida pasada.
Nuestro corazón se convierte en herramienta que golpe a golpe
triza la piedra, buscando la recompensa que alimenta nuestro espíritu.
Idolatramos piedras que otros desprecian y el mundo apenas
entiende lo que nosotros amamos.
El ruido de cinceles enamora el alma y la belleza de sitios encanta.
Muchos viven por el futuro y el caótico presente,
mas nosotros somos voz del pasado.
Golpes fuertes de martillo que rompen piedra me hacen volver a la realidad.
Me levanto en agrado al paisaje, respiro y sigo mi camino.
¡Pienso!: en nosotros viven niños que deben pensar como científicos.
En nosotros viven hermosos sentimientos de aventura.
En nosotros vive la naturaleza, grita la piedra, existe un fósil y nace la paleontología.

Patricio Bravo Fernández

BIBLIOGRAFÍA

Arratia, G. *et al.* **1975 a**
«*Pholidophorus domeykoanus*, n. sp. del Jurásico de Chile».
Revista Geológica de Chile, 2: 1-7.

Arratia, G. *et al.* **1975 b**
«Peces fósiles del norte de Chile».
Rev. Estad. Pacífico, 9: 21-36.

Arratia, G. *et al.* **1975**
«*Leptolepis opercularis* n. sp. from the Jurassic of Chile».
Ameghiniana, 12(4): 350-358.

Arratia, G. *et al.* **1975**
«Sobre un pez fósil del Jurásico de Chile y sus posibles relaciones con clupeidos sudamericanos actuales».
Revista Geológica de Chile, 2: 10-17.

Arratia, G. 1978
«Comentario sobre la introducción de peces exóticos en aguas continentales de Chile».
Ciencias Forestales 1(2): 21-30.

Arratia, G. 1981
«*Varasichthys ariasi* n. gen. et sp. from the Upper Jurassic from Chile (Pisces, Teleostei, Varasichthyidae n. fam.)»
Palaeontographica A 175: 107-139.

Arratia, G. 1982a
«A review of freshwater percoids from South America (Pisces, Osteichthyes, Perciformes, Percichthyidae, and Perciliidae)».

Abhandlungen der Senckenbergischen Naturforschenden Gessellschaft 540: 1-52.

Arratia, G. 1982b
«*Chongichthys dentatus* new genus and species, from the Late Jurassic of Chile (Pisces: Teleostei: Chongichthyidae n. fam.)»
Journal of Vertebrate Paleontology 2(2): 133-149.

Arratia, G. 1984
«Some osteological features of *Varasichthys ariasi* (Pisces, Teleostei) from the Late Jurassic of Chile».
Paläontologische Zeitschrift 58(1/2): 145-159.

Arratia, G. 1985
«Peces del Jurásico de Chile y Argentina».
Ameghiniana 21(2-4): 205-210.

Arratia, G. 1986
«New Jurassic fishes (Teleostei) of cordillera de Domeyko, northern Chile».
Palaeontographica A 192: 75-91.

Arratia, G. 1994
«Phylogenetic and paleobiogeographic relationships of the varasichthyid group (Teleostei) from the Late Jurassic of central and South America».
Revista Geológica de Chile 21: 119-161.

Arratia, G. y A. Chang 1975
«Osteología de *Nematogenys inermis* y algunas consideraciones sobre la primitividad del género».
Museo Nacional de Historia Natural, Chile. Publicación ocasional 19: 3-7.

Arratia, G. y H.-P. Schultze 1985
Late Jurassic teleosts (Actinopterygii, Pisces) from northern Chile and Cuba».
Palaeontographica A 189: 29–61.

Arratia, G. y H.-P. Schultze
En prensa «A new fossil actinistian from the Jurassic of Chile and its bearing on the phylogeny of Actinistia».
Journal of Vertebrate Paleontology.

Arratia, G., B. Peñafort y S. Menu Marque 1983
«Peces de la región sureste de los Andes y sus probables relaciones bio-geográficas actuales».
Deserta 7(1): 48-108.

Arratia, G., G. Rojas y A. Chang 1981
«Géneros de peces de aguas continentales de Chile».
Museo Nacional de Historia Natural, Chile. Publicación ocasional 38: 3-108.

Azpelicueta, M.M. y A. Rubilar 1997
«A fossil siluriform spine (Teleostei, Ostariophysi) from the Miocene of Chile».
Revista Geológica de Chile 24(1): 109-113.

Azpelicueta, M.M. y A. Rubilar 1998
«A Miocene *Nematogenys* (Teleostei: Siluriformes: Nematogenyidae) from South-Central Chile».
Journal of Vertebrate Paleontology 18(3): 475-483.

Blake, Ch. 1862
«Plesiosaurus in Chile».
The Geologist 5: 1-110.

Broili, F. 1930
«Plesiosaurierreste von der Insel Quiriquina».
N. Jb. Min. Geol. Paleont. 63(8):497-514.

Biese, W. 1961
«El Jurásico de Cerritos Bayos».
Facultad de Ciencias Físicas y Matemáticas, Universidad de Chile.
Instituto de Geología. Publ. 19: 1-61.

Bird, L. 1982
«Revisión y definición de los "Estratos de Quiriquina", Campaniano-Maastrichtiano, en su localidad tipo, en la isla Quiriquina, 36° 37´Lat. Sur Chile Sudamérica, con un perfil complementario en Cocholgüe».
III Congreso Geológico Chileno. Vol. 1: 29-64. Concepción, Chile.

Bailey, J. y Seddon, T. 1995
«Mundo prehistórico».
Editorial Edebé, Barcelona, España.

Blanco, N. et al. 2000
«Importancia estratigráfica de las icnitas de dinosaurios presentes en la Formación Chacarilla (Jurásico-Cretácico inferior), Región de Tarapacá, Chile».
IX Congreso Geológico Chileno, Puerto Varas, Chile 441-445.

Barreto, P. y Sanz, J. 2000
«Larousse de los dinosaurios».
Larousse Editorial S.A. 192 pp.

Bell, M. 1985
«The Chinches Formation: An early Carboniferous lacustrine succession in the Andes of northern Chile».
Revista Geológica de Chile 24: 29-48.

Bell, M. y Boyd, M.J. 1986
«A Tetrapod Trackway from the Carboniferous of Northern Chile»
Palaeontology, Vol. 29, Part.3 519-526

Bell, M. y Suárez, M. 1989
«Vertebrate fossils and trace fossils in Upper Jurassic-Lower Cretaceous red beds in the Atacama Región, Chile»
Journal of South America Earth Sciences, Vol. 2: 351-357

Bell, M. y Padian K. 1995
«Pterosaur fossils from the Cretaceous of Chile: evidence for a pterosaur colony on an inland desert plain».
Geological Magazine 132, 8-31.

Butler RJ, Upchurch P, Norman DB. 2008
«The phylogeny of ornithischian dinosaurs».
J. Syst. Palaeontol. 6, 1-40.

Baron MG, Norman DB, Barrett PM. 2017
«A new hypothesis of dinosaur relationships and early dinosaur evolution».
Nature 543, 501-506.

Corvalán, J. 1958
«Fósiles guías chilenos».
Instituto de Investigaciones Geológicas (N° 1).

Corvalán, J. 1959
«El Titoniano de río Leñas (Prov. de O'Higgins)».
Instituto de Investigaciones Geológicas (N° 2).

Casamiquela, R. 1969
«La presencia en Chile de Aristonectes, Cabrera (Plesiosauria), del Maastrichtense del Chubut, Argentina: edad y carácter de la transgresión Rocanense».
Actas de IV Jornadas Geológicas Argentinas. Mendosa 1: 199-213.

Casamiquela, R. 1970
«Los vertebrados jurásicos de la Argentina y de Chile».
Actas del IV Congreso Latinoamericano de Zoología 2:873-890.

Casamiquela, R. y Chong, G. 1980
«La presencia de Pterodautro Bonaparte (Pterodactyloidea), del Neojurásico (?) de la Argentina, en los Andes del norte de Chile».
Actas del Segundo Congreso Argentino de Paleontología y Bioestratigrafía y Primer Congreso Latinoamericano de Paleontología 1,209-9.

Casamiquela, R. 1980
«Notas sobre los restos de un reptil aetosauroideo (Thecodontia Aetosauria) de Quimal, cordillera de Domeyko, Antofagasta. Prueba de la existencia del Neotriásico continental en los Andes del norte de Chile.
Actas del Segundo Congreso Argentino de Paleontología y Bioestratigrafía y Primer Congreso Latinoamericano de Paleontología 1, Actas, Vol. 1: 135-142.

Casamiquela, R. y Fasola A. 1968
«Sobre pisadas de dinosaurios del Cretácico inferior de Colchagua (Chile)».
Universidad de Chile, Departamento de Geología. Volumen 30, 24 pp.

Casamiquela, R. *et al.* 1969
«Hallazgo de dinosaurios en el Cretácico superior de Chile. Su importancia cronológica-estratigráfica».
Instituto de Investigaciones Geológicas. Boletín N° 25, 31 pp.

Castillo. J. *et al*, 1992
«Nuevo registro de Plesiosauria para el Cretácico superior en la localidad de Mariscadero, VII Región, Chile».
Noticiario Mensual del Museo Nacional de Historia Natural, N° 323, 28-35.

Castillo, J. 2004
«*Ischyrhiza chilensis* en la Formación Quiriquina, localidad de Mariscadero, VII Región, Chile».
Boletín Paleontológico de GRINPACH, año2 N°3: 6-12.

Castillo J. y Castillo, A. 2006
«Primer registro del género *Lepidotus* (pez Actinopterigio), en la Formación Lo Valdés (Titoniano-Neocomiano), Región Metropolitana, Chile».
XXII Jornadas Argentinas de Paleontología de Vertebrados, San Juan.

Castillo, J. 2005
«Dinosaurios en Chile y los vertebrados del Mesozoico».
MAGO Editores, 266 pp.

Castillo, J. 2008
«Dinosaurios y otros animales prehistóricos en Chile».
MAGO Editores, 257 pp.

Castillo, J. 2012
«Libro ilustrado de los dinosaurios y animales prehistóricos de Chile».
MAGO Editores, 97 pp.

Castillo, J. 2015
«Todo sobre los dinosaurios y los animales prehistóricos de Chile».
MAGO Editores, 548 pp.

Cecioni, G. 1970
«Esquema de paleogeografía chilena».
Editorial Universitaria, 144 pp.

Carrano MT, Benson RBJ, Sampson SD. 2012
«The phylogeny of Tetanurae (Dinosauria: Theropoda)».
J. Syst. Paleontol. 10, 211-300.

Chong, G. y Gasparini, Z. 1975
«Los vertebrados mesozoicos de Chile y su aporte geopaleontológico».
VI Congreso Geológico Argentino, Bahía Blanca 1: 45-67.

Chong, G. y Gasparini, Z. 1972
Presencia de Crocodilia marinos en el Jurásico de Chile».
Revista de la Asociación Geológica Argentina, 27(4): 406-409.

Chong, G. 1985
«Hallazgo de restos óseos de dinosaurios en la Formación Hornitos, Tercera Región de Atacama-Chile».
IV Congreso Geológico Chileno, Universidad del Norte, Antofagasta. 1-17.

Chong, G. 1976
«Las relaciones de los sistemas Jurásico-Cretácico en la zona preandina del Norte de Chile»
Primer Congreso Geológico Chileno **P**, A: 21-42

Ezcurra MD. 2010
«A new early dinosaur (Saurischia: Sauropodomorpha) from the Late Triassic of Argentina: a reassessment of dinosaur origin and phylogeny».
J. Syst. Palaeontol. 8, 371-425.

Fuenzalida, H. 1956
«Los saurios de Quiriquina».
Noticiario Mensual del Museo Nacional de Historia Natural de Santiago,
Chile 1(5):2.

Fuenzalida, H. 1961
«Vertebrados fósiles».
Noticiario Mensual del Museo Nacional de Historia Natural de Santiago,
Chile 5(60):1-8.

Fernandez, S. *et al.* 1994
«The upper Bajocian and Bathonian in the cordillera de Domeyko,
North Chilean Precordillera: Sedimentological and biostratigraphical
results».
Geobios, M.S 17: 187-201.

Fasola, A. 1966
«Hallazgo de huellas de dinosaurios en el Alto Tinguiririca».
Museo Nacional de Historia Natural. Chile. Noticiario mensual, Vol. 10,
N° 119 8 pp.

Gay, C. 1848
«Historia física y política de Chile».
Tomo 2 (Zoología): 130-136.

Gay, C. 1854
«Atlas de la historia física y política de Chile II».
Zoología: Láminas, Parias.

Gasparini, Z. 1978
«Consideraciones sobre los Metriorhynchidae (Crocodilia, Mesosuchia):
su origen taxonomía y distribución geográfica».
Obra Centenario Museo La Plata, 5: 1-9.

Gasparini, Z. 1979
«Comentarios críticos sobre los vertebrados mesozoicos de Chile».
II Congreso Geológico Chileno, Arica. Vol. 3:16-32.

Gasparini, Z. 1980
«Un nuevo cocodrilo marino (Crocodilia, Metriorhynchidae) del Caloviano del norte de Chile».
Ameghiniana, N° 2, Tomo XVII, 97-103.

Gasparini, Z. y Goñi, R. 1983
«Los plesiosaurios cretácicos de América del Sur y del continente antártico».
VIII Congreso de Paleontología, Rió de Janeiro, Brasil. 55-63.

Gasparini, Z. 1985
«Los reptiles marinos de América del Sur».
Ameghiniana 22(12): 23-24.

Gasparini, Z. y Chong, G. 1977
«*Metriorhynchus casamiquelai* n. sp. (Crocodilia Thalattosuchia), a marine crocodile from the Jurassic (Callovian) of Chile, South America».
N. Jb. Geol. Paläont. Abh. 153(3): 341-360, Stuttgart.

Galli, O. y Digman, R. 1962
«Carta geológica de Chile. Cuadrángulos Pica, Alca, Matilla y Chacarilla con un estudio sobre los recursos de aguas subterránea - Provincia de Tarapacá».
Instituto de Investigaciones Geológicas, Chile. 3 (2,3,4,5): 1-125.

Goloboff PA, Farris JS, Nixon K. 2008
«TNT, a freeprogram for phylogenetic analysis».
Cladistics 24 774-786.

Hallam, A. *et al.* 1986
«Facies analysis of the Lo Valdés Formation (Tithonian-Hauterivian) of the High Cordillera of central Chile, and the paleogeographic evolution of the Andean Basin».
Geol. Mag. 123(4): 425-435.

Iriarte, J. *et al.* 1998
«A Titanosaurid from Hornitos Formation (Upper Cretaceous), III Region, Chile».

Libro Resumen XIV Jornadas de Paleontología de Vertebrados, Neuquén, Argentina.

Kellner A.; Rubilar Rogers D.; Vargas A. y Suárez M.
«A new titanosaur sauropod from the Atacama Desert, Chile».
Anais da Academia Brasileira de Ciências (2011) 83(1): 211-219.

Lambrecht, K. 1929
«*Neogaeornis wetzeli* n.g.n.sp., der reste Kreidevogel der südlichen Hemisphäre».
Paläont. Zool. 11

Meléndez, B. 1957
«Diccionario de geología y ciencias a fines».
Editorial Labor, S.A. Barcelona, España.

Meléndez, B. 1971
«Practicas de paleontología».
Fichero de paleontología estratigráfica. Editorial Paraninfo, Madrid, España.

Meléndez, B. 1977
«Paleontología»
Tomo 1 (parte general e invertebrados). Editorial Paraninfo, Madrid, España.

Mc. Gowan. C. 1993
«Dinosaurios y dragones de mar».
Editorial Grijalbo, comercial S.A. Barcelona, España.

Moore, R. 1957
«Treatise on Invertebrate Paleontology».
(Part. L. Mollusca 4. Cephalopod Ammonoidea) Geol. Soc. Amer. And University of Kansas Press.

Marchant, P. 1967
«Huellas de animales extinguidos, Termas del Flaco».
Publicación ocasional 11-15.

Moreno K, Blanco N, Tomlinson A. 2004.
«Nuevas huellas de dinosaurios del Jurásico superior en el norte de Chile».
Ameghiniana, 41: 535-543.

Moreno, K. y Rubilar, D. 1997
«Presencia de nuevas pistas de dinosaurios (Theropoda-Ornithopoda) en
la Formación Baños del Flaco, Provincia de Colchagua, VI Región, Chile».
Libro Resumen del VIII Congreso Iberoamericano de Biodiversidad y
Zoología de Vertebrados, Concepción, Chile.

Moreno, K. y Rubilar, D. 1997
«Estimación de las velocidades de desplazamiento de dinosaurios a partir
de pistas en Termas del Flaco, Provincia de Colchagua, VI Región, Chile».
Libro Resumen del VIII Congreso Iberoamericano de Biodiversidad y
Zoología de Vertebrados, Concepción, Chile.

Moreno, k; De Valais, S; Blanco, N, Tomlinson, A; Jacay, J and Calvo J.
«Large theropod dinosaur footprint associations in western Gondwana:
Behavioural and palaeogeographic implications».
Acta Palaeontologica Polonica 57 (1): 73-83, 2012.

Martill, D.M. et al. 2000
«Reinterpretation of a Chilean pterosaur and the occurrence of Dsunga-
ripteridae in South America».
Geol. Mag. 137(1):19-25.

Maidment SCR, Barrett PM. 2011
«The locomotor musculature of basal ornithischian dinosaurs».
J. Vert. Paleontol. 31, 1265-1291.

Matthew G. Baron and Paul M. Barrett. 2017
«A dinosaur missing-link? Chilesaurus and the early evolution of or-
nithischian dinosaurs».
Biology Letters. 13.

Norman, D. 1992
«Enciclopedia ilustrada de los dinosaurios».
Susaeta Ediciones S.A., 208 pp.

Novas, F.E., Salgado, L., Suarez, M., Agnolín, F.L., Ezcurra, M.D., Chimento, N.R., de la Cruz, R., Isasi, M.P., Vargas, A.O., and Rubilar-Rogers, D. 2015
«An enigmatic plant-eating theropod from the Late Jurassic period of Chile».
Nature 522: 331-334. doi:10.1038/nature14307.

Nicolás R. Chimento, Federico L. Agnolin, Fernando E. Novas, Martín D. Ezcurra, Leonardo Salgado, Marcelo P. Isasi, Manuel Suárez, Rita De La Cruz, David Rubilar-Rogers & Alexander O. Vargas 2017
«Forelimb posture in *Chilesaurus diegosuarezi* (Dinosauria, Theropoda) and its behavioral and phylogenetic implications».
Ameghiniana (advance online publication) doi: 10.5710.
AMGH.11.06.2017.3088

Oliver, C. 1921
«Contribución a la paleontología chilena. Apuntes sobre *Cimoliasaurus andium* Deecke».
Revista Chilena de Historia Natural 25: 89-95.

Oliver, C, 1936
«Comentario sobre los peces fósiles de Chile».
Ibidem, 40: 306-323.

Otero A, Pol D. 2013
«Postcranial anatomy and phylogenetic relationships of *Mussaurus patagonicus* (Dinosauria, Sauropodomorpha).
J. Vert. Paleontol.33, 1138-1168.

Otero, R; Soto-Acuña,S; O'Keefe, F; O'Gorman, J; Stinnesbeck, W; Suárez, M; Rubilar-Rogers, D; Salazar, C and Quinzio-Sinn, Luis.
«*Aristonectes quiriquinensis*, sp. nov., a new highly derived elasmosaurid from the upper Maastrichtian of central Chile».
Journal of Vertebrate Paleontology, Mortimer Street, London W1T 3JH, UK, 07 January 2014.

Otero, R. A. y Soto-Acuña, S.
«Primera evidencia de una diversidad de Arcosaurios continentales en el Mastrichtiano temprano de Chile Central». III Simposio de Paleontología en Chile.

Otero, R. A., J. Parham, S. Soto-Acuña, P. Jiménez-Huidobro y D. Rubilar-Rogers 2012
«Marine Reptiles from Late Cretaceous (early Maastrichtian) deposits in Algarrobo, central Chile».
Cretaceous Research 35: 124-132.

Philippi, R.A. 1887
«Los fósiles terciarios i cuartários de Chile».
Imprenta Brockhaus, Leipzig, 256 pp.

Pinna, G. 1990
«Enciclopedia ilustrada de los fósiles».
Ediciones Pirámide, Madrid, España.

Pardo Pérez, J. 2006
«Análisis de registro de reptiles marinos cretácicos (Reptilia: Ichthyosauria) en áreas periglaciadas del Parque Nacional Torres del Paine».
Tesis de pregrado. Facultad de Ciencias, Departamento de Ciencias y Recursos Naturales, Universidad de Magallanes, 109 pp.

Pardo, J., E. Frey, W. Stinnesbeck, y L. Rivas 2011
«Early Cretaceous ichthyosaurs from the Tyndall Glacier in Torres del Paine National Park, southernmost Chile».
Vol 31, Supplement 2. Special Issue: Program, and abstracts, 71st Annual Meeting Society of Vertebrate Paleontology, Las Vegas, Nevada, USA. p. 71.

Pardo, J., E. Frey, W. Stinnesbeck, M.S. Fernández, L. Rivas, C. Salazar y M. Leppe. 2012
«An ichthyosaurian forefin from the Lower Cretaceous Zapata Formation of southern Chile: implications for morphological variability within *Platypterygius*».
Palaeobiodiversity and Palaeoenvironments 92(2): 287-294.

Philippi, R.A. 1895
«*Ichthyosaurus immanis* Ph. Nueva especie sudamericana de este género».
Anales de la Universidad de Chile. Imprenta Cervantes, Santiago, Chile. 8 pp.

Quinzio, L. y Bogdanic, T. 1981
«Apuntes de paleontología de invertebrados».
Departamento de Geociencias-Universidad del Norte.

Raup, D. y Stanley, S. 1978
«Principios de paleontología».
Editorial Ariel, Barcelona, España.

Rubilar, D. *et al.* 1998
«A revision of the dinosaur trackways (Theropoda-Sauropoda-Ornitho-poda) from the Baños del Flaco Formation, VI Region, Chile».
Libro Resumen XIV Jornadas de Paleontología de Vertebrados, Neuquén, Argentina.

Rubilar, D. *et al.* 2000
«Huellas de dinosaurios ornitópodos en la Formación Chacarilla (Jurásico superior-Cretácico inferior), I Región de Tarapacá, Chile».
IX Congreso Geológico Chileno, Puerto Varas Chile, Actas Vol. 1 550-554.

Rubilar, D. 2003
«Registro de dinosaurios en Chile».
Boletín del Museo Nacional de Historia Natural, Chile, 52: 137-150.

Rubilar,D. Soto, S. Otero R. A. 2013
«First evidence of a dinosaur from upper cretaceoeus leves of the Dorotea Formation, sierra Baguales Southernmos Chile».
Geosur. 25-27, Viña del Mar.

Steimann, G. *et al.* 1895
«Das alter und die Fauna der Quiriquina-Schichten in Chile».
N. Jahrb. Min. Geol. Pal., 10: 1-118.

Swinnerton, H. 1961
«Elementos de paleontología».
Ediciones Omega, S.A. Barcelona, España.

Storer, T. y Usinger, R. 1961
«Zoología general».
Ediciones Omega, S.A. Barcelona, España.

Scott, J. 1975
«Introducción a la paleontología»
Editorial Paraninfo, Madrid, España.

Salinas, P. *et al.* 1991
«Hallazgo de restos óseos de dinosaurios (saurópodos) en la Formación Pajonales (Cretácico superior), sierra Almeyda, Región de Antofagasta, Chile: Implicancia Cronológica».
VI Congreso Geológico Chileno, Resumen Expandido 534-537.

Salinas, P. et al, 1991
«Vertebrados continentales del Paleozoico y Mesozoico de Chile».
VI Congreso Geológico Chileno. Resumen expandido 310-313.

Salazar, C. 2012
«The Jurassic-Cretaceous Boundary (Tithonian - Hauterivian) in the Andean Basin of Central. Chile: Ammonites, Bio and Sequence Stratigraphy and Palaeobiogeography».
Tesis de Doctorado. Ruprecht-Karls Universität Heidelberg, 409 pp.

Suárez, M. y Fritis, O. 2002
«Nuevo registro de *Aristonectes* (Plesiosauroidea, *Incertae Sedis*), del Cretácico tardío de la Formación Quiriquina, Cocholgüe, Chile».
Bol. Soc. Biol. Concepción, Chile. Tomo 73: 87-93.

Suárez, M. y Bell, C.M. 1992
«The oldest South American Ichthyosaur from the late Triassic of northern Chile».
Geol. Mag. 129 (2): 247-249.

Suárez, M.E. 1999
«Primer registro de Mosasauridae en el Cretácico superior de Chile».
Ameghiniana 36(4): 21R.

Suárez, M. E. y R. A. Otero 2009
«Nuevos hallazgos de vertebrados marinos en el Campaniano-Maastrichtiano de Loanco, VII Región».
Actas del I Simposio Paleontología en Chile. Santiago, 78-82.

Suárez, M.E. y R.A. Otero 2010
«Dos nuevas localidades con presencia de ictiosaurios (Reptilia, Ichthyosauria) en el Jurásico inferior del norte de Chile».
Actas del II Simposio Paleontología en Chile. Concepción, 53.

Suárez, M.E., L.A. Quinzio, O. Fritis y R. Bonilla 2003
«Aportes al conocimiento de los vertebrados marinos de la Formación Quiriquina».
Actas del X Congreso Geológico Chileno. Concepción, 7.

Shultz, M. *et al.* 2003
«Occurrence of the Southernmost South American Ichthyosaur (Middle Jurassic-Lower Cretaceous), Parque Natcional Torres del Paine, Patagonia, Southernmost Chile».
Palaios, V. 18: 69-73.

Salgado Leonardo, Cruz Rita de la, Suarez Manuel, Gasparini Zulma y Fernández Marta 2005
«Dinosaurios en la cordillera central de la Patagonia, Chile».
Simposio, Mendoza-Córdoba, Argentina 2005.

Tavera, J. 1987
«Noticia sobre hallazgo de una extremidad de Plesiosaurus chilensis, Gay. En la localidad para la Formación Quiriquina de Faro Carranza (Latitud 35° 36´S)»
Departamento de Geología, Universidad de Chile, 13 pp.

Stinnesbeck, W., E. Frey, L. Rivas, J. Pardo, M. Leppe, C. Salazar y P. Zambrano 2014
«A Lower Cretaceous ichthyosaur graveyard in deep marine slope channel deposits at Torres del Paine National Park, southern Chile».
Geological Society of America Bulletin 126(9-10): 1317-1339.

Tavera, J. 1981
«*Ichthyosaurus* de la Formación Lautaro, en el área de Manflas, Región de Atacama».
Comunicaciones N° 33, Departamento de Geología. Universidad de Chile. 16 pp.

Taylor, P. 1992
«Los fósiles».
Biblioteca visual Altea, Madrid, España.

Von Huene, F. 1922
«Die Ichthyosaurier des Lias und ihre Zusammenhänge. Monographien zur Geologie und Paläontologie».
1 Verlag von Gebrüder Borntraeger. Berlin, 114 pp.

Villee, C. 1998
«Biología» 4ª edición.
McGraw-Hill, México D. F. México.

Wellnhofer, P. 1994
«Enciclopedia Ilustrada de los Pterosaurios».
Susaeta Ediciones S.A. 192 pp.

Walker, C. y Ward, D. 1993
«Manual de identificación de fósiles».
Ediciones Omega, S.A. Barcelona, España.

Zittel, K. 1924
«Grundzüge der Paläontologie Invertebrata».
Berlín, Alemania.

BIBLIOGRAFÍA NO FORMAL

Revistas

Conozca Más, abril de 1994
«La guerra de los dinosaurios».
Año 5, N° 4: 20-24.

Conozca Más, diciembre de 1994
«Jurassic Park en Chile».
Año 5, N° 12: 18-23.

Conozca Más, agosto de 1995
«Criaturas del mar cordillerano».
Año 6, N° 8: 20-27.

Conozca Más, mayo 1997
«Tras la huella del dinosaurio».
Año 8, N° 5: 16-21.

Diarios

El Mercurio, 1998
«Dinosaurios en Atacama: Bajo la piel del desierto».
E6, 25 de enero 1998.

El Mercurio, 1999
«Tras las huellas de Gondwana».
Revista del domingo, 30 de mayo 1999.

La Tercera, 1999
«Identifican enormes huellas de dinosaurios».
Ciencia y Salud, 19, 16 de agosto 1999.

El Mercurio, 2000
«Excavarán en el desierto en busca de dinosaurios».
Regional C 9, 23 de enero de 2000.

La Tercera, 2000
«Los 8 hallazgos de fósiles en el norte de Chile».
Ciencia y Tecnología 19, 1 de febrero de 2000.

La Tercera, 2000
«Los nuevos dinosaurios de las Termas del Flaco».
Ciencia y Tecnología 34, 12 de marzo de 2000.

La Tercera, 2001
«Fondos del *film* Jurassic Park financiarán estudio chileno».
Ciencia y Salud, 4 de agosto 2001.

El Mercurio, 2002
«Revive el depredador más temido de Atacama».
4 de noviembre de 2002.

La Tercera, 2003
«Hallan fósiles que se cree pertenecieron a antiguos reptiles marinos en XII Región».
Tendencias, 21, 5 de marzo de 2003.

La Tercera, 2003
«Científicos habrían hallado primer dinosaurio que vivió solo en Chile».
Apuntes de Tendencias 24, 30 de mayo de 2003.

Las Últimas Noticias, 2003
«El dinosaurio chileno».
Editorial, 31 de mayo de 2003.

El Mercurio, 2012
«Plesiosaurio chileno es uno de los más completos del hemisferio».
10 de agosto de 2012.

El Mercurio, 2012
«Una "carretera" de dinosaurios destaca entre los nuevos hallazgos paleontológicos en Chile».
10 de septiembre de 2012.

La Tercera, 2012
«Científicos hallan fósiles antárticos de tiburones y reptiles de 70 millones de años».
26 de febrero de 2012.

La Tercera, 2013
«Descubren en Chile uno de los ancestros más antiguos de los dinosaurios».
6 de octubre de 2013.

La Tercera, 2013
«Dinosaurios en la Patagonia».
Tendencias, 21 de noviembre de 2013.

La Tercera, 2013
«Los dinosaurios más australes habitaron en la Patagonia chilena».
Tendencias, 27 de noviembre de 2013.

El Diario de Atacama 2012
«Fósil de Ictiosaurio apareció en Pan de Azúcar».
31 de mayo de 2012.

El Mercurio, 2013
«Torres del Paine suma un reptil marino prehistórico entre sus atractivos».
17 de mayo de 2013.

Las Últimas Noticias, 2014
«Científicos dicen que una gran ola mató a dinosaurios chilenos».
10 de abril de 2014.

Las Últimas Noticias, 2014
«Científicos explican cómo murieron reptiles marinos de Torres del Paine».
3 de junio de 2014.

El Natalino, 2014
«Investigadores realizan valioso hallazgo paleontológico en las cercanías de Natales».
La prensa Austral, 29 enero de 2014.

www.ingramcontent.com/pod-product-compliance
Lightning Source LLC
Chambersburg PA
CBHW022002170726

47994CB00022B/1772